今日から
モノ知り
シリーズ

トコトンやさしい

高分子の本

高分子は古くから利用されてきた材料ですが、20世紀以降、合成高分子が幅広い分野の工業製品の材料として用いられています。目的や用途に応じて様々な性質や形態をもつものを作り出すことができるのが他の素材にはない特徴です。

扇澤敏明
柿本雅明
鞠谷雄士
塩谷正俊

B&Tブックス
日刊工業新聞社

はじめに

巨大な直鎖状の分子としての高分子の概念が確立したのは1930年代です。動物や植物は高分子から出来ているので、もちろん、それよりずっと前から高分子は幅広く利用されていました。単に天然物というだけではなく、工業材料という観点から考えても、例えばセルロースという天然高分子からレーヨンを製造する技術も、天然ゴムの分子鎖を架橋して強靭なゴムを製造する加硫技術も、高分子の概念が確立する前の1800年代に発明されています。しかし、この巨大分子の存在が認知されるようになることで、高分子に関わる科学・技術は急速に発展しました。まず、化学合成により巨大分子を作り出そうとする動きが出てきます。その象徴的なものがデュポン社のカロザースの研究ですが、その後、極めて短期間に様々な高分子の合成法が確立しました。そして今、高分子の合成研究は、より精密に高分子を作ること(例えば、分子鎖の長さを揃える、構造欠陥をなくすなど)、様々な複雑な形状の高分子を作ることなどを目指して発展を続けています。ここで大事なことは、高分子の特性に関わる学問の発達と相俟って、必要とされる性質を発現する分子構造を予め設計し、合成技術を駆使してこれを現実のものとするというモノづくりの道筋が確立しつつある点です。

巨大分子である高分子は、物理的な観点からも様々な興味深い特徴をもっています。その根源は、分子鎖が長すぎて自由に動けないため、落ち着くべきところに落ち着いた配置となることが実質的に難しい点にあります。自由に動けない状況を説明するのに分子鎖同士の絡み合いという概念が導入され、落ち着きどころに到達できないことから、結晶化した領域と結晶化できなかった領域が混ざり合った構造となることが高分子の構造の基本になります。一方、まったく結晶化していないのに固体のように固まっている高分子もあります。また、強い共有結合でつながった分子鎖には長さ方向という概念があることから、分子鎖の方向を揃えることにより材料の性質に強い方向依存性を生じさせることができます。ゴムやゲルのように極めて柔らかい材料から、様々な高強度・高弾性率繊維のように極めて固く強い材料まで作り出すことができるのも高分子の大きな特徴です。ただし、「分子鎖の配列状態を自在に制御して理想的な性質をもつ材料を作る」という課題の解決にはまだまだ時間がかかりそうです。

一方、高分子は、巨大分子であるが故の様々な実用的な性質をもつことにも注目する必要があります。高分子の代名詞のように使われる「プラスチック」という言葉は、柔らかくなること(可塑化)を意味しています。比較的低温で柔らかくなり、しかし適度な粘り気があってさまざまな形の製品を容易に作りだすことができることが高分子の最大の特徴です。世界の繊維の生産量の6割以上を合成繊維が占めていますし、容器、家電、生活用品、自動車、航空機まで、私たちの身の回りは合成高分子を使った製品であふれています。プラスチックが環境問題の根源のような言い方をされる場合もありますが、実は、合成高分子なしに我々の現代の生活は成り立たなくなっています。さらに踏み込んで言えば、軽量、高強度、高生産性の高分子素材の存在が資源・エネルギー問題の緩和に大いに役立っています。

本書では、このように物理的観点からも化学的観点からも興味深い「高分子」という素材について、単にサイエンスの観点ばかりでなく実用的な観点からもその真髄に触れていただけるように幅広い項目を選択し、それぞれの項目についてなるべく優しく解説するよう心がけました。この不思議な素材の魅力を少しでも感じ取っていただければ幸いです。

トコトンやさしい

高分子の本

目次

目次

CONTENTS

第1章 高分子とは

1 「高分子」という概念はいつ確立されたか「素材は古くからあるが概念は意外に新しい」…10
2 身の回りの高分子「私たちの体も工業製品も高分子」…12
3 高分子はどんなところで使われているか？「利用のバリエーションは極めて多彩」…14
4 高分子は他の材料と比べてどこが優れているか「高分子は無限の可能性を秘めている」…16
5 高分子製品が家庭に届くまで「ナフサ→モノマー→高分子→成形品」…18
6 高分子材料から工業製品を作る「重合した高分子をペレットにして成形機に投入が一般的」…20
7 熱可塑性高分子と熱硬化性高分子「加熱すると軟らかくなる高分子、硬くなる高分子」…22
8 汎用プラスチックとエンジニアリングプラスチック「多量に使われるプラスチック、特別な使われ方をするプラスチック」…24
9 ゴムはなぜ伸び縮みする？「エントロピー弾性」…26
10 高温で流動性をもつゴム「熱可塑性エラストマー」…28
11 結晶と流体の両方の性質をもつ高分子「液晶高分子」…30
12 特殊な形状の高分子たち「デンドリティック高分子、星形高分子、環状高分子」…32

第2章
高分子の合成

13 モノマーが重合してポリマーになる「すべての高分子はモノマーの共有結合で構成される」……36
14 重合法のいろいろ「合成する高分子によって重合法は使い分けられる」……38
15 連鎖重合と逐次重合「重合反応には2種類の進み方がある」……40
16 モノマーが1つ1つ反応する連鎖重合「活性種による3種類の反応形式」……42
17 ラジカルを活性種とするラジカル重合「工業的に最も多用される重合法」……44
18 カチオンとアニオンを開始剤とするイオン重合「カチオン重合とアニオン重合」……46
19 不活性モノマーを合成する配位重合「高分子合成を助ける触媒技術」……48
20 重縮合と重付加「逐次重合の2つのタイプ」……50
21 熱硬化性樹脂の合成法「フェノール樹脂、エポキシ樹脂」……52

第3章
いろいろな形をとる高分子

22 高分子鎖の長さのばらつきで材料の性質は変わる「分子量と分子量分布」……56
23 異種類のモノマーで構成される共重合体「モノマーの配列や長さを利用して材料開発」……58
24 高分子1分子の形は糸まり状「ランダムコイル」……60
25 構造式は同じでも性質の異なる高分子「コンフィギュレーション」……62
26 高分子の特徴は絡み合いから生まれる「高分子の分子鎖は長くて絡み合う」……64
27 分子鎖の配向状態で生まれる様々な特徴「配向方向とその直交方向とで異なる性質」……66
28 結晶化できる高分子、結晶化できない高分子「高分子の結晶構造は複雑な階層構造」……68
29 溶媒に溶ける高分子「フィルムや膜の作製に利用される」……70

30 ガラスにもなる高分子「新幹線や飛行機にも使われる高分子ガラス」……72
31 液体のような固体のような高分子「高分子ゲル」……74

第4章 高分子のいろいろな性質と機能性

32 高分子の熱特性①「冷却による2種類の固化」……78
33 高分子の熱特性②「金属やセラミックスよりも熱を伝えにくい」……80
34 高分子の燃焼性「燃えやすい高分子を燃えにくくさせる」……82
35 高分子の機械的特性①「成形条件により強度・靭性は大きく異なる」……84
36 高分子の機械的特性②「摩擦力・摩耗は必要な場合、減らしたい場合がある」……86
37 高分子のレオロジー特性「弾性体にも流体にも見える粘弾性体」……88
38 高分子の光学特性①「透明・散乱・屈折・偏光」……90
39 高分子の光学特性②「分子鎖の方向によって屈折率は異なる」……92
40 紫外光に化学反応する感光性高分子「UV硬化塗料、フォトレジスト」……94
41 高分子の電気特性「基本的に電気が流れにくく帯電しやすい」……96
42 高分子の表面特性「フッ素樹脂になぜ食材がこびりつきにくいのか」……98
43 物をくっつける高分子「接着剤と粘着剤」……100
44 酸化を防ぐガスバリア膜「分子間の隙間を小さくし酸素を透過させない」……102
45 溶質と溶媒を分離する高分子膜「RO膜・UF膜・MF膜」……104
46 光と酸素で高分子は劣化する「電子部品や自動車部品は劣化しにくい高分子が使われる」……106

47 水を吸収する高分子「高吸水性高分子（SAP）」……108

第5章 高分子製品の作り方

48 3次元形状の成形品の作り方「最も一般的な射出成形」……112
49 中空成形品の作り方「ブロー成形法のいろいろ」……114
50 合成繊維の作り方「溶融紡糸法、溶液紡糸法」……116
51 炭素繊維の作り方「ポリアクリルニトリル繊維を高温処理」……118
52 不織布の作り方「織らずに作れる繊維製品」……120
53 フィルムの作り方「フィルムブロー法、テンター法」……122
54 3次元データを基に樹脂を3次元造形「3Dプリンター」……124
55 違う種類の高分子をブレンド「既存の材料を混ぜ合わせて弱点を克服」……126
56 強くて軽い高分子系複合材料「航空機やスポーツ用品にCFRPの用途が拡大」……128

第6章 生体・環境に関連する高分子

57 人体を構成する高分子「タンパク質」……132
58 人間が消化できる高分子、消化できない高分子「でんぷんとセルロース」……134
59 遺伝情報を伝える高分子「DNA、RNA」……136
60 医療に使われる高分子材料「輸液パック・縫合糸・人工血管」……138

61 温度で性質が変化する高分子「再生医療で注目される細胞シート作製で活躍」……140
62 微生物が分解してくれる高分子「生分解性高分子」……142
63 土木・建築に用いられる繊維製品「ジオテキスタイル」……144
64 生物資源から作られる高分子材料「バイオマスプラスチック」……146
65 エネルギー分野への応用「軽量化・風力発電・燃料電池・浸透圧発電」……148
66 プラスチックは再生・再利用しよう「リサイクルの問題点」……150

【コラム】
●ノーベル賞を受賞した高分子の研究……34
●重合触媒の変遷……54
●高分子の大きさはどれくらいか……76
●ヤモリの秘密……110
●紙は繊維でできた多機能材料……130

索引……155

第1章
高分子とは

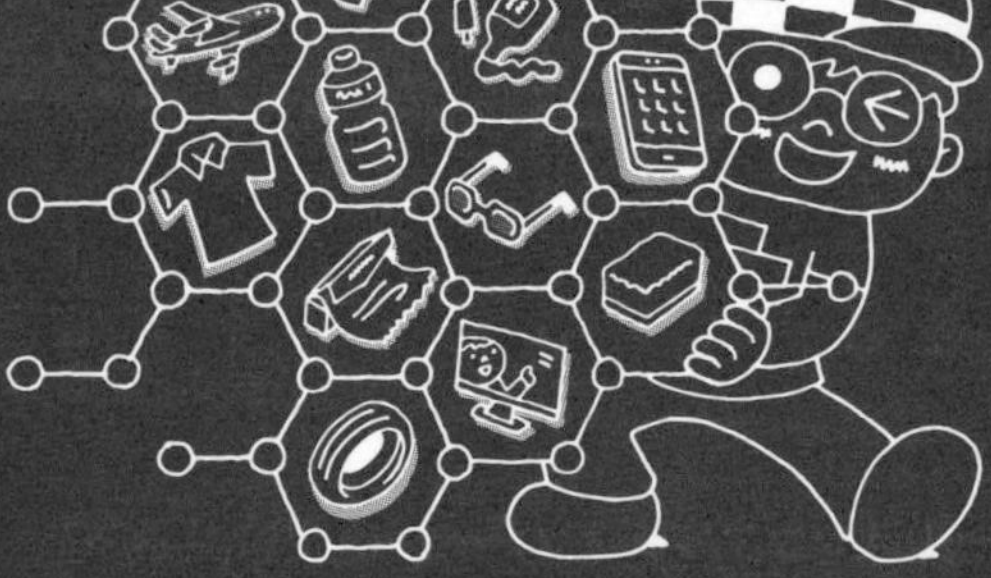

1

「高分子」という概念はいつ確立されたか

素材は古くからあるが概念は意外に新しい

高分子は、原子が共有結合でつながった巨大分子です。このような大きな分子の存在に関する概念が確立したのは意外に新しく、1930年代です。炭素化合物を主に扱う有機化学に関する学問は1830年代に発達し、ケクレ（1829〜1896）というドイツの有機化学者は、炭素原子の原子価が4であること、つまり原子が互いにつながるための4本の手をもっていることを示し、したがって炭素原子同士が連なって鎖状の化合物となることができることを提唱しています。

この概念を拡張して、繰り返し単位となる化合物が共有結合で連なった巨大分子（Macromolecules）の存在を提唱したのが、やはりドイツの学者シュタウディンガー（1881〜1965）でした。ゴムが長い鎖状の化合物であるとする説を最初に発表したのは1917年ですが、この高分子の概念が受け入れられるのには長い年月がかかりました。その対抗馬となったのがコロイド化学で、ゴムについても、低分子化合物が副原子価とよばれる別の力で会合体を形成したものであると考えられていました。シュタウディンガーは高分子説を否定する考え方への反証を示す実験結果を次々と示し、学界で漸く高分子説が主流になったのは1930年代といわれています。

米国のデュポン社は1927年に、直接製品には結びつかない基礎研究を行う部門を新たに設置し、有機化学研究部門の責任者として1928年にカロザースを招聘しました。カロザースはシュタウディンガーの高分子説を信じて研究を開始し、1929年の初頭には、分子量が最大5000程度の13種類の脂肪族ポリエステルが合成できたことを論文で発表しています。この研究がさらに発展し、1935年のナイロン66の合成と繊維の作製に結びついています。デュポン社が世界初の合成繊維ナイロン66の商業生産を始めたのは1939年です。

要点BOX

- 高分子説はシュタウディンガーが提唱し、1930年代に主流となる
- 1939年に世界初の合成繊維が商業生産

高分子の概念の確立者

高分子説を提唱した
シュタウディンガー博士

高分子の化学合成を成し遂げた
カロザース博士

カロザース博士が1929年に発表した論文の冒頭部分

2560 WALLACE H. CAROTHERS AND J. A. ARVIN Vol. 51

[CONTRIBUTION NO. 11 FROM THE EXPERIMENTAL STATION OF E. I. DU PONT DE NEMOURS AND COMPANY]

**STUDIES ON POLYMERIZATION AND RING FORMATION.
II. POLY-ESTERS**

BY WALLACE H. CAROTHERS AND J. A. ARVIN

RECEIVED APRIL 13, 1929 PUBLISHED AUGUST 7, 1929

An example of a bi-bifunctional reaction is found in the reaction between a dibasic acid and a dihydric alcohol, HOOC—R′—COOH + HO—R″—OH, which, if it is conducted so as to involve both functional groups of each reactant, must lead to an ester having the structural unit, —OC—R′—CO—O—R″—O— = —R—. In accordance with the thesis developed in the previous paper, esters formed in this way will be polymeric unless the

2 身の回りの高分子

私たちの体も工業製品も高分子

この世界には高分子が氾濫しています。私たち動物も肉や髪の毛はタンパク質という高分子ですし、遺伝情報をつかさどるDNAは核酸という高分子です。また、植物は主にグルコースが何千個と連結したセルロースからできています。

これらは天然にできた高分子ですが、私たちの身の回りでは人工的に作られた合成高分子、特にプラスチック（熱可塑性高分子）がたくさん使われています。実際にどのようなところに使われているか見てみましょう。

まず家の中です。台所では次のような品々が、水に強く錆びないという理由からプラスチックで作られています。洗剤の容器、スポンジ、ボウル、鍋やフライパンの取っ手、弁当箱、密封容器、スーパーのレジ袋など、また、冷蔵庫の中では、ペットボトル、ラップ、ウィンナーソーセージの袋、マヨネーズやワサビのチューブなどでしょうか。お風呂場では、洗面器、シャンプーのボトルなどがプラスチックですが、風呂桶は熱硬化性高分子、タオルは天然高分子セルロースです。

プラスチックは軽く、いろいろな形に成形でき、色も付けやすいことから、文房具、事務用品、おもちゃなどにも多用されています。ペンケース、定規、下敷きなどがあります。消しゴムは多くがポリ塩化ビニル製ですが、昔ながらの天然ゴムのものもあります。セロハンテープのセロハンはセルロースを原料とした再生高分子でできています。しかし、よく似たテープですが合成高分子のポリエステルで作られたものもあります。

衣類は、綿や羊毛などの天然繊維で作られたものの他に多くのものがポリエステルやナイロンのような合成繊維で作られています。合成繊維は繊維の太さや形状などを工夫して、天然に近い風合いや、身に着けると発熱するなどの新しい機能を付与する開発が行われています。

要点BOX

- ●私たちの身の回りは高分子だらけ
- ●昔は金属製だった洗面器や木製だったマナ板も高分子製になった

私たちの身の回りの高分子製品

3 高分子はどんなところで使われているか？

利用のバリエーションは極めて多彩

高分子は身の回りの見慣れた製品の他にも様々な分野で活躍しています。

高分子の重要な特徴の一つは金属やセラミックスに比べて大きな変形が可能なことであり、このため畳んだり曲げたりしても元の形に戻すことができます。高分子特有の変形能を活かした例にビルの免震構造があります。これは、ビルの土台の下に積層したゴムを設置することによって地震による建物の揺れを軽減して壊れにくくする方法です。この方法によってビルの揺れを3分の1から5分の1に減らすことができます。

また、NASAによる火星探査では、高分子でできたパラシュートやエアバッグなどが探査車を火星表面に着地させるときに使われました。これは、丈夫さ、軽さに加えてコンパクトに畳めるという高分子の特徴を活かした事例です。

高分子のゲルには、温度、光、電場、pHなどに応じて急激に溶媒を吸収して膨張したり、溶媒を排出して収縮する体積相転移という現象を起こすものがあります。このようなゲルを利用したものに、体の特定の部位に到達したときや病気のときだけ薬を放出するドラッグデリバリーシステムと呼ばれる仕組みや、温度による疎水性と親水性の変化を利用して細胞の培養と細胞の剥離・回収ができる細胞培養の基材、様々な刺激によって駆動するアクチュエーターなどがあります。

高分子には、ヒトの生存に適した温度・圧力などの条件下で性質を大きく変えられるもの、安定なもの、性質が異なる様々な種類のもの、人体に比べて軟らかいもの、硬いものなどがあり、バリエーションが極めて多彩なことも特徴です。この特徴は人体が高分子でできていることと関連がありそうです。そして、この特徴を活かして高分子は様々な分野で活躍しています。

要点BOX
- 高分子は他の材料にない特徴を活かして活躍
- ヒトの生存に適した環境下での高分子の物性は多様

様々な分野で活躍する高分子

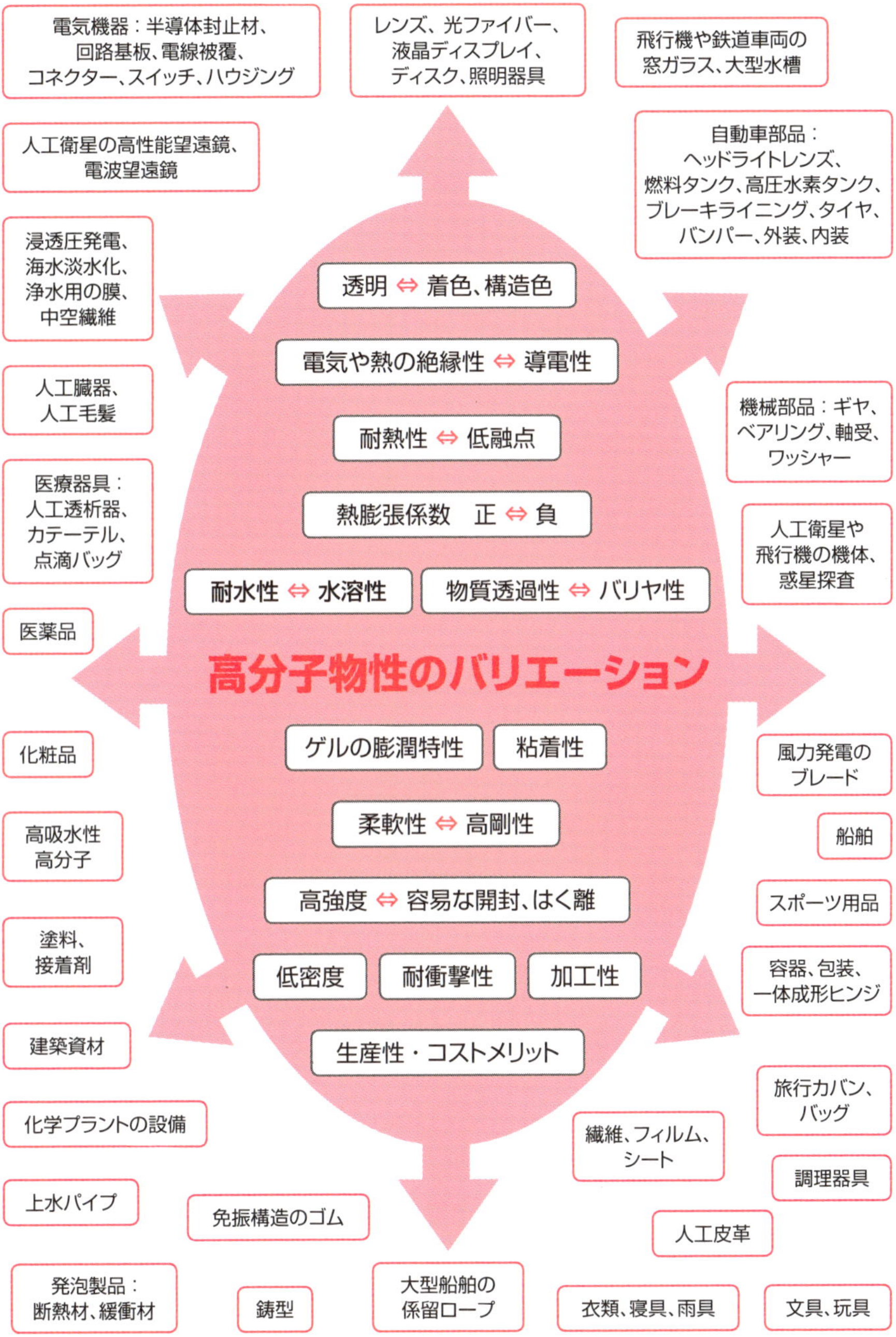
電気機器：半導体封止材、回路基板、電線被覆、コネクター、スイッチ、ハウジング
レンズ、光ファイバー、液晶ディスプレイ、ディスク、照明器具
飛行機や鉄道車両の窓ガラス、大型水槽
人工衛星の高性能望遠鏡、電波望遠鏡
自動車部品：ヘッドライトレンズ、燃料タンク、高圧水素タンク、ブレーキライニング、タイヤ、バンパー、外装、内装
浸透圧発電、海水淡水化、浄水用の膜、中空繊維
人工臓器、人工毛髪
医療器具：人工透析器、カテーテル、点滴バッグ
医薬品
機械部品：ギヤ、ベアリング、軸受、ワッシャー
人工衛星や飛行機の機体、惑星探査
透明 ⇔ 着色、構造色
電気や熱の絶縁性 ⇔ 導電性
耐熱性 ⇔ 低融点
熱膨張係数　正 ⇔ 負
耐水性 ⇔ 水溶性
物質透過性 ⇔ バリヤ性
高分子物性のバリエーション
ゲルの膨潤特性
粘着性
柔軟性 ⇔ 高剛性
高強度 ⇔ 容易な開封、はく離
低密度
耐衝撃性
加工性
生産性・コストメリット
化粧品
高吸水性高分子
塗料、接着剤
建築資材
化学プラントの設備
上水パイプ
免振構造のゴム
発泡製品：断熱材、緩衝材
鋳型
大型船舶の係留ロープ
風力発電のブレード
船舶
スポーツ用品
容器、包装、一体成形ヒンジ
旅行カバン、バッグ
繊維、フィルム、シート
調理器具
人工皮革
衣類、寝具、雨具
文具、玩具

4 高分子は他の材料と比べてどこが優れているか

高分子は無限の可能性を秘めている

世の中の材料は一般に、鉄、アルミニウム、銅などの金属、ガラス、陶器などの無機材料（セラミックス）、そして動物や植物、プラスチック・ゴムなどの有機材料に分類されます。実は、身の回りにある高分子のほとんど全てが有機材料です。有機材料は、炭素・水素、・酸素・窒素などの元素が化学的に結合することによって出来ています。

皆さんは、高分子あるいはプラスチックというと、金属や無機材料に比べ弱く、力を加えると容易に変形したり壊れたりする材料、温度が高くなるとすぐに溶けたり燃えたりする材料、また、熱や電気を伝えにくい材料という印象をもっているのではないでしょうか？　このように書くと、高分子はあまり出来のいい材料とはいえない気がしてきます。しかし、視点を変えると高分子は無限の可能性を秘めた材料であることがわかります。

有機材料を構成する元素の数は限られていますが、その組合せは無限にあります。分子の形を設計して、様々な性質をもつ物質が創り出せるところが有機材料の、そして高分子の大きな特徴です。弱さは柔らかさに通じます。繊維やフィルムは、ものをやさしく包むことができます。熱を伝えにくい性質は、触れたときに暖かい感触をもたらします。容易に様々な形に成形できることも高分子の優れた特徴の一つです。

そして、最後にどんでん返し。実は、世の中で使われている材料の中で最も軽くて強いのが高分子です。スーパーのレジ袋に使われるポリエチレンでも、上手に繊維を作ると鋼鉄の10倍の比強度（単位線密度当たりの強さ）を示します。炭素繊維も高分子の一種ですが、電気や熱をよく通します。PBO繊維という有機繊維は耐熱性が高く、ガスバーナーの火を近づけても燃えません。つまり、高分子は、強さと優しさを兼ね備えた材料ということができるのです。

要点BOX
- ●分子設計で様々な高分子を創る
- ●強さと優しさを兼ね備えた高分子

金属、有機材料、無機材料の用途

金属

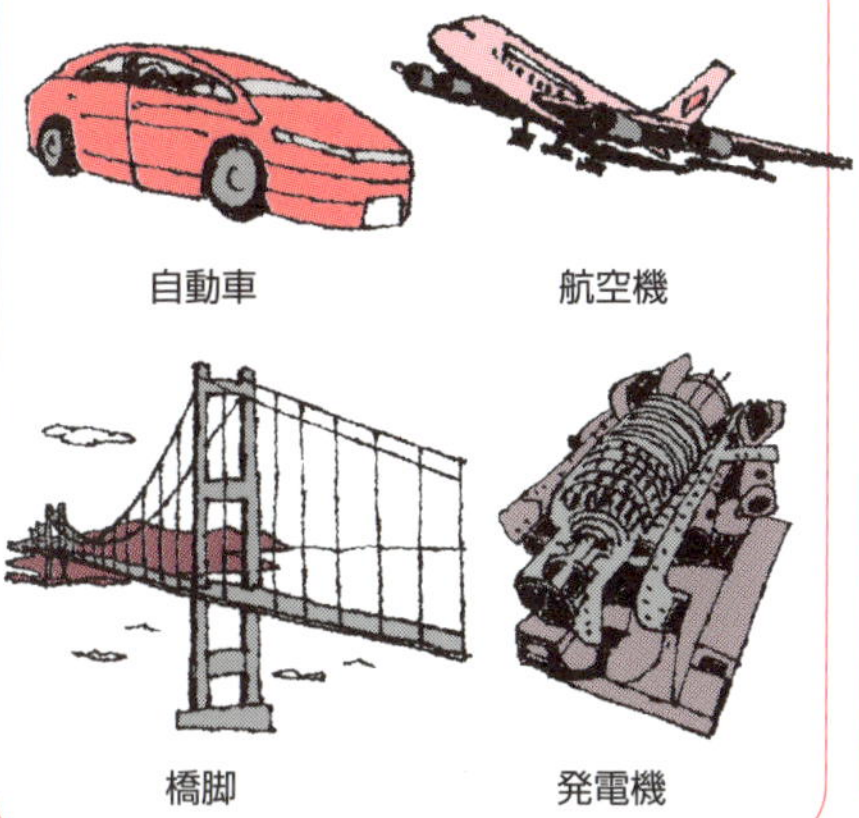

有機材料

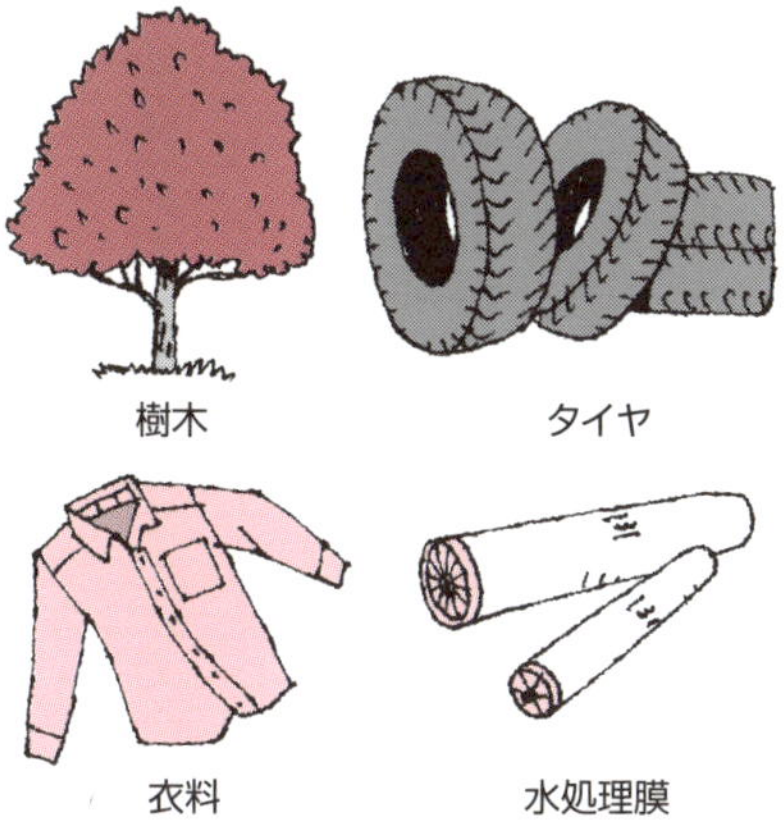

無機材料

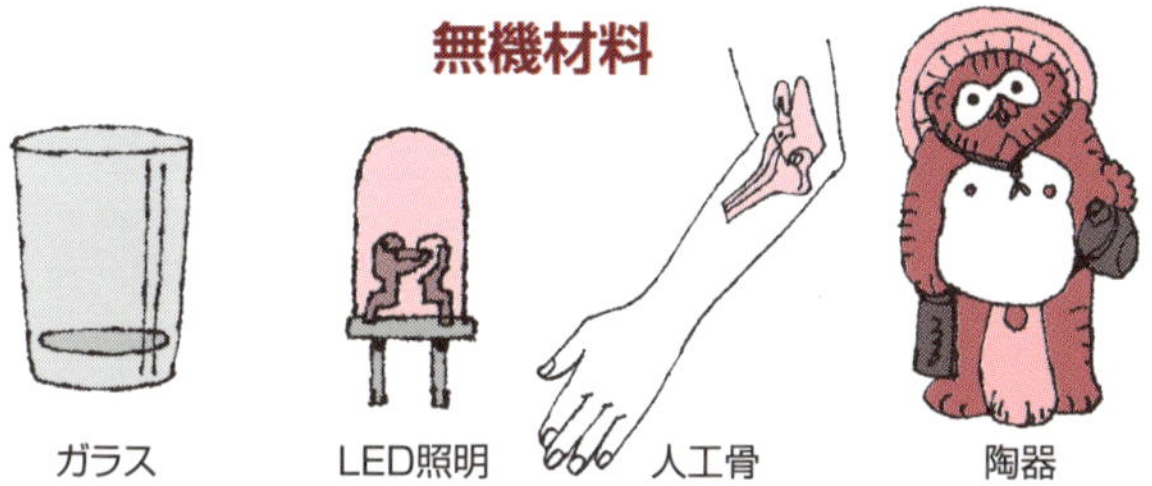

限られた構成要素の組合せに秘められた無限の可能性

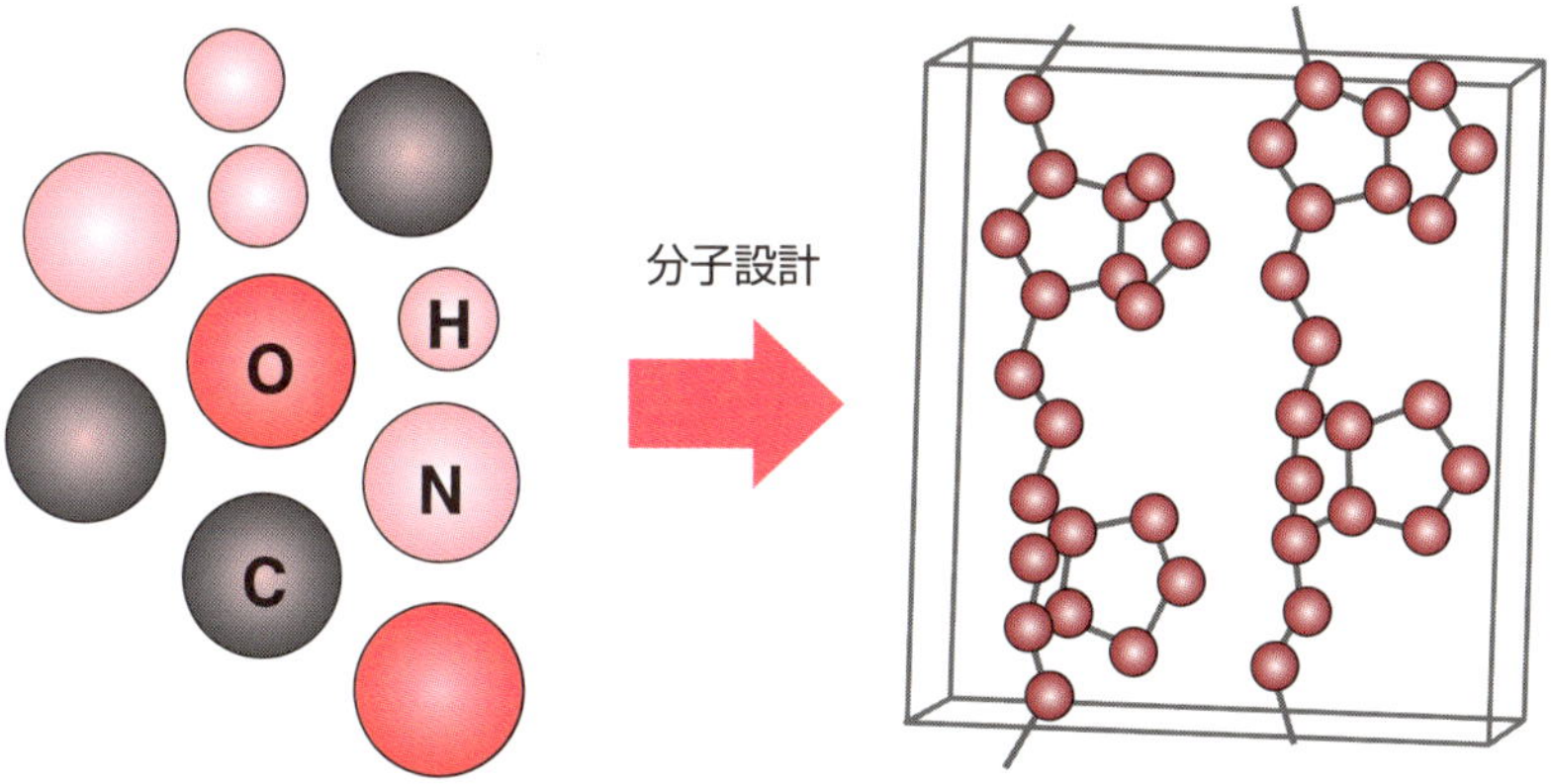

5 高分子製品が家庭に届くまで

ナフサ→モノマー→高分子→成形品

家庭で使用しているポリバケツなどのプラスチックを例に、高分子製品がどこから来て、どのように加工されて製品になるのかを見てみたいと思います。

合成高分子のほとんどは石油が原料となっています。原油がタンカーで日本に到着後、石油精製会社で分溜が行われ、軽油やガソリンなどが製造されます。その中の35～80℃で分溜されたナフサ（粗製ガソリン）を原料として、プラスチック、農薬、医薬品などのいろいろな工業製品の原料が合成されます。その中でエチレンやプロピレンがプラスチックの原料となります。そして、エチレンとプロピレンをモノマーとして重合させてポリエチレンとポリプロピレンが製造され、一方でエチレンからはさらにスチレンや塩化ビニルなど、プロピレンからはアクリロニトリルやアクリル酸など数種のモノマーが製造されます。これらのモノマーからは単独重合や共重合により種々の高分子が製造されます。この工程まではコンビナートにある大きな工場で行われます。

ポリエチレンをはじめとするプラスチックは米粒大のペレットに加工され、タンクローリーやドラム缶に詰められて、プラスチックの加工を行う会社に工場から出荷されます。加工工場では酸化防止剤や加工を容易にする滑剤などの添加剤を加えて加工します。特にポリ塩化ビニルは、添加剤である可塑剤の量によって、雨樋や排水管に使用する硬質ポリ塩化ビニルや、ビーチボールに使用する軟質ポリ塩化ビニルを作り分けています。

プラスチックの加工工場では、押出成形機を使ってバケツのような成形体を製造したり、インフレーション成形機でフィルムを製造したりします。ここで製造されるフィルムは横が数mある巻き取られたロール状なので、さらに他の加工工場でスーパーのレジ袋などに加工されます。

このように複数の段階を経てポリバケツのような商品が出来上がります。

要点BOX
- ●合成高分子の多くはナフサが原料
- ●プラスチックは成形機によって多種多様の工業製品に加工される

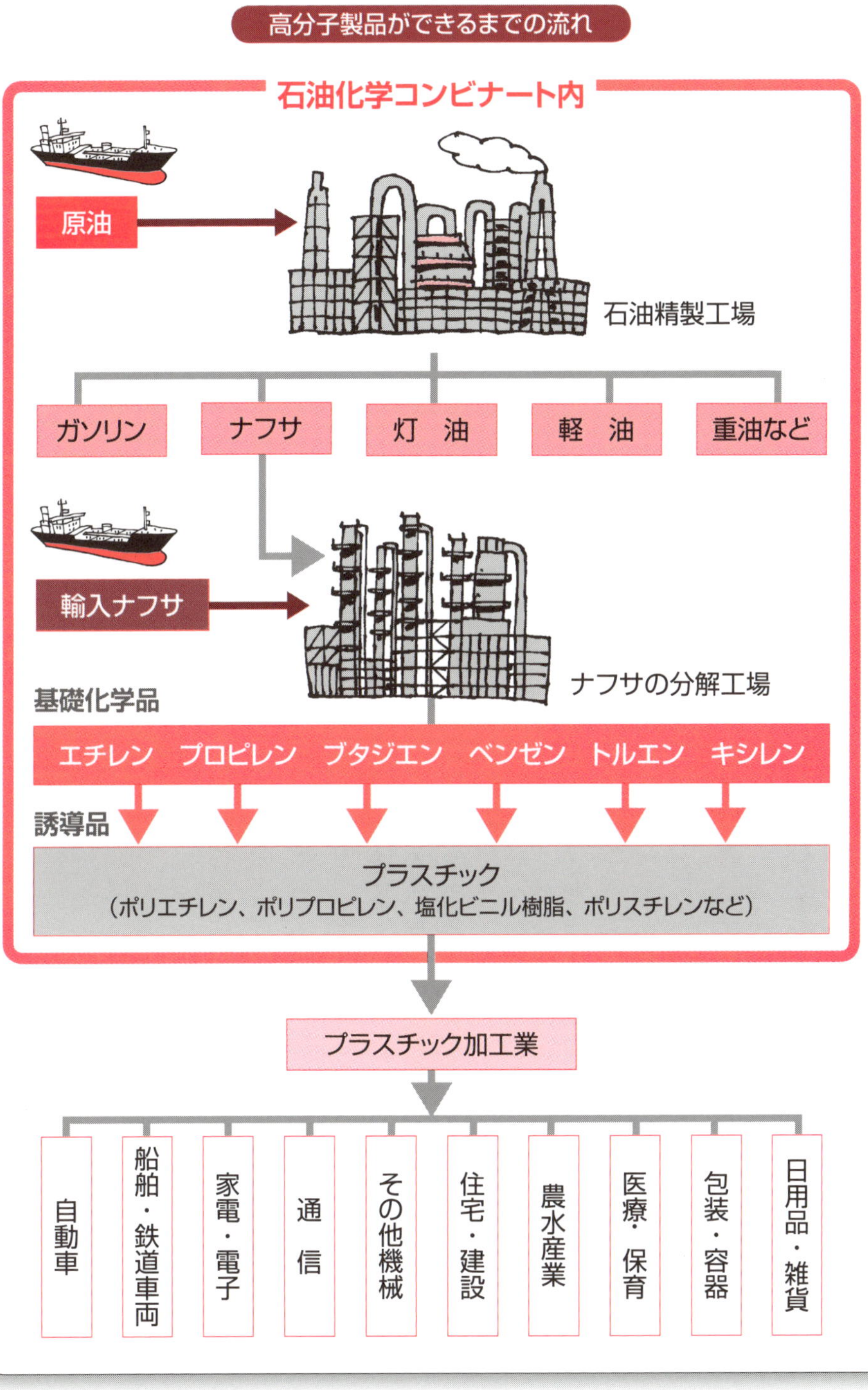
高分子製品ができるまでの流れ
石油化学コンビナート内
原油
石油精製工場
ガソリン
ナフサ
灯　油
軽　油
重油など
輸入ナフサ
ナフサの分解工場
基礎化学品
エチレン　プロピレン　ブタジエン　ベンゼン　トルエン　キシレン
誘導品
プラスチック
（ポリエチレン、ポリプロピレン、塩化ビニル樹脂、ポリスチレンなど）
プラスチック加工業
自動車
船舶・鉄道車両
家電・電子
通　信
その他機械
住宅・建設
農水産業
医療・保育
包装・容器
日用品・雑貨

6 高分子材料から工業製品を作る

重合した高分子をペレットにして成形機に投入が一般的

合成高分子を使って製品を作る場合、重合装置で製造した高分子を直接成形機に導入する方法が合理的です。ポリエステル繊維を大量に生産する工場では、このような方法(直接重合紡糸法)が採用されています。生産コストは下がりますが、重合工程の原料の生産速度と紡糸工程の繊維の生産速度が同じでなければならないという制約が工程の管理を難しくしています。さらに極端な例として、成形機内で重合と成形加工を同時に行う方法もあります。

これに対し最も一般的に行われている方法は、重合した高分子を米粒状のペレットにして保管し、これを成形時に成形機に投入する手法です。前記の方法に比べて高温で重合した樹脂を一旦冷やし、成形のときに再加熱する必要があるため、エネルギー消費の観点からは不利ですが、プロセス管理の自由度は格段に高くなります。このとき、ポリエステルやナイロンなどの繊維やフィルムを製造するメーカーの多くが重合と成形を自社内で行うのに対し、ポリエチレン(PE)やポリプロピレン(PP)などの場合は、重合と成形は異なる独立した企業が行うのが一般的です。なお、重合ペレットに顔料、粉体、強化繊維など様々な混ぜ物をしてから成形する場合も多く、この場合は混練工程が加わります。また、ほとんどの場合、最終製品とするために成形物をさらに加工したり組み上げたりする工程が必要です。

高分子の場合、わずかな重合条件の違いが成形性や成形品の性能に大きな影響を及ぼす場合が多いため、原料の安定的な供給が大きな課題です。ポリエステルの場合は、高温下でエステル交換反応が起こり分子量分布はほぼ一定となりますが、PE、PPの場合は、原料メーカー側で分子量、分子量分布、分岐、立体規則性など多くの項目について材料設計が可能であるにもかかわらず、多くの場合、その詳細は開示されずに成形メーカーに原料が供給されます。

要点BOX

●わずかな原料の性質の差異が成形品の性能に大きな影響を及ぼす
●重合した高分子を直接成形する場合もある

高分子製品ができるまで

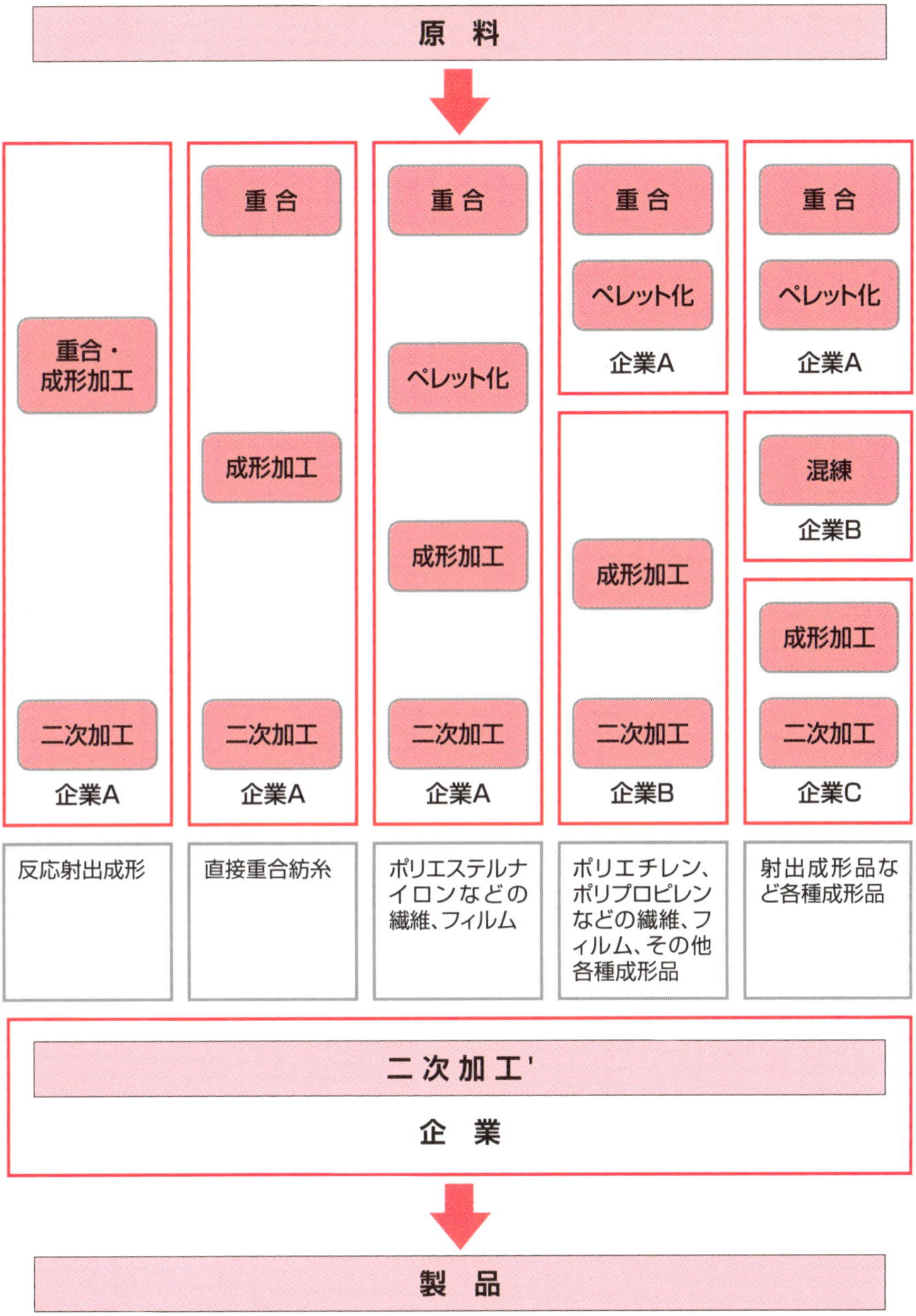

7 熱可塑性高分子と熱硬化性高分子

加熱すると軟らかくなる高分子、硬くなる高分子

高分子は「熱可塑性高分子」と「熱硬化性高分子」に大別できます。

「熱可塑性」とは、加熱すると軟らかくなる性質のことです。ですから「熱可塑性高分子」は、高分子を加熱により軟らかくして型に流し込み成形することができます。ちょうどチョコレートを温めて型に流し入れて好きな形のチョコレートにするのに似ています。ポリエチレン、ポリプロピレン、PETといった私たちの周りにある汎用高分子は熱可塑性高分子です。そして、熱可塑性高分子のことを「プラスチック」と呼んでいます。

室温で硬い固体となっている高分子を加熱すると、熱エネルギーを吸収した高分子の分子は動き始めます。結果として、柔らかすぎず、硬すぎず、成形に適した粘度に調整することができます。また、一度作製した成形品を再度溶融させて異なる成形品に再生することができることも大きな特徴です。

熱可塑性樹脂に対して「熱硬化性樹脂」では、反応性基をもつ比較的低分子量の出発物を加熱することで、これらが結合する反応が起こり、網目状の構造が構築されます。この硬化反応が起こると、高分子鎖が連結された三次元の網目状高分子となるために、加熱しても二度と溶融しません。また、溶媒に溶けることもありません。ですから熱に強く耐薬品性に優れた樹脂となります。ビスケットを焼いて作るのに似ています。熱硬化性樹脂には、人類初の合成高分子であるフェノール樹脂、エポキシ樹脂、尿素樹脂、不飽和ポリエステル樹脂などがあります。

観光地のボートや家庭用の風呂桶は繊維強化プラスチック（FRP）と呼ばれる素材で作られています。これはガラス繊維や炭素繊維のような強い（弾性率の高い）繊維と高分子を組み合わせて強固な複合材料としたものですが、マトリックスの高分子として熱硬化性樹脂が使用されています。

要点BOX

- ●熱可塑性樹脂は再び溶融させて異なる成形品に再生することができる
- ●熱硬性樹脂は加熱しても再び溶融しない

熱可塑性高分子

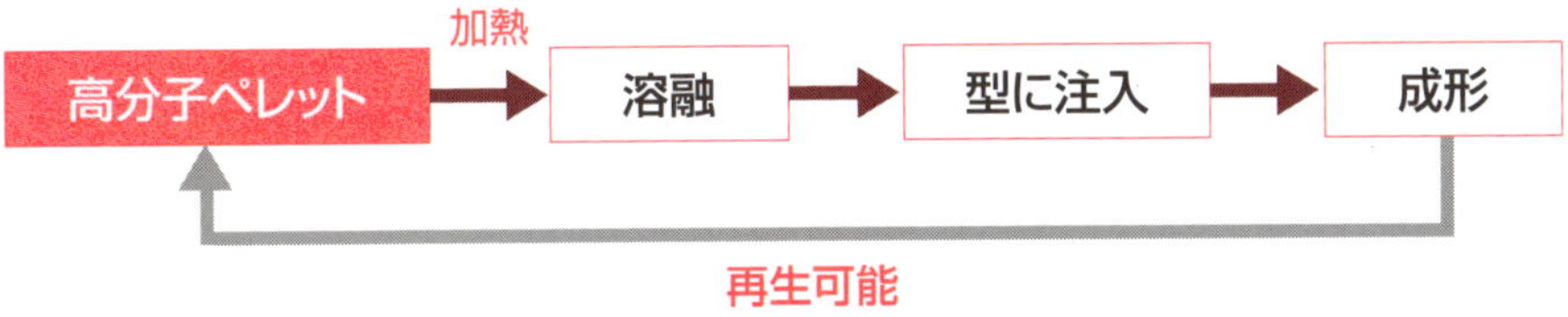

熱硬化性高分子

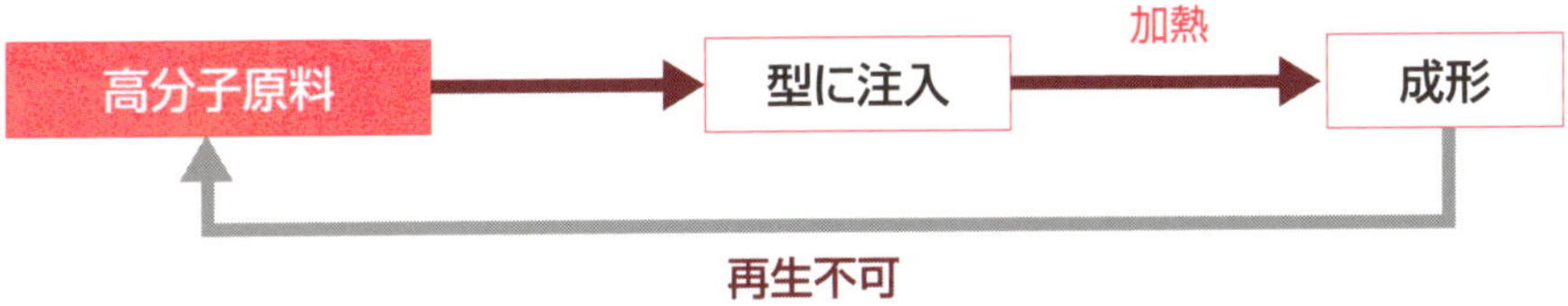

チョコレートを作ろう（熱可塑性高分子）

❶チョコレートを湯せんで溶かす

❷溶かしたチョコレートを型に流し込む

❸冷やして固める

❹型から取り出して完成

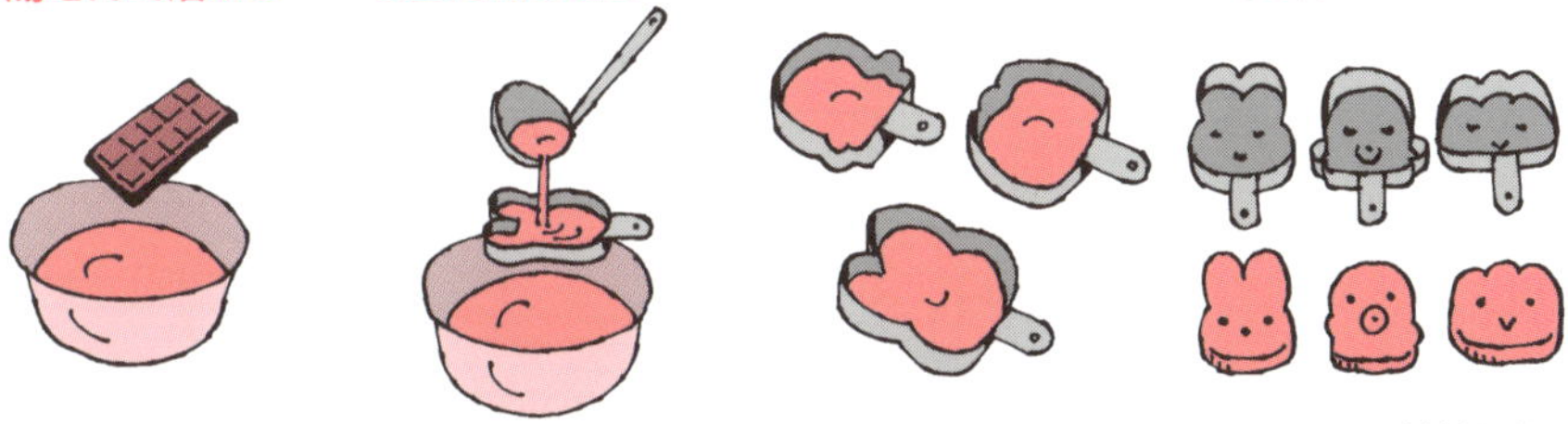

チョコレートがプラスチック材料

チョコレートを流し込んだ型が金型に当たる

チョコレートを流し込む道具が成形機械

いろいろな材料からいろいろな形のプラスチック製品がでる

ビスケットを作ろう（熱硬化性高分子）

❶小麦粉・バターなどの材料を混ぜる

❷材料の形を整える

❸オーブンで加熱

❹ビスケットの完成

出発材料や硬化剤などの原料を混ぜる

型に流し込んで形を整えることもある

加熱して硬化反応を促進

いろいろな熱硬化性高分子の製品ができる

8 汎用プラスチックとエンジニアリングプラスチック

多量に使われるプラスチック、特別な使われ方をするプラスチック

プラスチックには、ポリエチレン（PE）やポリプロピレン（PP）のような一般に多量に使用される汎用プラスチックと、大量には生産されないものの付加価値が高く、特別な使われ方をするエンジニアリングプラスチックがあります。

エンジニアリングプラスチックは、汎用プラスチックと比べて耐熱性や機械特性に優れた高分子で、およそ100℃以上で連続使用できる高分子とされています。この分類には科学的な根拠はなく、企業が高付加価値の材料を区別するために生まれたものです。生産量が多い5つのエンジニアリングプラスチックは「5大エンジニアリングプラスチック」として区別されています。これらよりさらに生産量は少ないが、より高性能で特徴のあるエンジニアリングプラスチックも多く上市されており、これらは「スーパーエンジニアリングプラスチック」と呼ばれています。日本におけるエンジニアリングプラスチックの生産量は汎用熱可塑性高分子の9％程度で、決して多くはありませんが、付加価値が大きいので少量でも生産する価値があります。

今ではプリンターのような可動部がある機器で使用される歯車はポリアセタール（POM）やポリアミド（PA）製ですが、以前は金属製で油をさす必要がありました。POMやPAは摺動性（自己潤滑性）が高いので油をさす必要がなく、金属製のものよりも軽いという大きな利点があります。

また、CDやDVDはポリカーボネート（PC）で作られていますが、これは高い透明性と強度をPCがもっているからです。

スーパーエンジニアリングプラスチックの一つであるポリイミドは、フレキシブルプリント基板としてノートパソコン、カメラ、スマートフォンなどに使われています。これは、この樹脂がはんだ処理（280℃）をしても大丈夫な耐熱性をもっているからです。

要点BOX

- ●エンプラは100℃以上で連続使用できる
- ●スーパーエンプラははんだ耐熱性をもつものもある

5大エンジニアリングプラスチック

ポリカーボネート(PC)

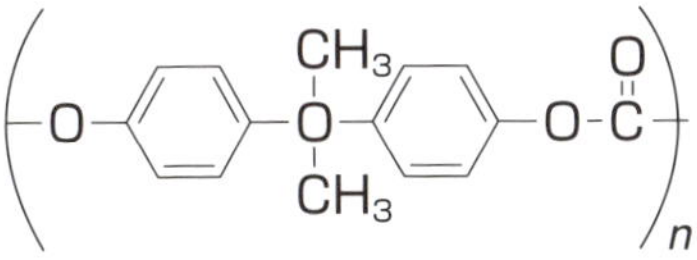

$T_m = 220 \sim 230\ ℃$
$T_g = 150\ ℃$

ポリアセタール(POM)

$\left(CH_2 - O \right)_n$

$T_m = 178\ ℃$

ナイロン6(PA6)

$\left(NH - (CH_2)_5 - CO \right)_n$

$T_m = 225\ ℃$

ポリブチレンテレフタレート(PBT)

$T_m = 224 \sim 228\ ℃$

変性ポリフェニレンオキシド

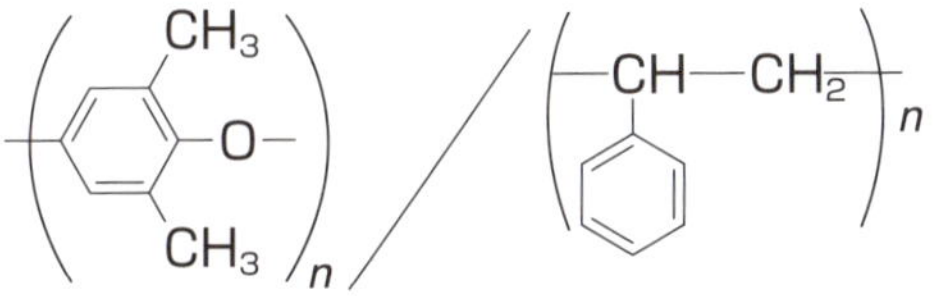

これらは
汎用プラスチックの
9%しか生産されて
いませんが、
価格はずっと上です。

9 ゴムはなぜ伸び縮みする？

エントロピー弾性

　ゴムは、力を加えると大きく変形し、除くとすばやく元の形に戻る性質をもちます。非晶状態の高分子鎖は球形の糸まり状が最も安定な形です。

　例えば、高分子鎖を伸び切った状態にすると、その取り得る状態の数はたった1つですが、両端の間の距離を少し縮めると、その数が飛躍的に増加します。

　エントロピーSと状態の数Ωの関係を結びつけるボルツマンの式$S=k\ln\Omega$で考えると、Ωが大きくなるとSが増加します。つまり、高分子鎖の両端の間の距離が小さくなるとエントロピーが増大し、最もエントロピーが大きい状態が糸まり状なのです。自由エネルギー$G=H-TS$で考えると、理想的な鎖ではエンタルピーHの寄与がないので、エントロピーが最大のとき、自由エネルギーGが最小になり、最も安定な状態です。

　高分子鎖の両端を引っ張って楕円体にすると、両端間の距離が大きくなり、状態の数が減ってしまうことからエントロピーの減少が起こり自由エネルギーが増加するため、自由エネルギーを減少させて元の球形に戻ろうとします。これによって生じる弾性を「エントロピー弾性」と呼び、その特徴として、①長さが大きくなるとエントロピーが減少、②長さを一定にして温度を上昇させると張力が増加、③張力を一定にして温度を上昇させると収縮、④断熱伸張（外界と熱の出入りなしに伸ばすと、つまり急激に引っ張る）により温度が上昇します。これらは伸張によって状態の数が減少することからすべて説明することができ、ゴムに限定されません。

　ゴムが示す弾性がゴム弾性であり、このエントロピー弾性が主たる要因なのです。ただし、その弾性力の起源は、鎖の各部分の熱運動（ミクロブラウン運動）に由来します。針金を巻いたばねにみられる通常の弾性や高分子ガラスや結晶の場合は、エンタルピーの寄与が主であるため、エネルギー弾性が主です。これらの場合、かなり大きな力（弾性率）を発生できます。

要点BOX

- 引っ張るとエントロピーが減少する
- ゴム弾性の主要因はエントロピー弾性
- その弾性力はミクロブラウン運動に起因する

糸まり状の分子(高分子)を引張ると?

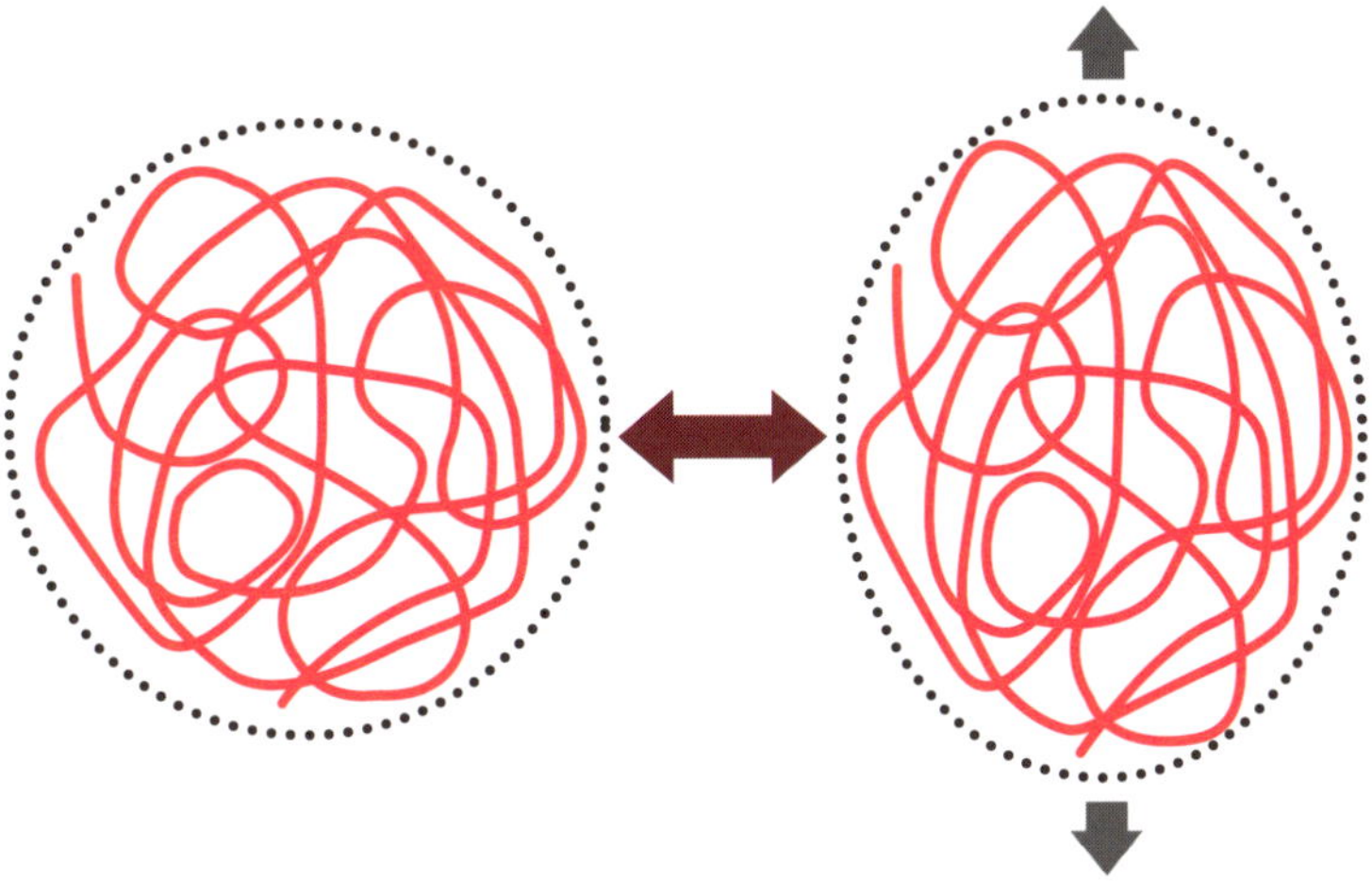

高分子鎖の末端間の距離と状態の数

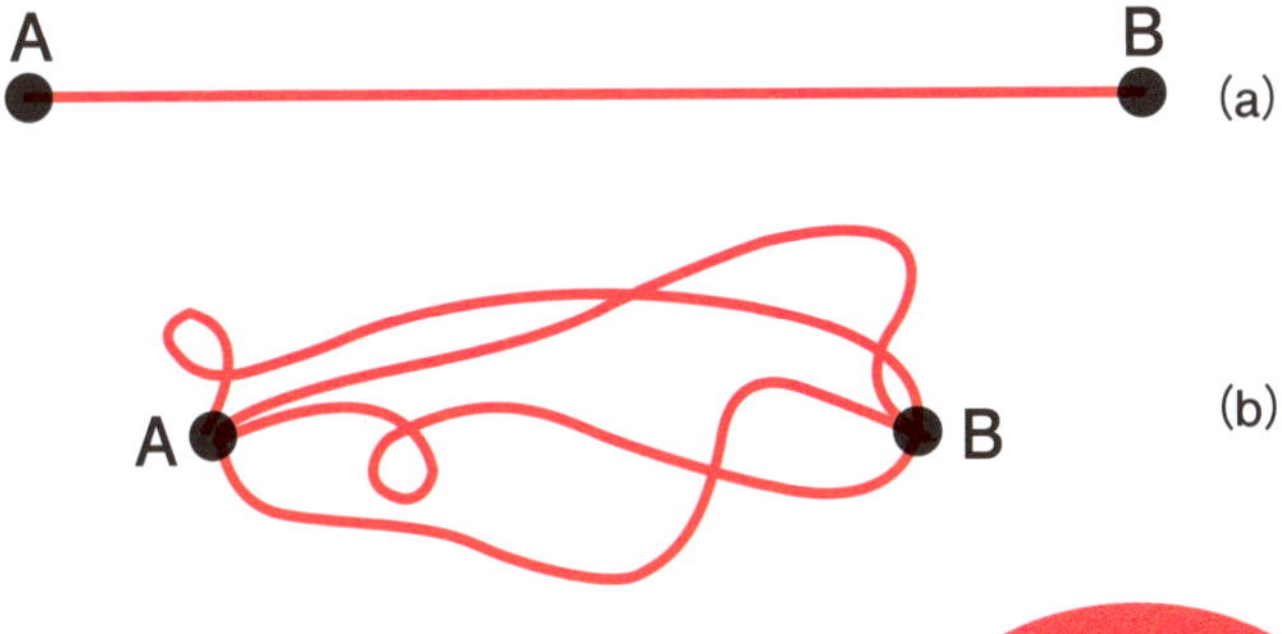

10

高温で流動性をもつゴム

普通のゴムは分子と分子を化学的にくっつけてしまうので、一度形を作って製品にしてしまうと温度を高くしてもなかなか別のものに作り変えることができません。自動車用のタイヤがそうですが、リサイクルが難しいのです。

しかし最近では、温度を上げて別の形に作り直し冷却することで何度でも使えるゴムも開発されました。これを「熱可塑性エラストマー」(エラストマーはゴムと同じ意味です)と呼びます。この名前の意味するところは、高温になると流動性を示し(熱可塑性)、室温ではエラストマーつまりゴムとしてふるまう材料のことです。

この原理は、低温では化学結合がある場合と同じように働きますが、高温になると結合が切れたようにふるまう特別な結合点を形成させることにあります。この存在により、高温で流動し形を変えることが可能となるのです。

熱可塑性エラストマーは、1本の分子の中でゴムの性質を示す柔らかい部分と、硬いプラスチックの部分がつなげられています。ゴムはゴム同士、プラスチックはプラスチック同士集まる性質があるので、ゴム分子の海の中にプラスチック分子からなる島が浮かんでいるような形になります。室温では球となっているプラスチック部分が変形せず、ゴム部分をつなぐ結合点の役割を果たすことによって、全体としてゴムの性質を示します。

温度を上げてプラスチックが溶融すると、プラスチック部分もゴムの部分と同じように動けるようになり、別の形に成形することが可能となります。この溶かした分子を型に押し出して冷やすことによって簡単にいろいろな形にすることができるので、自動車の部品など幅広く使われています。

その他、プラスチックの海の中に架橋ゴムの島が浮かんでいる構造のものもあります。

要点BOX
- 温度を上げて成形ができ、室温でゴムとなる
- 通常のゴム(化学架橋)とは異なり、物理架橋である

熱可塑性エラストマーの構造

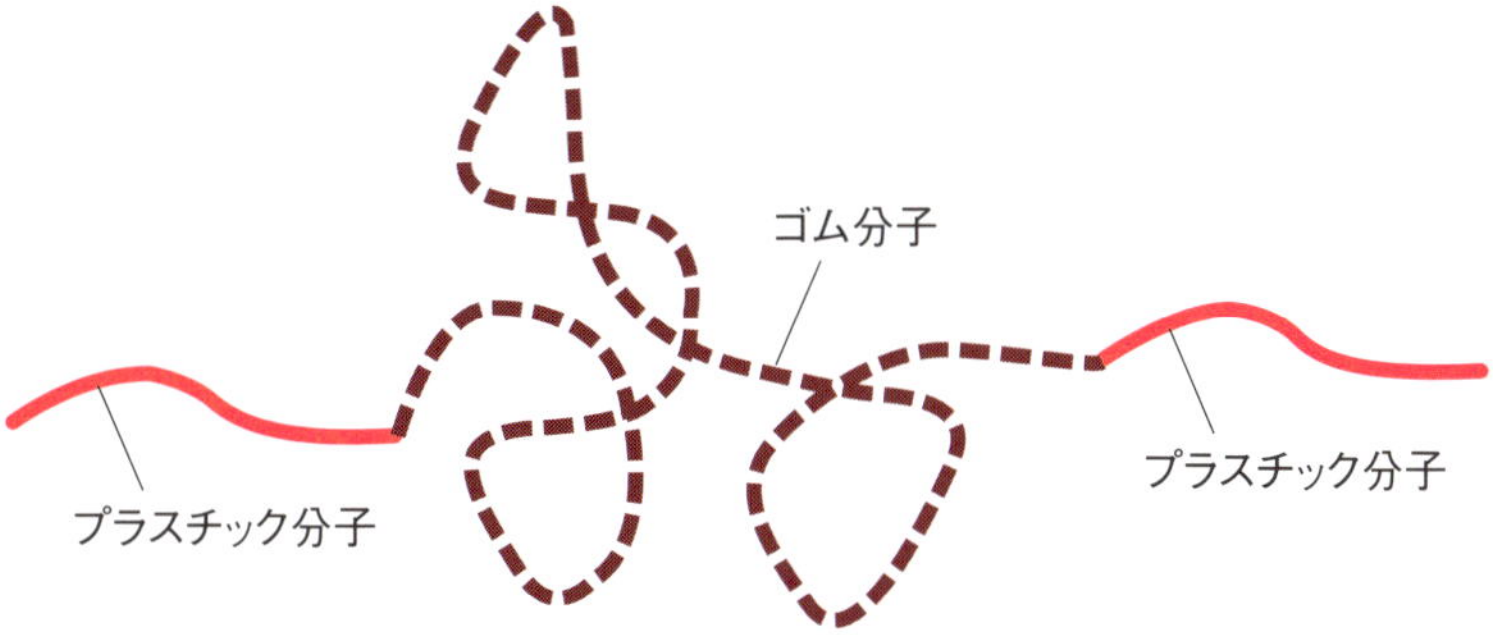

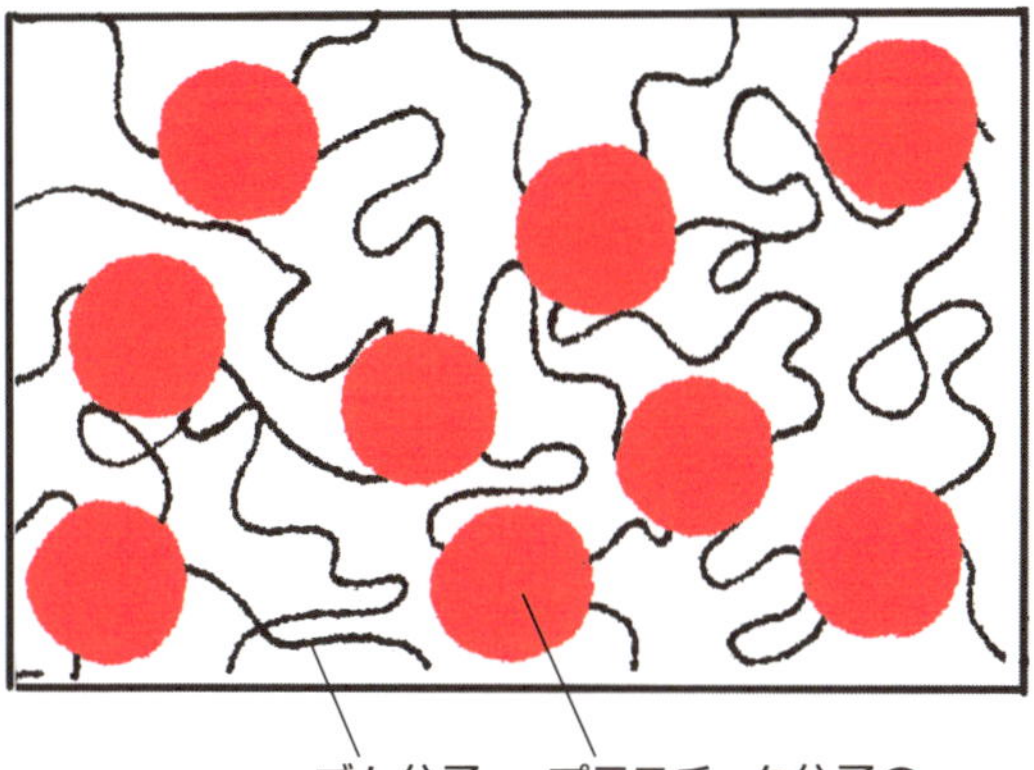

ペングリップ

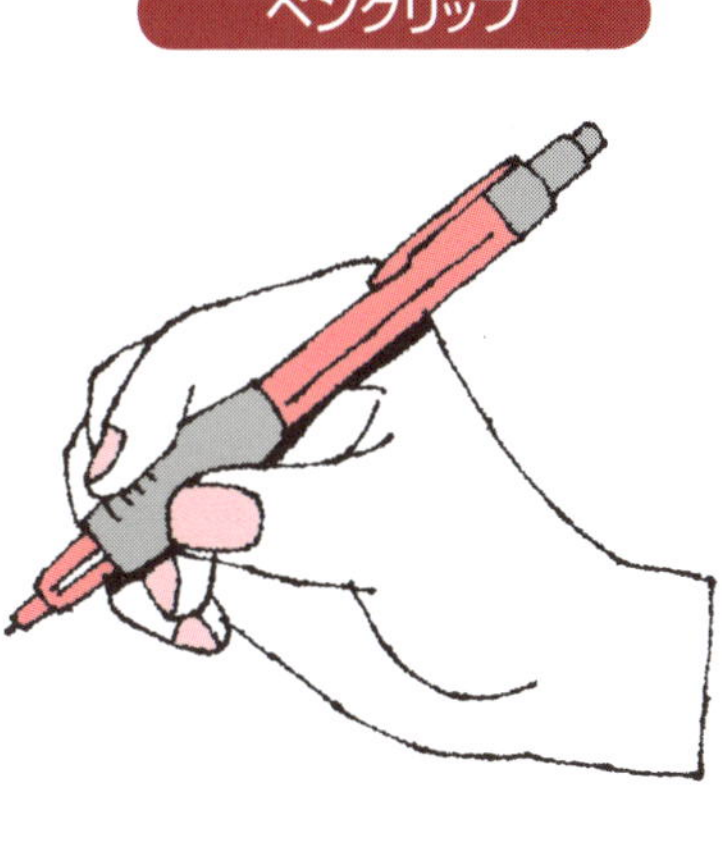

マッドガード

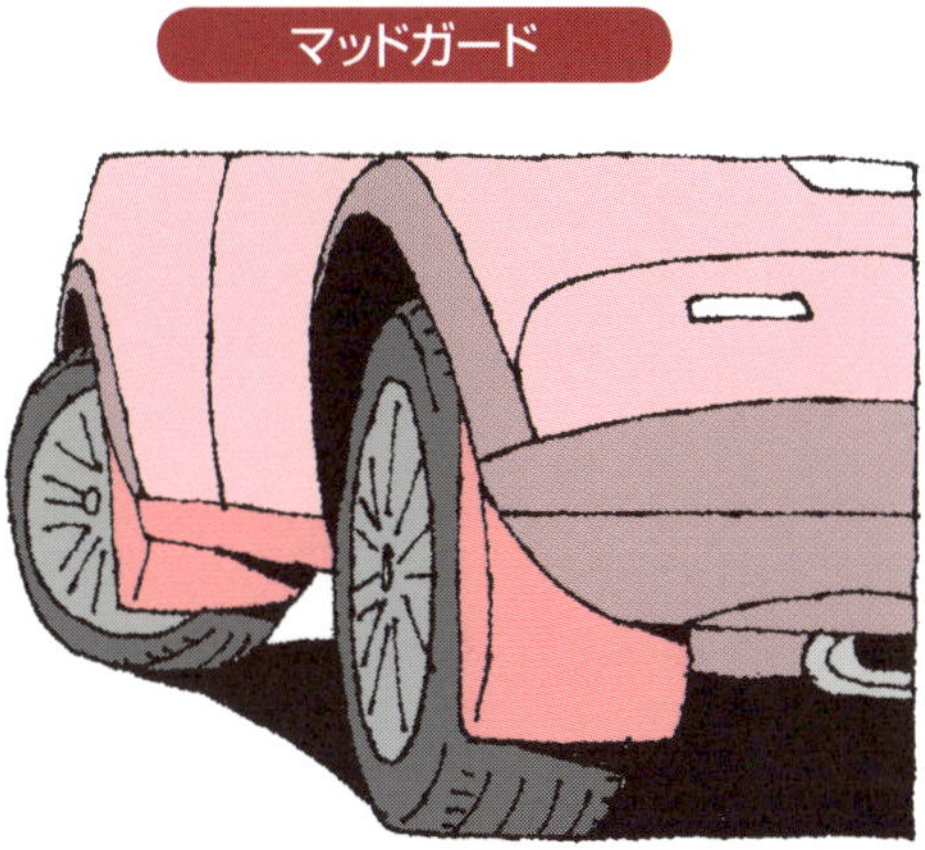

11 結晶と流体の両方の性質をもつ高分子

液晶高分子

「液晶」とは、結晶と流体の両方の性質を兼ね備えた物質のことです。すなわち、分子の空間的な配列に秩序性がありながら流動性も兼ね備えている状態として定義されます。このような性質をもつには、分子が棒状や平板状で形を変えにくいものにする必要があります。液晶のイメージとして、川面にたくさんの材木が浮いている状態がしばしば引き合いに出されます。このような状態では、材木は互いに平行に並ぶように配列します。

合成高分子として最初に液晶状態を示すことが発見されたのは、芳香族ポリアミドの一種であるポリパラフェニレンテレフタルアミド（PPTA）の硫酸溶液です。普通は溶媒の中に高分子を溶かしていくと、どんどん粘り気が増し流れにくくなりますが、PPTAの場合は、濃度を高くしていくと途中から逆に流れやすくなることが発見されました。その溶液を調べてみると、観測する方向によって屈折率が異なる複屈折という現象が見出され、このことから液体の中で分子が並んでいることが確かめられました。

高分子の液晶状態を利用すると、剛直な分子鎖が容易に配列することから、強い繊維を作ることが可能になります。この原理を利用して開発されたのが、デュポン社の「ケブラー」®です。その後、溶媒を使わずに熱で溶かすだけで液晶性を示す高分子も開発され、高強度の繊維、射出成形品などに応用されています。

米国のNASAが1997年に初めて火星探査車ローバーを火星表面に到達させたとき、ロケットの推進力を利用して衛星を軟着陸させる代わりに、衛星の周りに風船を膨らませ、その衝撃吸収力を利用し火星の地表で何度かバウンドさせて送り届ける手法が開発されましたが、この風船の素材が、当時まだ開発間もない溶融型の液晶高分子から製造した高強度繊維「ベクトラン」®でした。

要点BOX
- ●分子配列の秩序性と流動性を兼ね備えた高分子
- ●剛直な分子鎖が液晶性を示す

川面に浮かぶ材木

相互に並びやすい＝液晶のイメージ

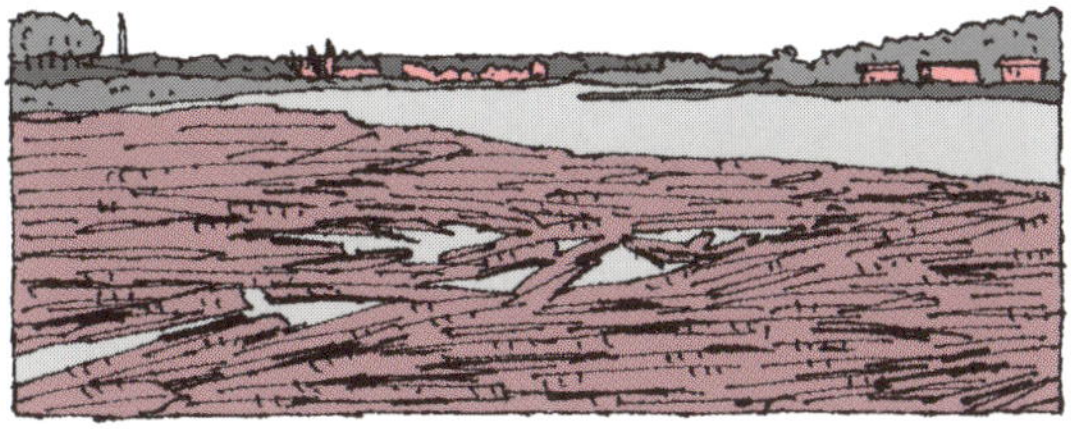

ポリパラフェニレンテレフタルアミドの硫酸溶液粘度の濃度依存性

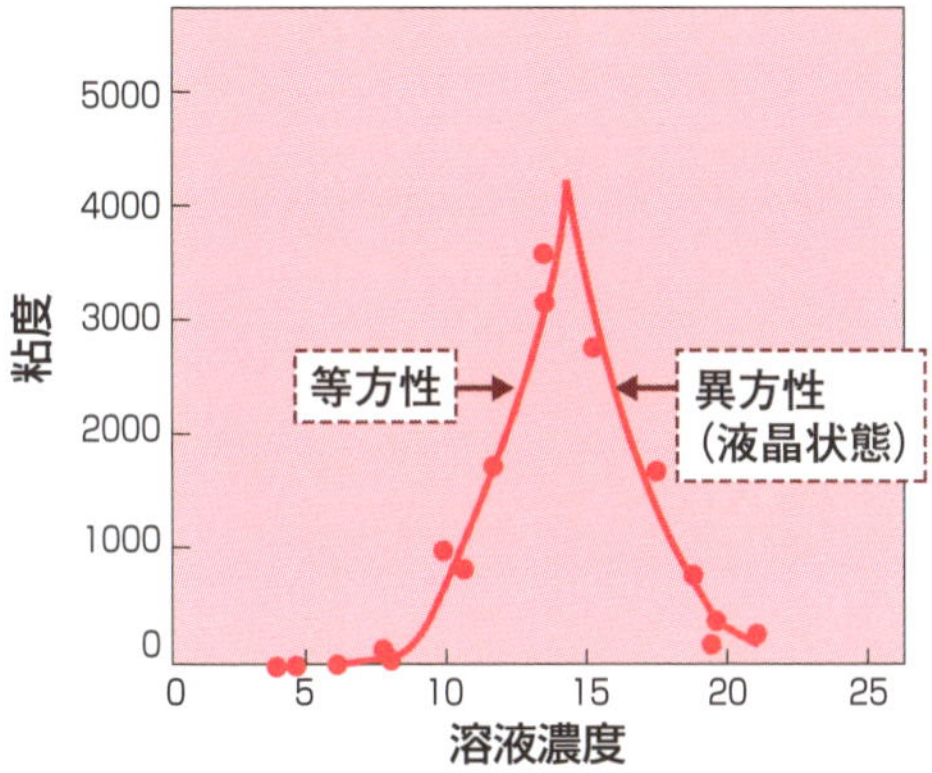

火星探査機用のバルーン（液晶繊維でできている）と送り込まれた火星表面探査車

12 特殊な形状の高分子たち

デンドリティック高分子、星形高分子、環状高分子

高分子は普通、直鎖状の形をしています。コンビニのレジ袋に使われているポリエチレンは、その分子の直径を3㎜（うどんの直径）に拡大すると、長さは30ｍになります。これは想像を超える長さで、そのために高分子の分子はお互いに絡み合いながら私たちが手にする固体状態となります。

しかし、熱可塑性高分子の中には直鎖状でないものもあります。このような特殊形状高分子のうち、デンドリティック高分子、星形高分子、環状高分子について説明します。

「デンドリティック」とは「樹状の」という意味で、規則的に枝分かれした構造をもっています。デンドリティック高分子は、化学構造が明確であるが合成手順が複雑な「デンドリマー」と、同じ繰り返し単位の分子量が異なる高分子の混合物ですが合成手順が短い「ハイパーブランチポリマー」に大別できます。これらは末端基の数が多量にあるので、いろいろな官能基を導入することが可能となり、ドラッグキャリアーなどの機能性高分子として期待されています。

「星形高分子」はデンドリティック高分子と同様に多数の末端基を有する高分子ですが、枝分かれ構造ではなく、核から多数の高分子鎖が成長する形をしています。星形高分子はアニオンリビング重合の手法を駆使して合成されますが、核から成長する高分子鎖は同じ化学構造を有する必要はありません。このような非対称の星形高分子はブロック共重合体の1種ですが、特異なミクロ相分離構造を発現するので注目されています。

環状高分子の特徴は末端が存在しないということです。環の数は1個のものから様々な形のものが可能です。また、環同士がオリンピックの輪のように共有結合を介さずにつながった高分子であるカテナンや、環の輪をやはり共有結合を介さずに直鎖高分子が貫通したロタキサンもあります。

要点BOX

- 高分子は普通、ヒモ状の長い分子構造をもつ
- デンドリティック高分子、星形高分子など特殊な形状の高分子が近年注目されている

特殊形状高分子

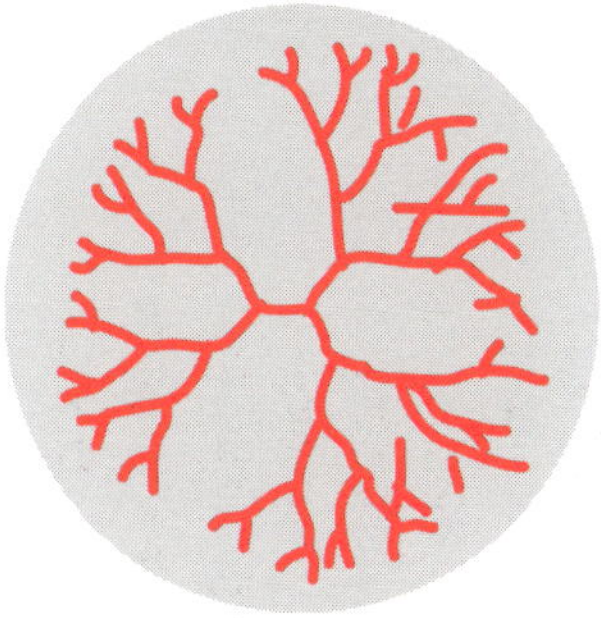

デンドリマー

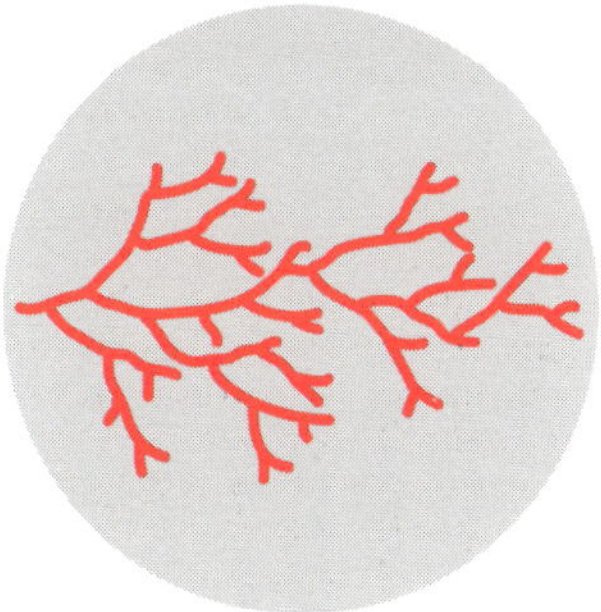

ハイーパーブランチポリマー

星形高分子

環状高分子

カテナン

ロタキサン

Column

ノーベル賞を受賞した高分子の研究

高分子の研究においてもノーベル賞が与えられており、これまでに以下の5件があります。化学賞が多いのが特徴です。

①Hermann Staudinger（化学賞1953年）
「鎖状高分子化合物の研究」

②Karl Ziegler、Giulio Natta（化学賞1963年）
「新しい触媒を用いた重合法の開発と基礎的研究」

③Paul Flory（化学賞1974年）
「高分子化学の理論、実験両面にわたる基礎研究」

④Pierre-Gilles de Gennes（物理学賞1991年）
「単純な系の秩序現象を研究するために開発された手法が、より複雑な物質、特に液晶や高分子の研究にも一般化され得ることの発見」

⑤白川英樹、Alan Heeger、Alan MacDiarmid（化学賞2000年）
「導電性高分子の発見とその開発」

簡単に言えば、

①は高分子説を最初に唱え立証した功績
②はオレフィンの重合触媒の発見
③は高分子科学における基礎の構築
④は新しい概念を用いた高分子物理の構築
⑤は導電性高分子の発見

ということになります。どれも大変すばらしい業績です。

DNAやタンパク質まで広げると、

・二重螺旋で有名なJames Watson、Francis Crick（生理学・医学賞1962年）
「核酸の分子構造および生体における情報伝達に対するその意義の発見」

・Kary Mullis、Michael Smith（化学賞1993年）
「DNA化学での手法開発への貢献」

・John Fenn、田中耕一、Kurt Wüthrich（化学賞2002年）
「生体高分子の同定および構造解析のための手法の開発」

なども広い意味で高分子の研究とみなせないこともないかもしれません。

さらに、高分子の合成・反応に応用できる有機合成に関する業績では、何人もの日本人が受賞しています。

これからも高分子に関する研究に目が離せません。ノーベル賞にふさわしい素晴らしい業績がどんどん出てくることを期待しています。

第2章

高分子の合成

13 モノマーが重合してポリマーになる

すべての高分子はモノマーの共有結合で構成される

高分子（ポリマー）は、セルロースやタンパク質などの天然高分子と、ポリエチレンやナイロンのような合成高分子に大別されますが、全ての高分子は繰り返し単位である単量体（モノマー）が共有結合によってつながって構成されています。例えば、セルロースの単量体はグルコースですし、タンパク質の単量体はアミノ酸です。本書では合成高分子を主に扱うので、それについて述べます。

合成高分子であるポリエチレンはエチレンを原料として、エチレンがつながるような形で生成します。これを「重合」と呼んでいます。すなわち単量体（モノマー）であるエチレンが重合して高分子であるポリエチレンとなったわけです。

重合の様子を表した左頁の図には1種類のモノマーが重合する様子が示してあります。ここで得られるポリマーは「単独重合体（ホモポリマー）」と呼ばれています。

それに対して、2種類以上のモノマーを重合させる場合を「共重合」と呼んでいます。AとBの2種類のモノマーを混合して共重合させると、多くの場合には「AモノマーとBモノマーが無作為に入り混じった構造の「ランダム共重合体」が生成します。一方、Aモノマーをある程度重合させ、その重合末端からBモノマーを重合させると左頁の右の図にあるように鎖がつながった形の「ブロック共重合体」が生成します。

左頁の表には、よく目にするポリマーについて、モノマーとともに化学構造式を載せてあります。この中でモノマーが1種類しかないものは単独重合体です。モノマーが3種あるABS樹脂はアクリロニトリル・ブタジエン-スチレンの共重合体です。また、PET（ペットボトルの原料となる高分子）は2種類のモノマーから合成されますが、これはのちに述べる逐次重合系高分子で、これら2種類のモノマーが重合して単独重合体となります。

要点BOX

- 重合するモノマーが2種類以上なら共重合体
- モノマーが無作為に入り混じったランダム共重合体と、ブロック状につながったブロック共重合体

モノマーが重合してポリマーになる

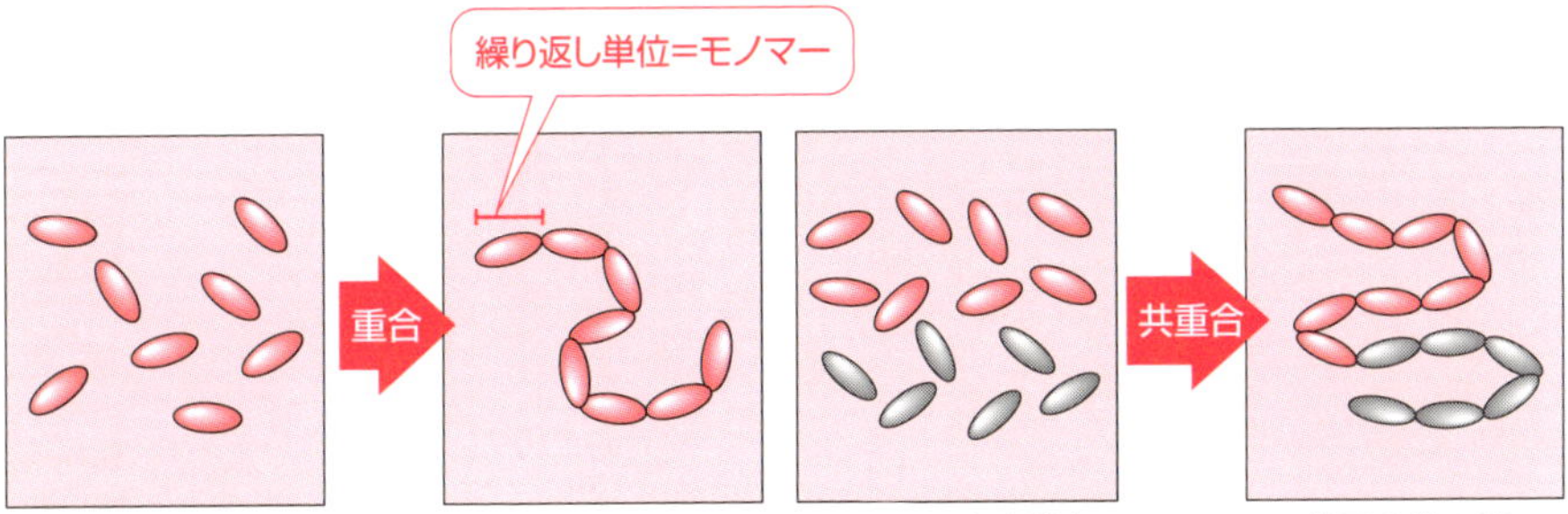

代表的な高分子

ポリエチレン (PE)	$CH_2=CH_2$	$-[CH_2-CH_2]_n-$
ポリプロピレン (PP)	$H_2C=CH(CH_3)$	$-[CH_2-CH(CH_3)]_n-$
ポリ塩化ビニル (PVC)	$H_2C=CH(Cl)$	$-[CH_2-CH(Cl)]_n-$
ポリスチレン (PS)	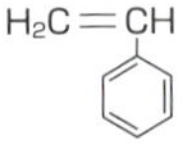	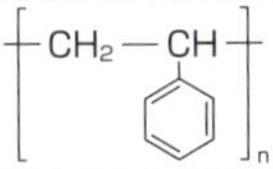
ポリメタクリル酸メチル (ポリメチルメタクリレート) (PMMA)	$H_2C=C(CH_3)C(=O)OCH_3$	$-[CH_2-C(CH_3)(C(=O)OCH_3)]_n-$
ポリ酢酸ビニル (PVAc)	$H_2C=CH-OC(=O)CH_3$	$-[CH_2-CH(OC(=O)CH_3)]_n-$
ABS樹脂	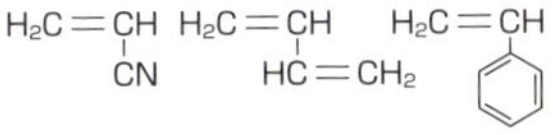	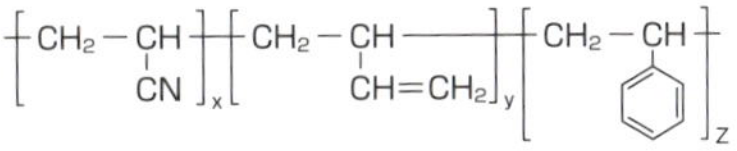
ナイロン6 (PA6)	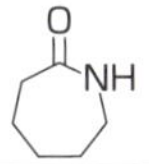	$-[C(=O)-CH_2CH_2CH_2CH_2CH_2-NH]_n-$
ポリエチレンテレフタラート (PET)	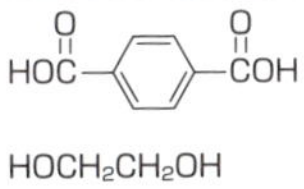 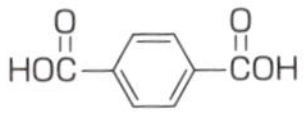 $HOCH_2CH_2OH$	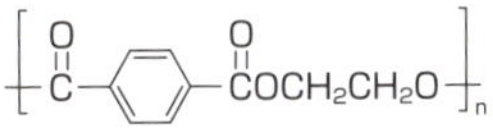

14 重合法のいろいろ

合成する高分子によって重合法は使い分けられる

重合反応は実験室から工場に至るまで様々な環境で行われます。実際に行う重合法として、塊状重合法、溶液重合法、界面重合法、懸濁重合法、乳化重合法が用いられます。これらはモノマーの性質や目的とする高分子によって使い分けられます。

「塊状重合法」は、液体のモノマーを溶媒で希釈することなく、加熱したり重合開始剤を加えたりしてそのまま重合させるものです。溶媒を用いないので純度の高い高分子を得ることができ、大量の工業生産に向いています。ポリメチルメタクリレートやポリスチレンがこの重合法で製造されています。

「溶液重合法」は、有機溶媒でモノマーを希釈して重合反応を行うもので、固体のモノマーを使用するときには、この重合法が用いられます。ポリイミドなどの高性能高分子の合成に用いられます。

「界面重合法」は水と有機溶媒の界面で重合反応を行うもので、重縮合や重付加反応において、一方のモノマーが水溶性のときに用いられます。ホスゲンとビスフェノールAからポリカーボネートが製造されますが、この重合法で行われています。

「懸濁重合法」は、水中で非水溶性のモノマーを激しく撹拌しながら重合反応を行うものです。モノマーは数μm径の粒子になり、重合開始剤がモノマー粒子に溶解し、粒子内で重合反応が進行します。重合に伴う反応熱の制御がしやすいため、工業的な大量生産で広く使われています。

「乳化重合法」は、モノマーを界面活性剤で0・1μmから数μm径のミセル油滴として水中に分散させて重合反応を行うものです。重合開始剤は水溶性のものを用い、水層からミセル中に侵入して重合が始まります。開始剤の濃度が小さいので、高重合度の高分子を合成できます。また、粒径がよくそろったビーズ状の高分子が合成できます。ブタジエンなどの合成ゴムの重合や塗料用高分子の重合に用いられます。

要点BOX

- ●大量の工業生産には塊状重合法、懸濁重合法が適する
- ●高性能高分子の合成には溶液重合法

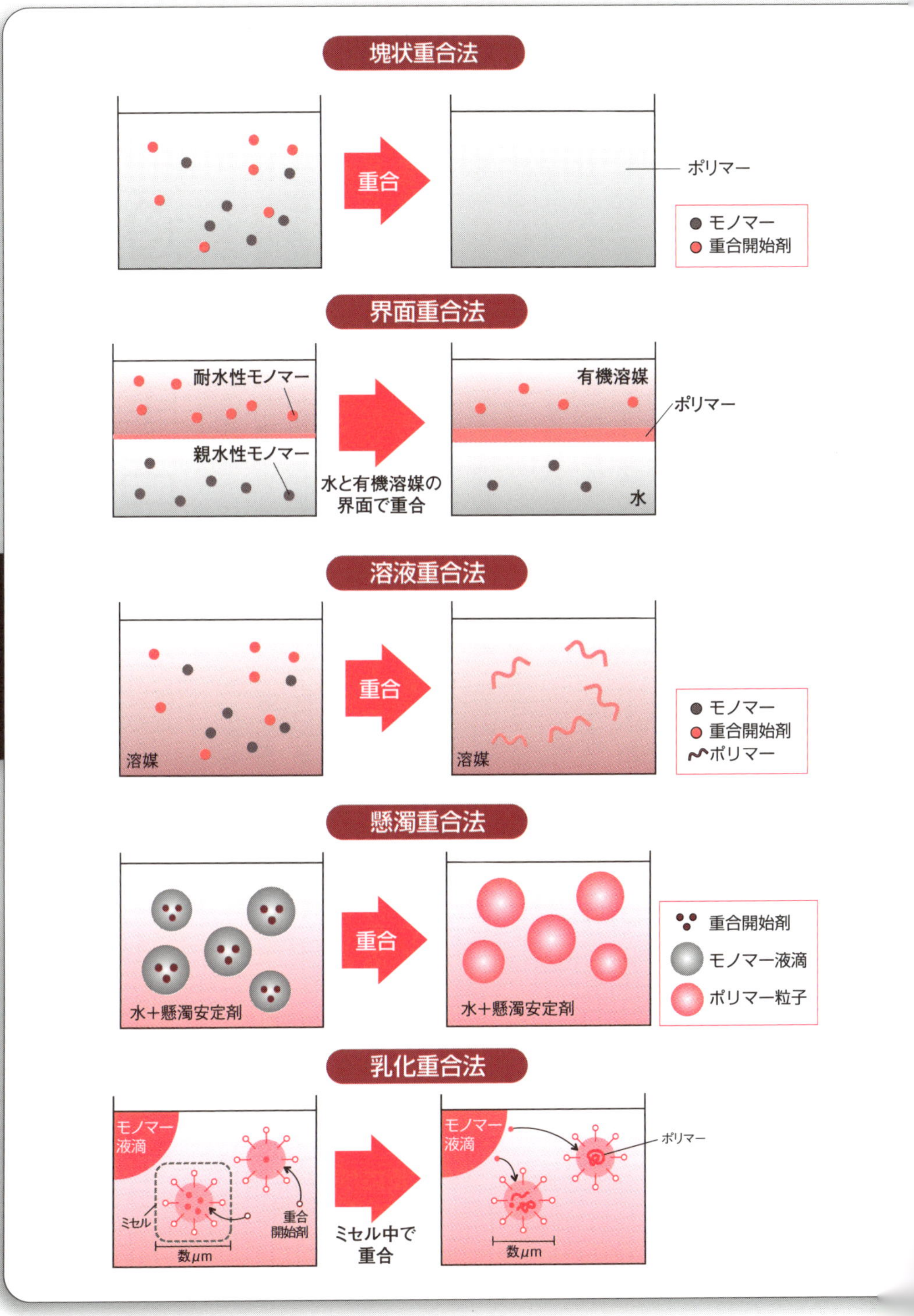
塊状重合法
重合
ポリマー
モノマー
重合開始剤
界面重合法
耐水性モノマー
親水性モノマー
水と有機溶媒の
界面で重合
有機溶媒
ポリマー
水
溶液重合法
重合
溶媒
溶媒
モノマー
重合開始剤
ポリマー
懸濁重合法
重合
水＋懸濁安定剤
水＋懸濁安定剤
重合開始剤
モノマー液滴
ポリマー粒子
乳化重合法
モノマー液滴
ミセル
重合
開始剤
数μm
ミセル中で
重合
モノマー液滴
ポリマー
数μm

15 連鎖重合と逐次重合

重合反応には2種類の進み方がある

高分子の重合がモノマーの連続的な連結によって進行することは前に述べましたが、これは「連鎖重合」と「逐次重合」の2種類の反応系に大きく分けられます。

「連鎖重合」は、いわゆるビニル重合が大半の重合例で、ポリエチレン、ポリプロピレン、ポリスチレンのような汎用高分子はこの重合法で合成され、後述するラジカル重合やイオン重合のようないくつかの重合法で重合可能です。また、環状モノマーの開環重合でシリコーン樹脂が作製されています。

ポリスチレンのラジカル重合を例として左頁の上の図に示しますが、スチレンのビニル基(二重結合)にラジカル開始剤が付加してスチレンラジカルが生じ、それが次のスチレンと反応して新たなラジカル種が生成するということを繰り返して、高分子であるポリスチレンが生成します。

モノマーの二重結合が重合すると、単結合でつながった高分子となります。このように連鎖重合では1方向に分子が成長していきます。

一方、「逐次重合」では、左頁の下の図に示すように結合形成のための反応性基(手)を2本ずつ持った2種のモノマー(赤と黒)が次々と反応して高分子となります。この時、赤モノマーの反応性基はカルボン酸、黒モノマーのものはアルコールというように、赤モノマー由来の反応性基は黒モノマー由来のものとしか反応しません。

逐次重合で合成される高分子は、ポリエステル、ナイロン、ウレタンなどです。

この重合反応では、重合は直線的に進行するのではなく、まず、両モノマーが2、3回の反応を繰り返して数量体となり、数量体同士が反応して倍の分子量となり、それら同士が反応してさらに倍の分子量となる、というような成長の仕方をします。生成した高分子では、通常2種類のモノマーが反応して1単位(繰り返し単位)となります。

要点BOX

- ●連鎖重合は1方向に直線的に反応が進行する
- ●逐次重合は反応の繰り返しによって分子量が倍に成長する

連鎖重合

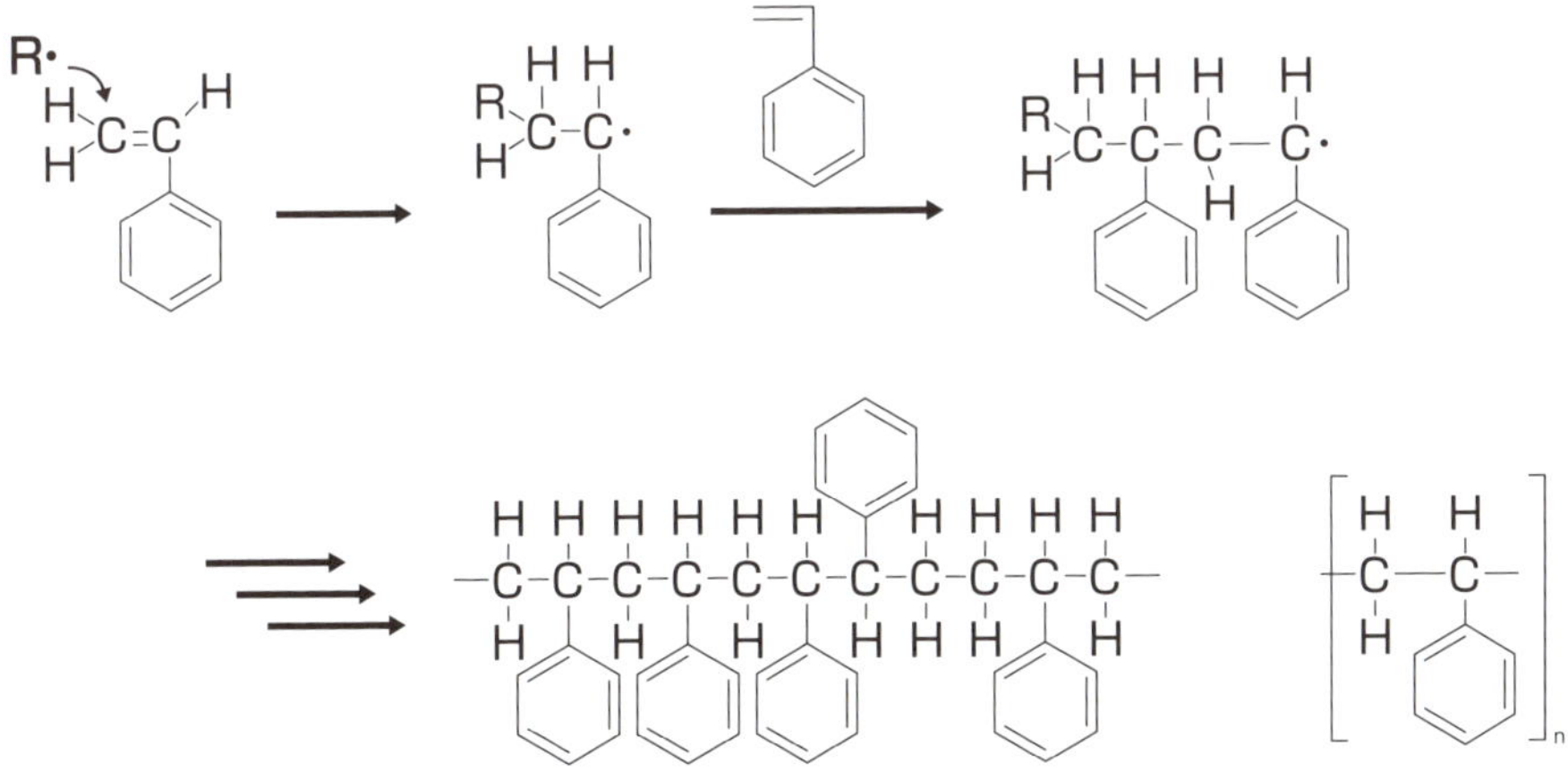

ポリスチレン

逐次重合

16 モノマーが1つ1つ反応する連鎖重合

活性種による3種類の反応形式

メタン（CH_4）の炭素と水素はσ（シグマ）結合で結ばれていますが、この結合を開裂させようとすると3種の方法があります。

①炭素ラジカルと水素ラジカルに分解する。
②炭素カチオンと水素アニオンに分解する。
③炭素アニオンと水素カチオンに分解する。

これら3種の炭素原子活性種を開始剤として連鎖重合を行うことができます。すなわち、「ラジカル重合」、「イオン重合（カチオン重合およびアニオン重合）」です。さらにもう一つ「配位重合」が加わって、大きく分けて3種の重合形式で連鎖重合が構成されています。

連鎖重合のモノマーとして最も単純なエチレンの構造を見てみましょう。2つの炭素は二重結合で結ばれていますが、これの一つは強固なσ結合で、もう一つは反応性に富むπ結合です。

ラジカル重合とイオン重合では、ラジカルあるいはイオンを持った開始剤がモノマーのπ結合と反応して、モノマーの末端にラジカルあるいはイオン種を新たに生成します。次に、これらの活性種に次のモノマーが反応して、その末端に新たに活性種を生じ、これに新たなモノマーが反応する……というように連鎖的にどんどんモノマーがつながっていくわけです。

この種の重合は二重結合が分極している方が有利です。例えば、二重結合の分極が小さいエチレンのラジカル重合は、1500気圧、100℃という過酷な条件でないと進行しません。スチレンやメチルメタクリレートのような分極したモノマーは、アニオン重合で分子量のそろった高分子を合成できます。さらに、アニオン重合では2種以上のモノマーをブロック状に連結させることが容易にできます。

配位重合では重合開始剤（重合触媒）がπ電子を活性化しながら重合が進行するので、エチレンやプロピレンのような分極の小さいモノマーでも室温で重合が進行します。

要点BOX
- ●連鎖重合には3種の重合形式がある
- ●モノマーの分極の大きさと重合形式は関連する

ビニルモノマーの重合性

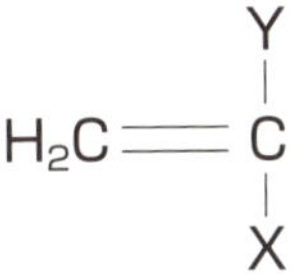

ビニルモノマー

ラジカル重合するモノマー

X,Y= (H,Cl) (Cl,Cl) (H, ) (H,CN) (H,$COOCH_3$) (CH_3,$COOCH_3$) (H,$OCOCH_3$)

カチオン重合するモノマー

X,Y= (H, ) (CH_3,CH_3) (H,$OCH_2CH_2CH_2CH_3$)

アニオン重合するモノマー

X,Y= (H, ) (H,CN) (H,$COOCH_3$) (CH_3,$COOCH_3$) (CN,$COOCH_3$)

配位重合するモノマー

X,Y= (H,H) (H,CH_3) (H, ) (H,$HC{=}CH_2$) (CH_3,$HC{=}CH_2$)

17 ラジカルを活性種とするラジカル重合

工業的に最も多用される重合法

　ラジカル重合は、工業的な高分子の生産で最も多用されている重合法です。ポリスチレンやPMMAなどの汎用樹脂のほとんどはラジカル重合で生産されますが、ポリプロピレンはラジカル重合では高分子量のものを得ることができません。また、ポリエチレンも高温、高圧条件下でないと重合が進行しません。得られるポリエチレンは、枝分かれが多い低密度ポリエチレンとなります。すなわち、炭素–炭素二重結合の分極が小さいモノマーのラジカル重合は進行しにくいのです。

　ラジカル重合には、まず重合開始剤が必要です。これには、過酸化ベンゾイルや2・2–アゾビスイソブチロニトリル（AIBN）などの熱や光で分解してラジカル種を発生する化合物と、過酸化水素を2価の鉄イオンで還元して水酸化ラジカルを発生させるレドックス開始剤とがあります。

　図にラジカル重合の全体図を示しますが、ラジカル開始剤から生成させたラジカル種がモノマーの二重結合と反応するところから重合が開始します。この「開始反応」に続いて、新たに生成したモノマー由来のラジカル種が次のモノマーと反応し、そこで生成するラジカル種が次のモノマーと反応するということを繰り返す「成長反応」が起こり、高分子量のポリマーが生成します。

　一方で、ラジカルは反応性が高いので、成長高分子鎖のラジカル同士が結合する再結合や水素引き抜き反応による不均一化の「停止反応」により成長が停止します。また、成長高分子鎖のラジカルと溶媒分子などとの反応により、新たなラジカル種が生成する「連鎖移動反応」も起こります。さらにここで生成するラジカル種からまた高分子鎖の成長が始まります。連鎖移動は溶媒ばかりでなく、すでに成長した高分子鎖からも起こるので、結果としてそこから枝分かれした構造が生成することになります。

要点BOX
- ●ラジカル重合は大量生産に向いている
- ●高分子量体を得るには停止反応や連鎖移動反応を抑える

ラジカル重合の反応

開始反応

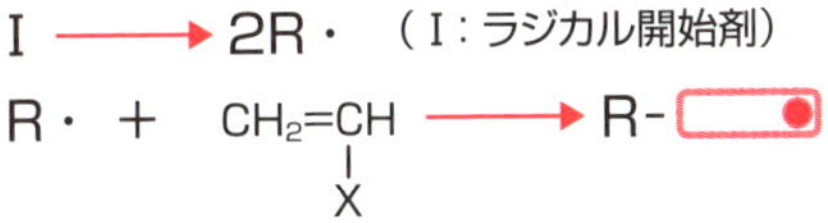

成長反応

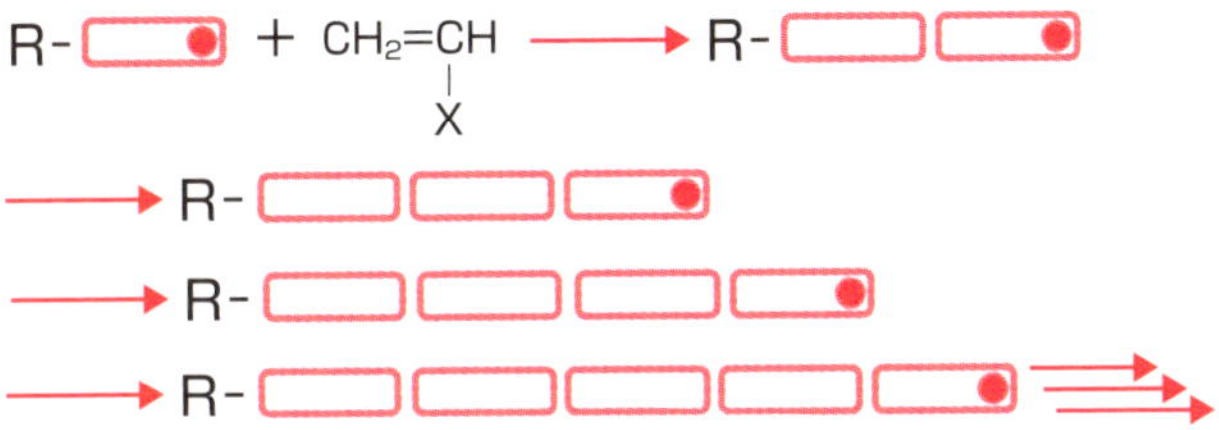

停止反応

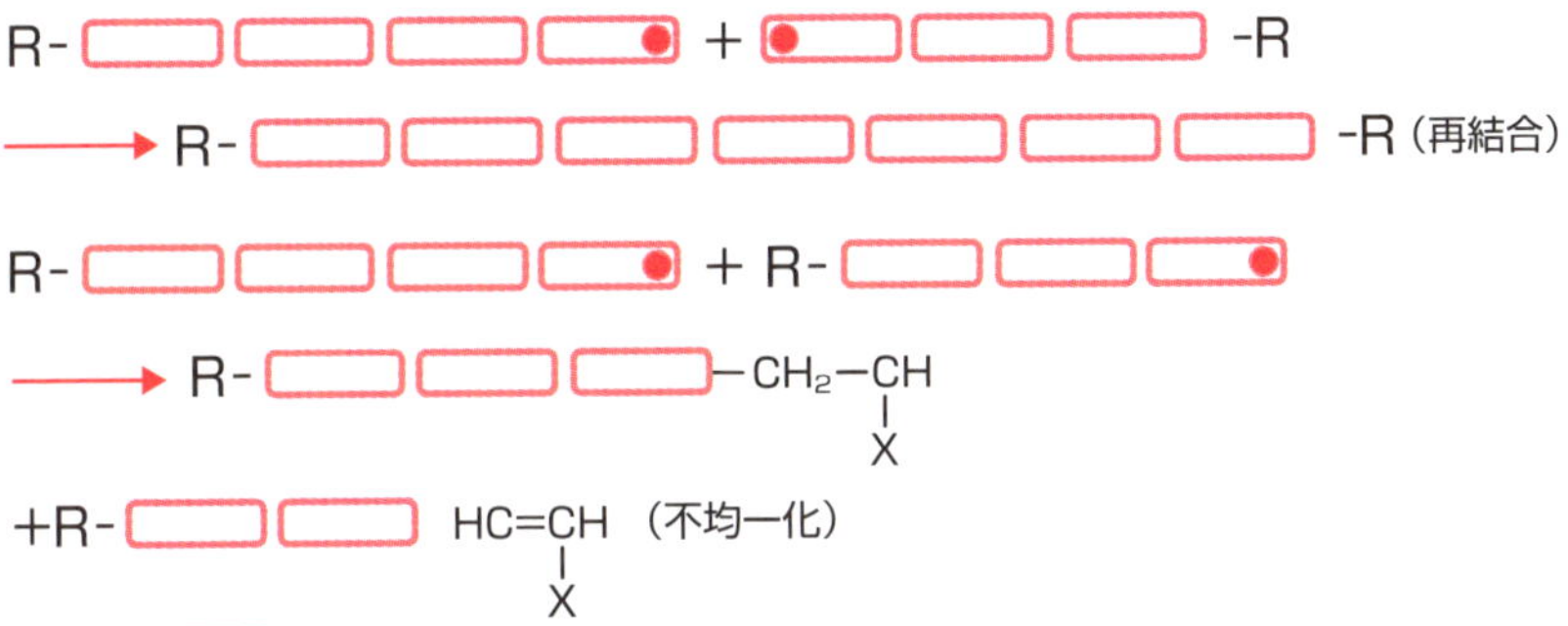

連鎖移動反応

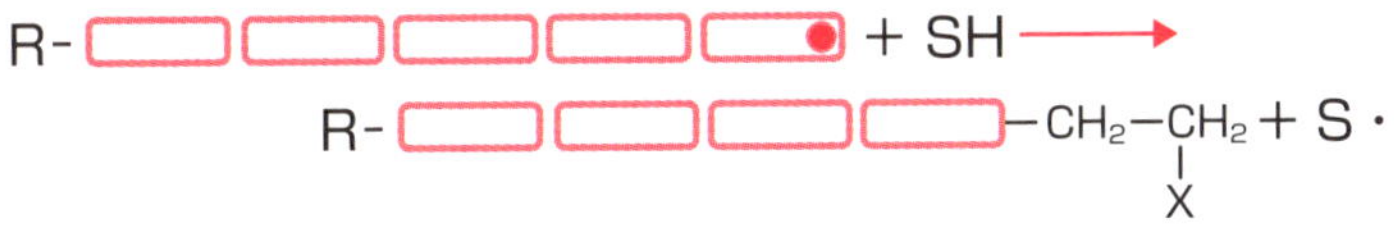

SH：溶接

18 カチオンとアニオンを開始剤とするイオン重合

カチオン重合とアニオン重合

イオン重合は、カチオン重合とアニオン重合に大別できます。

カチオン重合は、酸（プロトン酸およびルイス酸）が触媒となり、ビニルモノマーの片端に生成したカチオンが次々と新しいモノマーに移動して進行します。そのためにビニルモノマーの置換基（X、Y）は、カチオンを安定化する電子供与性である必要があります。工業的にはビニルモノマーのカチオン重合はほとんど行われていませんが、ゴムやオイルの原料となるポリジメチルシロキサンの製造で用いられている開環重合は、酸触媒によるカチオン重合で行われています。

アニオン重合では、塩基性の求核剤がビニルモノマーの二重結合を攻撃するところから反応が開始されます。どのような開始剤で重合反応が開始されるかはモノマーによります。生成するアニオンを安定化するために、モノマーの置換基は電子吸引性基であることが必要となります。スチレンの重合ではブチルリチウムのような強い塩基が開始剤として必要ですが、強い電子吸引器であるシアノ基が2個付いたシアン化ビニリデンでは水やアミンのような非常に弱い求核剤でも重合が起こります。これは瞬間接着剤として実用化されています。

開始剤が二重結合に付加した後、末端に生成したアニオンが次のモノマーに次々と付加してポリマーが成長します。アニオン重合では高分子鎖末端のアニオン種は水などの失活剤が入らない限り死なずに生きています（リビングアニオン）。そこで、図に示すように、例えばスチレンを重合した後にMMAを添加して重合を続けると、ポリスチレンとPMMAのブロック共重合体を作製することができます。

アニオン重合によれば分子量分布が非常に狭い、ほとんど単分散の分子量分布をもつポリマーを合成することが可能です。このような精密に制御された高分子は電子材料分野での需要が増大しています。

要点BOX

- アニオン重合で分子量分布が非常に狭い高分子が得られる
- ブロック共重合体の合成にはアニオン重合が便利

カチオン重合(硫酸重合触媒)

$$H_2C=\underset{X}{\overset{Y}{C}} + H_2SO_4 \longrightarrow H_3C-\underset{X}{\overset{Y}{C}}\oplus \longrightarrow H_3C-\underset{X}{\overset{Y}{C}}-CH_2-\underset{X}{\overset{Y}{C}}\oplus$$

$$\longrightarrow H_3C-\underset{X}{\overset{Y}{C}}-CH_2-\underset{X}{\overset{Y}{C}}-CH_2-\underset{X}{\overset{Y}{C}}\oplus \Longrightarrow \left[CH_2-\underset{X}{\overset{Y}{C}}\right]_n$$

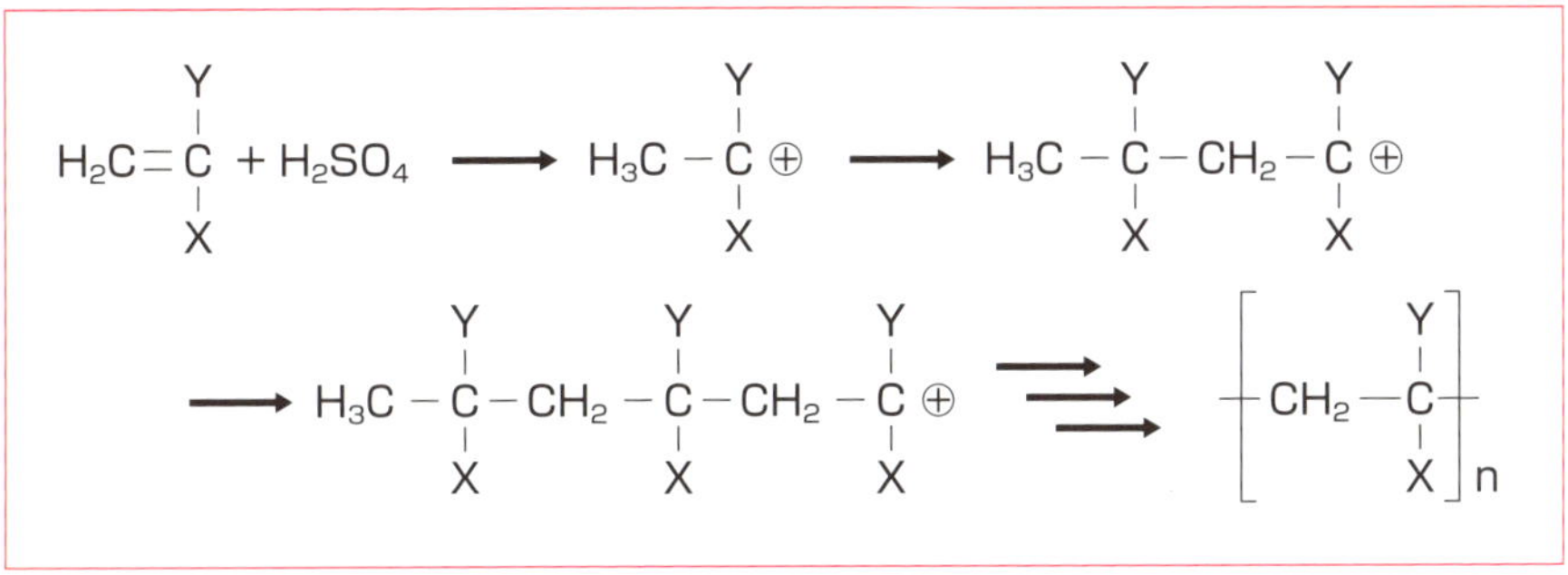

アニオン重合

$$R^\ominus + H_2C=\underset{X}{\overset{Y}{C}} \longrightarrow R-CH_2-\underset{X}{\overset{Y}{C}}\ominus \longrightarrow R-CH_2-\underset{X}{\overset{Y}{C}}-CH_2-\underset{X}{\overset{Y}{C}}\ominus$$

$$\longrightarrow R-CH_2-\underset{X}{\overset{Y}{C}}-CH_2-\underset{X}{\overset{Y}{C}}-CH_2-\underset{X}{\overset{Y}{C}}\ominus \Longrightarrow \left[CH_2-\underset{X}{\overset{Y}{C}}\right]_n$$

$$n\ H_2C=CH(C_6H_5) \xrightarrow{R-Li} R\left[CH_2-CH(C_6H_5)\right]_{n-1}CH_2-CH(C_6H_5)^\ominus \xrightarrow{H_2C=C(CH_3)(C=O)(OCH_3)\ \text{MMA}}$$

$$R\left[CH_2-CH(C_6H_5)\right]_n\left[CH_2-\underset{C=O,\ OCH_3}{\overset{CH_3}{C}}\right]_{m-1}CH_2-\underset{C=O,\ OCH_3}{\overset{CH_3}{C}}\ominus$$

PS

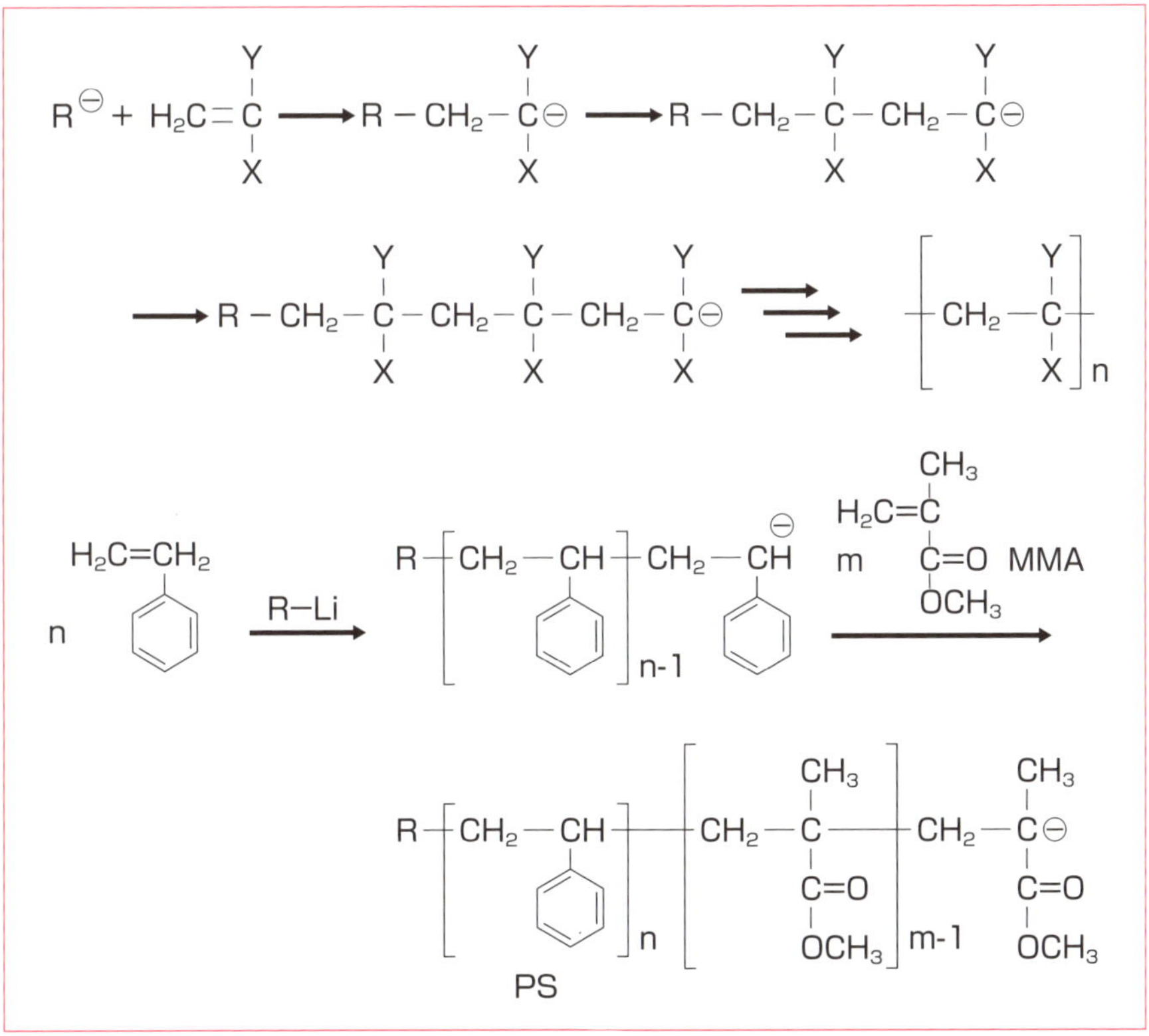

19 不活性モノマーを合成する配位重合

高分子合成を助ける触媒技術

　エチレンやプロピレンのような二重結合間の極性の差が小さいモノマーはイオン重合やラジカル重合をしにくいことが知られています。しかし、「チーグラー・ナッタ触媒」と呼ばれる塩化チタン化合物とアルキルアルミニウム化合物からなる触媒を使用すると、重合が容易に進行して、高分子量のポリエチレン（ＰＥ）やポリプロピレン（ＰＰ）が得られます。この重合法が開発されたことで、ＰＥやＰＰは安価で強靭な材料として私たちの生活を助けることになりました。チーグラー（ドイツ）とナッタ（イタリア）は1963年にこの功績によりノーベル賞を受賞しています。

　代表的な例として、$TiCl_4$と$Al(CH_2CH_3)_3$が形成する固体触媒で説明しましょう。この触媒の表面には格子欠陥が生じていて、この欠陥にプロピレンの炭素–炭素二重結合が配位することにより活性化されます。これにチタン原子上の配位子が移動して新しい結合が形成されます。配位子が移動することで生成した空配位子場にプロピレンが新たに配位し、これに配位子として存在していた高分子鎖が攻撃する、ということを繰り返して重合が進行します。

　この重合により、枝分かれの少ないＰＥを生産することができ、これを「高密度ポリエチレン」と呼んでいます。一方、高温高圧下でエチレンは重合しますが、生成するＰＥは枝分かれが多く、「低密度ポリエチレン」と呼ばれています。また、プロピレンの重合では、触媒を工夫することで立体規則性の高いＰＰの生産が行われています。

　近年、チタニウムやアルミニウムにシクロペンタジエンが配位したメタロセン触媒を使用し、メチルアルミノキサン（ＭＡＯ）の存在下にプロピレンを重合させると非常に高い立体規則性を有するＰＰが合成できることが見出されました。この触媒は開発者の名をとって「カミンスキー触媒」と呼ばれています。

要点BOX

●ラジカル重合で合成できないポリエチレンやポリプロピレンを合成する新しい重合触媒が次々と開発された

配位重合の反応機構

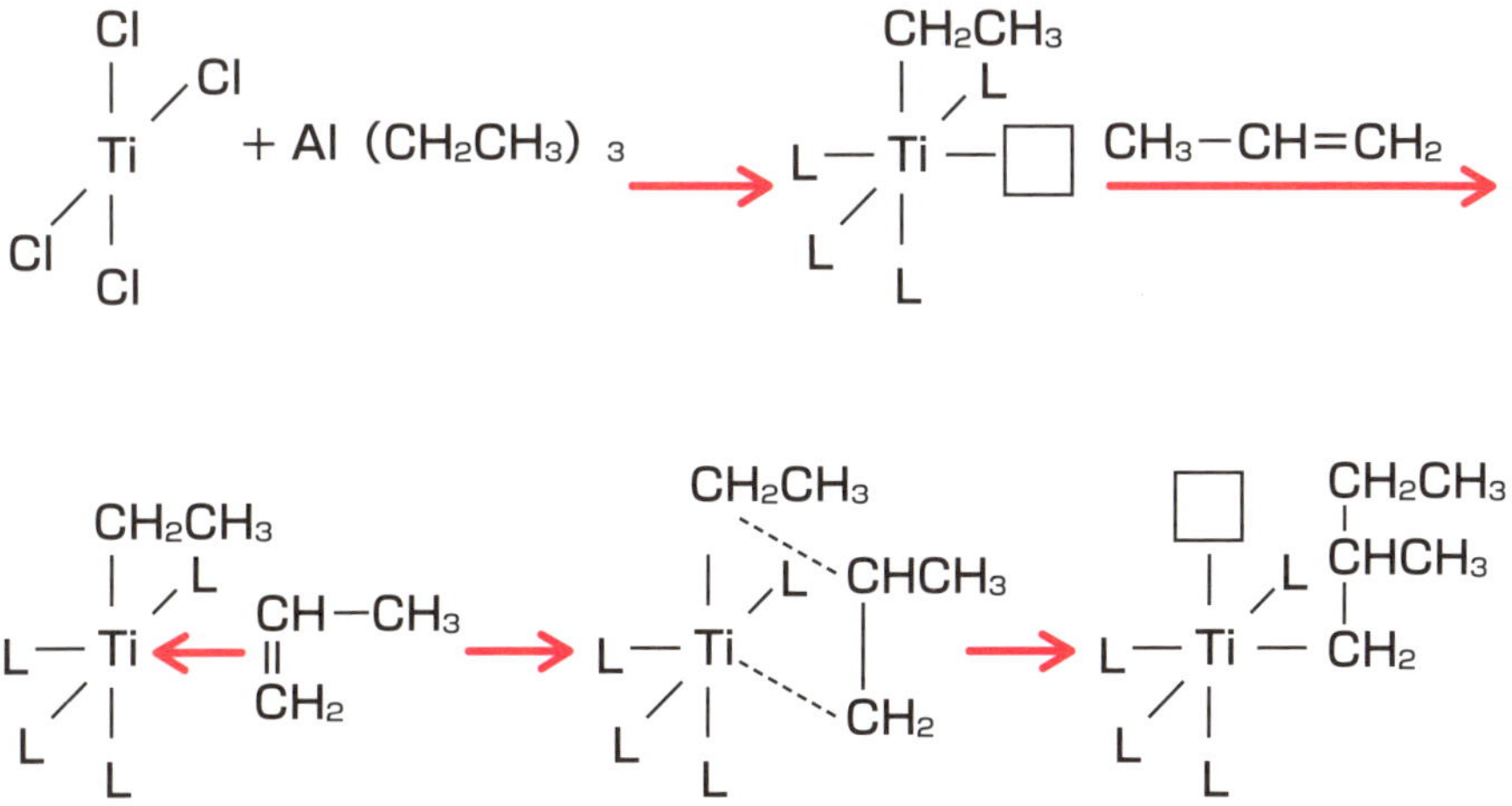

□ 空配位子場

遷移金属へ配位したオレフィンの概念図(a)とその軌道による表示(b)

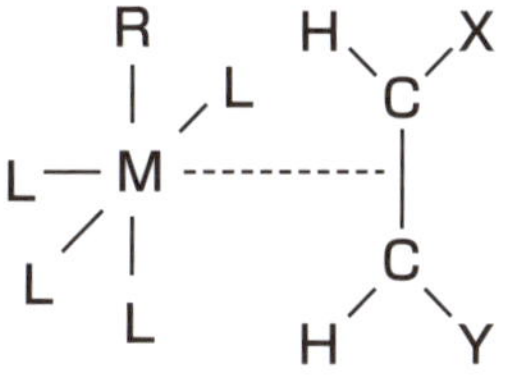

R：アルキル基
L：配位子
M：遷移金属
X,Y：H または官能基

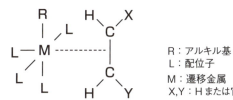

20 重縮合と重付加

逐次重合の2つのタイプ

重縮合と重付加は、ともに逐次重合の範疇に入れられています。

酢酸とエタノールが反応して酢酸エチルが生成する例のような、2つの分子が反応して1つの分子になる反応を「縮合反応」と呼びます。この時、酢酸がテレフタル酸、エタノールがエチレングリコールというように、両者とも2官能性になると、高分子が生成します。この反応を「重縮合」と呼びます。この種の反応では、水や塩酸などの副生成物があるのが特徴です。

重縮合の例として、ジカルボン酸とジオールからのポリエステル、ジカルボン酸とジアミンからのポリアミドがまず挙げられます。前者の代表的な高分子はポリエチレンテレフタラート（PET）で、飲料用ボトルやポリエステル繊維に広く使われています。ポリアミドの代表はナイロン6やナイロン66で、繊維として使われるとともにエンジニアリングプラスチックとして射出成形品としても使われています。また、化学構造が全部芳香族となったものはスーパーエンジニアリングプラスチックとして知られています。

一方、ジイソシアナート化合物とジオールとの反応でポリウレタンを生成しますが、この時には副生成物がなく、この反応は「重付加」と呼ばれています。

重付加反応で生成する高分子で有用なものはポリウレタンです。イソシアネート基とアルコール基をそれぞれ2つもったモノマー同士を反応させればポリウレタンとなります。ポリウレタンの特徴は、その物性の多様性が大きいということです。市販品のジイソシアネートは種類が限られていますが、ジオールの方はアルキルジオール、ポリオキシエチレン、ポリオキシブチレンなど、いろいろなものが用いられています。

ポリウレタンの応用例としては、塗料、接着剤、ウレタンフォーム、ジャージや水着に用いる伸び縮みする繊維、人工皮革、自動車の内装品など様々なものがあります。

要点BOX
- ●重縮合と重付加には普通、2種類のモノマーが必要
- ●重縮合で高性能プラスチックが得られる

重縮合

$$HOOC\text{-}(CH_2)_4\text{-}COOH \;+\; H_2N\text{-}(CH_2)_6\text{-}NH_2$$

アジピン酸　　　ヘキサメチレンジアミン

$$\longrightarrow \;[\text{-}HNOC\text{-}(CH_2)_4\text{-}CONH\text{-}(CH_2)_6\text{-}]_n$$

ナイロン66

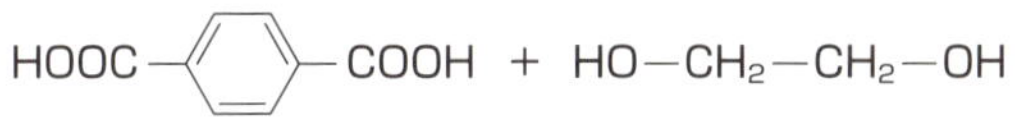

テレフタル酸　　　エチレングリコール

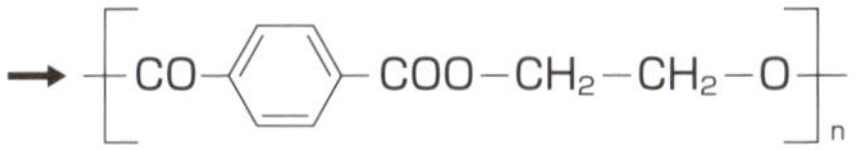

ポリエチレンテレフタラート（PET）

重付加

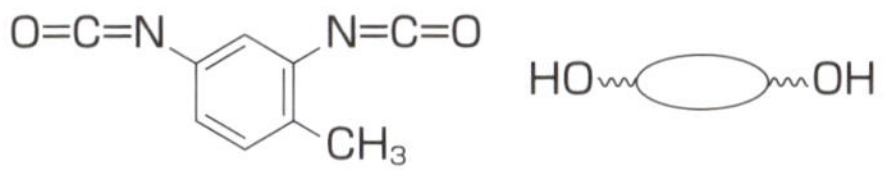

トルイレンジイソシアナート　　　ジオール体

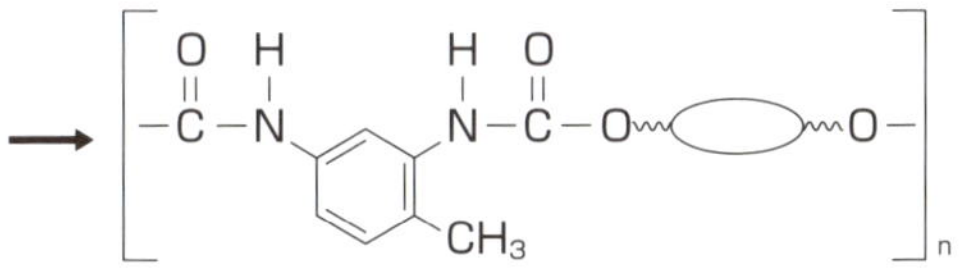

ポリウレタン

21 熱硬化性樹脂の合成法

フェノール樹脂、エポキシ樹脂

熱硬化性樹脂には、フェノール樹脂、エポキシ樹脂、尿素樹脂、メラミン樹脂などがあり、反応性のモノマーまたはプレポリマーを硬化剤と共に型に入れて加熱することで3次元架橋反応が進行し、硬化物となります。ベークランドによって1907年にフェノールとホルマリンから合成されたベークライトが合成高分子の始まりですが、この樹脂は今でもフェノール樹脂として広く使われています。

フェノールとホルムアルデヒドを酸性条件で反応させると、フェノールのカルボニル基への付加と続く縮合反応が起こって、ノボラックと呼ばれる数量体化した熱可塑性の固形物が得られます。ノボラックは熱だけでは硬化しませんが、ヘキサメチレンテトラミンなどの硬化剤を使用して硬化させます。

一方、フェノールとホルムアルデヒドの反応を塩基性条件で行うと、付加反応は起こるものの縮合反応は進行せず、液体のレゾールと呼ばれる化合物が得られます。レゾールは加熱すると硬化反応が起こり、フェノール樹脂が得られます。フェノール樹脂は特に耐熱性の向上を狙って化学構造の工夫がなされています。

エポキシ樹脂は、3員環の環状エーテルであるエポキシ基を2個以上もったプレポリマーをポリアミンや酸無水物のような硬化剤により架橋させながら重合させ、エポキシ硬化物として製品になります。ややこしい話ですが、プレポリマーと硬化物の両方ともエポキシ樹脂と呼ばれています。

重合反応はエポキシ基が開環して生成するアルコール基が次のエポキシ基を攻撃して開環し、さらに生成したアルコールが反応するというもので、連鎖重合の開環重合を起こしながら架橋・硬化していきます。電気絶縁性が良く、寸法安定性も良いことからプリント基板やICパッケージの封止剤として使われています。また、接着剤としては2液タイプの強固なものとして多用されています。

要点BOX

- ●ノボラックは固体、レゾールは液状
- ●エポキシ樹脂はエポキシ基の開環重合で架橋・硬化する

熱硬化性樹脂

エポキシ樹脂（プレポリマー）

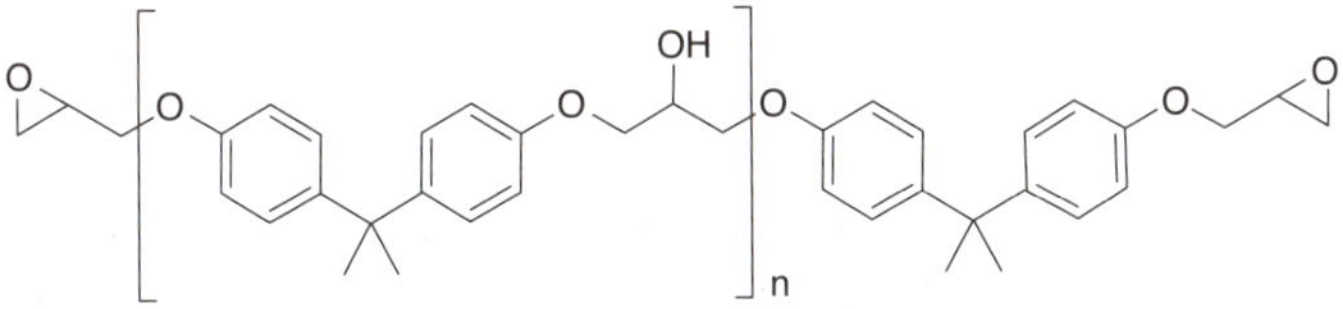

フェノール樹脂

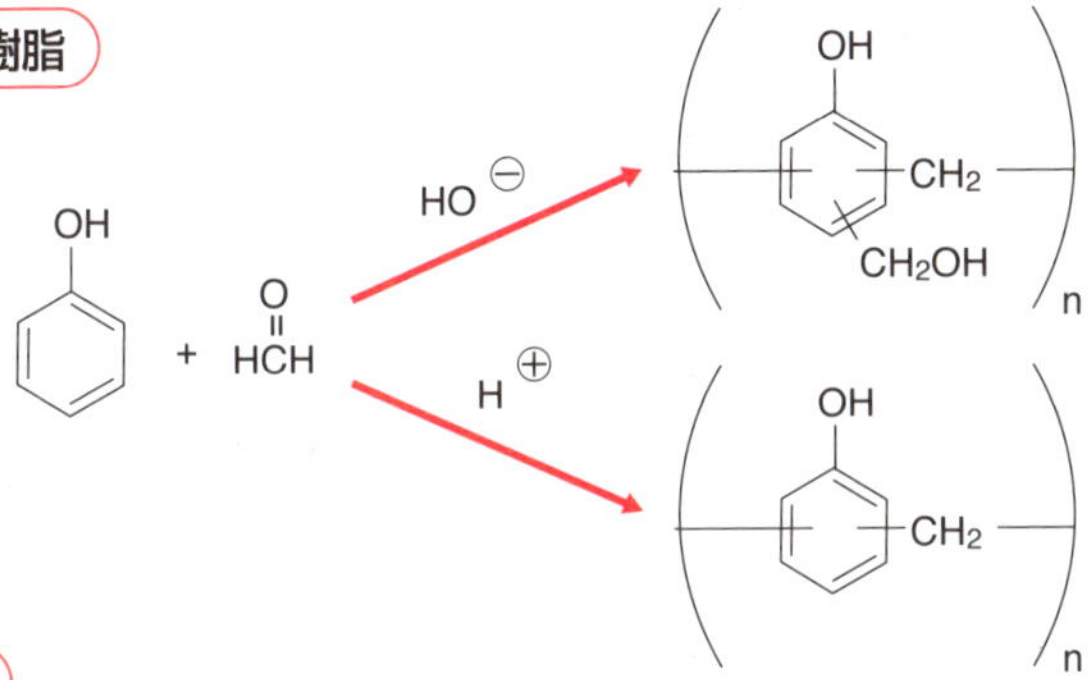

レゾール（液体）：
加熱により硬化する

ノボラック（固体）：
硬化剤と共に
加熱して硬化させる

尿素樹脂

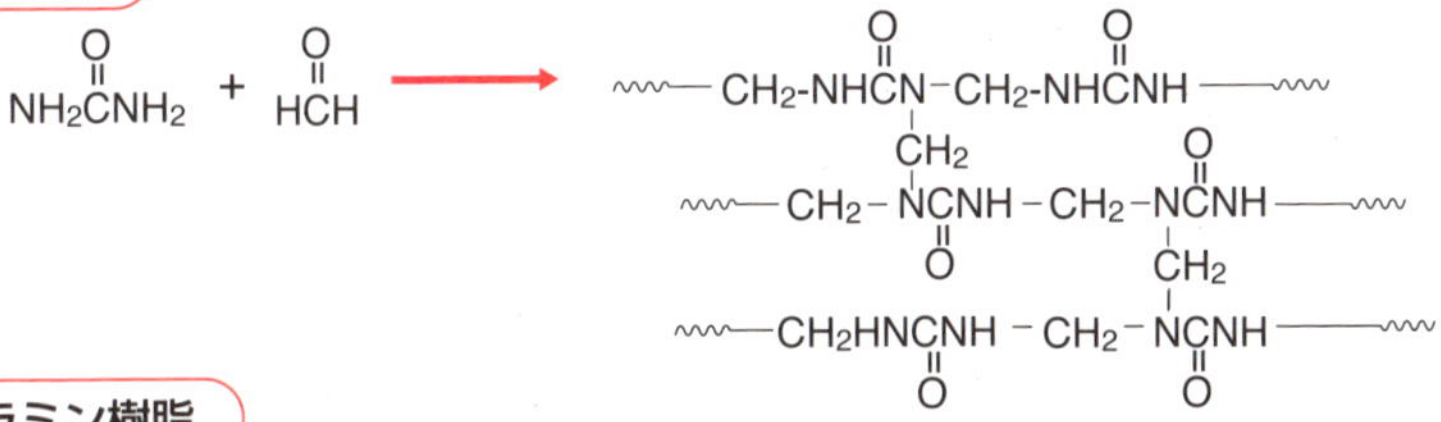

メラミン樹脂

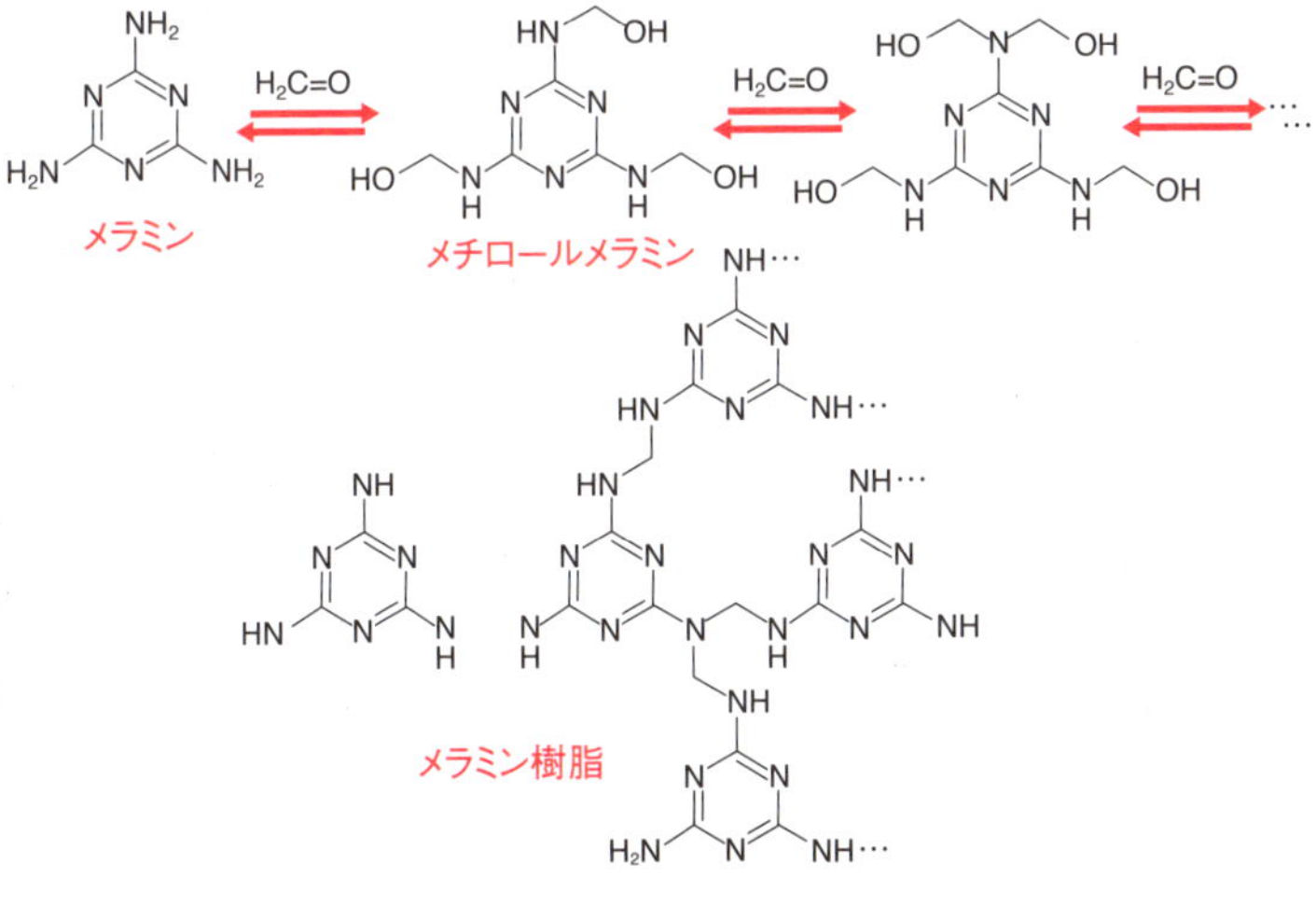

Column

重合触媒の変遷

ポリエチレンやポリプロピレンは生産高一番と二番を争う高分子です。しかし、これらのモノマーであるエチレンやプロピレンは実は大変重合しにくい化合物です。

ビニル基をもったモノマーは、ほとんどのものがラジカル重合をするのですが、エチレンのラジカル重合は1000気圧以上の過酷な条件で行われます。さらに、プロピレンはラジカル重合しないといわれています。

それでは、なぜこれらの高分子が汎用高分子の代表になったのでしょうか。それは、常圧で重合する触媒の開発が次々になされたからです。

まず、1953年にマックス・プランク研究所のチーグラーが$TiCl_4$-$AlEt_3$による配位重合触媒を開発しました。この触媒の開発によって、重合が数十気圧でできるようになりました。そして、生成するポリエチレンの密度がラジカル重合で作ったものよりも小さく、強靭なフィルムができました。

1954年にはミラノ工科大学のナッタが固体の$TiCl_3$と$AlEt_3$を組み合わせてプロピレンの重合を行い、イソタクチックポリプロピレンを立体規則的に合成できることを示しました。チーグラーとナッタは、この功績により1963年のノーベル化学賞を受賞しています。

現在、ポリオレフィンの重合は、企業の研究でその後、磨き上げられた触媒で生産されています。今では無溶媒でごく少量の触媒で生産できるため、生成物から触媒を除去する必要がありません。

1980年にハンブルグ大学のカミンスキーはCo_2ZrCl_2をサンドイッチ型のメタロセンを中心とする触媒を開発し、エチレンの重合に高活性を示すことを見つけました。この触媒はプロピレンの重合にも有効で、分子量分布が狭く高立体選択的な高分子が得られることから、高性能のポリプロピレンの生産が可能となり、付加価値を押し上げる結果となっています。

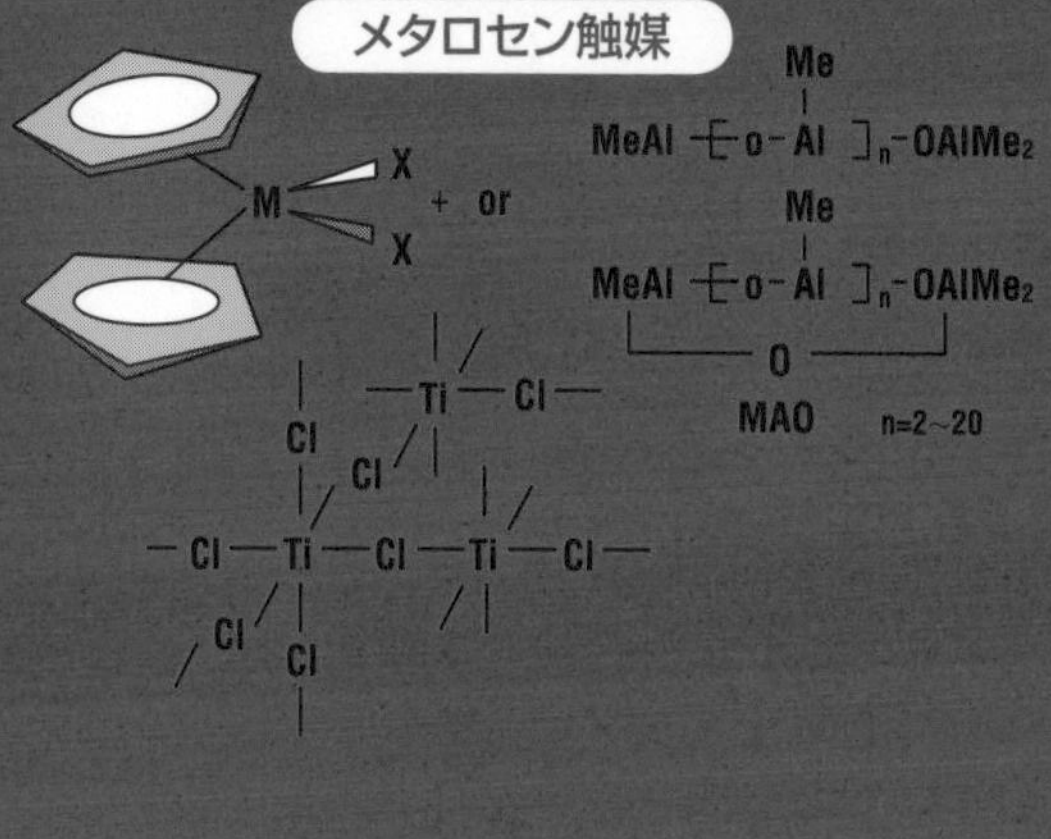

第3章

いろいろな形をとる高分子

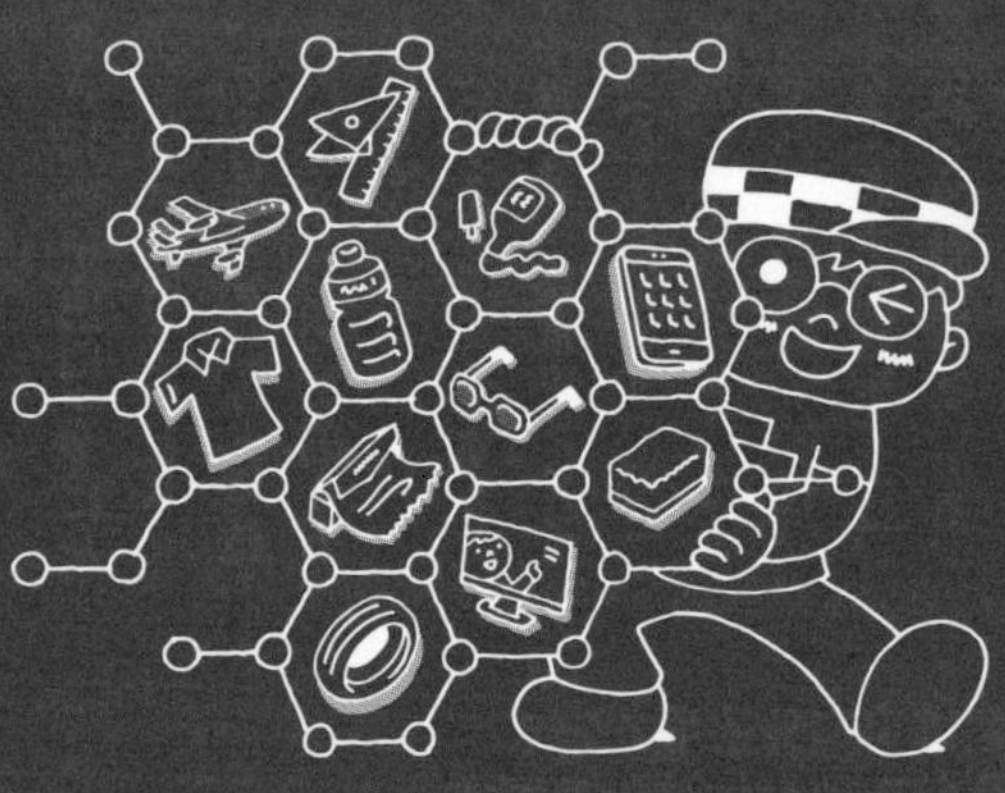

22 高分子鎖の長さのばらつきで材料の性質は変わる

分子量と分子量分布

1本の高分子鎖のアボガドロ数個分の重さが分子量になります。高分子はモノマーが多数つながっていることから、モノマーの分子量に重合度をかけたものと同じです。長さによって性質（例えば粘度）が変わるので、材料として用いる場合に必要な長さのものを使います。材料になるくらい多くの本数の高分子鎖が集まった場合、すべての長さを同じにそろえることはほとんど不可能であり、長さに分布が生じます。これを「分子量分布」と呼びます。1本の高分子鎖はランダムコイルという糸まりの形をしており、長いほどそのサイズが大きくなります。それを利用して実験的に分子量分布を知ることができます。

濃度が薄く個々の糸まりが孤立している溶液を小さな穴のあいたゲル粒子のつまった管の中に流します。すると、小さな糸まり状の高分子は小さな穴に出たり入ったりしながら寄り道をしますが、大きな糸まり状高分子は小さな穴には入れないので外を素通りしてしまいます。糸まりの大きさによって出口までにかかる時間が異なるため、どの大きさの分子がどれくらいいたのかがわかります。この測定方法は「ゲル浸透クロマトグラフィ（GPC）」といい、かなり原始的な方法ですが、最も広く使われています。

分子量分布を数値化して比較できるようにするために平均分子量（数平均分子量*Mn*、重量平均分子量*Mw*）および多分散度（*Mw/Mn*）を用います。分子量分布が狭いほど材料として良いと勘違いしている人がいますが、そうとは限りません。例えば、物性が安定するそこそこ大きな分子量（数十万程度）では、分子量分布が狭い材料は粘度が高く流動性が低いので、成形加工において扱いにくくなります。いくらか低分子量物を存在させて流動性を上げています。また、脆性高分子では、分子量分布を狭くすると、より脆くなってしまいます。材料物性の向上や加工性のために、分子量およびその分布の制御が重要なのです。

要点BOX

- ●分子量は平均分子量で表す
- ●分子量分布は*Mw/Mn*で表す
- ●分子量や分子量分布は加工性や物性に影響

GPCの原理

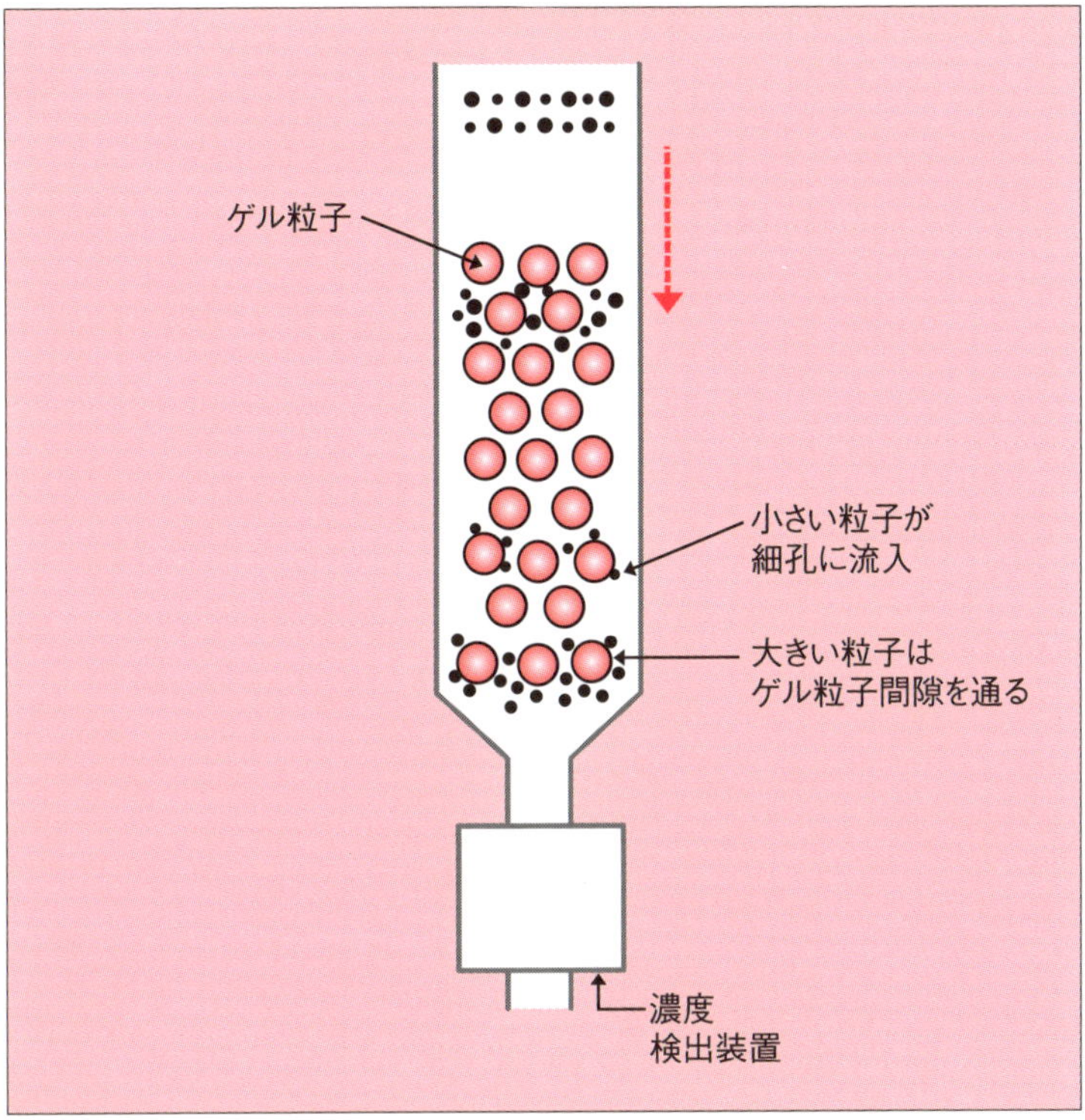

数平均分子量：
（高分子の全重量を高分子数で割ったもの）

$$M_n = \frac{\sum_i n_i M_i}{\sum_i n_i} = \frac{1}{\sum_i (\omega_i / M_i)}$$

（ω_i : i成分の重量分率）

重量平均分子量：
（分子量M_iをもつ高分子にその質量を重みとしてかけて平均化した分子量）

$$M_w = \frac{\sum_i n_i M_i^2}{\sum_i n_i M_i} = \sum_i \omega_i M_i$$

23 異種類のモノマーで構成される共重合体

モノマーの配列や長さを利用して材料開発

種類が異なるモノマーを共有結合で結びつけたものが「共重合体」です。AモノマーとBモノマーからなる繰り返し単位を交互につないだ「交互共重合体」や、ランダムにつないだ「ランダム共重合体」、そして、ある程度の長さをもつ分子をつなぎ合わせた「ブロック共重合体」があります。さらに、Aの高分子鎖にBの高分子鎖を何本も途中から結合させた（接ぎ木させた）「グラフト共重合体」もあります。

このように2種類以上のモノマーからなる共重合体の性質・機能は、モノマーの組成の違いだけではなくAとBの配列の仕方やその長さに大きく依存します。

例えば、2つの異なるブロックからなるABブロック共重合体では、AとBの仲が悪いとAからなる鎖の部分はAだけで集まろうとして分離してしまいますが、Aの鎖とBの鎖が連結しているので、水と油のように完全な2つの液体にまで分離することはできません（ミクロ相分離構造）。そのため、A鎖とB鎖の長さの比を変えるだけで数十nmレベルのサイズでいろいろな構造が現れます。ブロックを3つにすると、もっと複雑で多様な構造が現れます。このような構造を利用した材料開発も行われています。

例えば、ABブロック共重合体では、Aの部分に強度をもたせてBの部分に何らかの機能をもたせた材料も簡単に作り出すことができます。この方法で、物を分離するのに使う膜や紙おむつに入っている高分子吸収体が作られています。また、片方のブロックだけを取り除いてナノサイズの規則的な孔をもつ多孔体も作製されています。

さらに、熱可塑性エラストマーのところで示したスチレン（S）とブタジエン（B）を共重合させて得られるSBS（3元）ブロック共重合体のような例もあります。

また、このミクロ相分離構造をテンプレートとして様々な機能をもたせた先端的な材料開発が行われています。

要点BOX

- ●共重合体にはいくつかの種類がある
- ●共重合体のミクロ相分離構造はナノサイズ
- ●機能性材料への展開が期待される

共重合体の種類

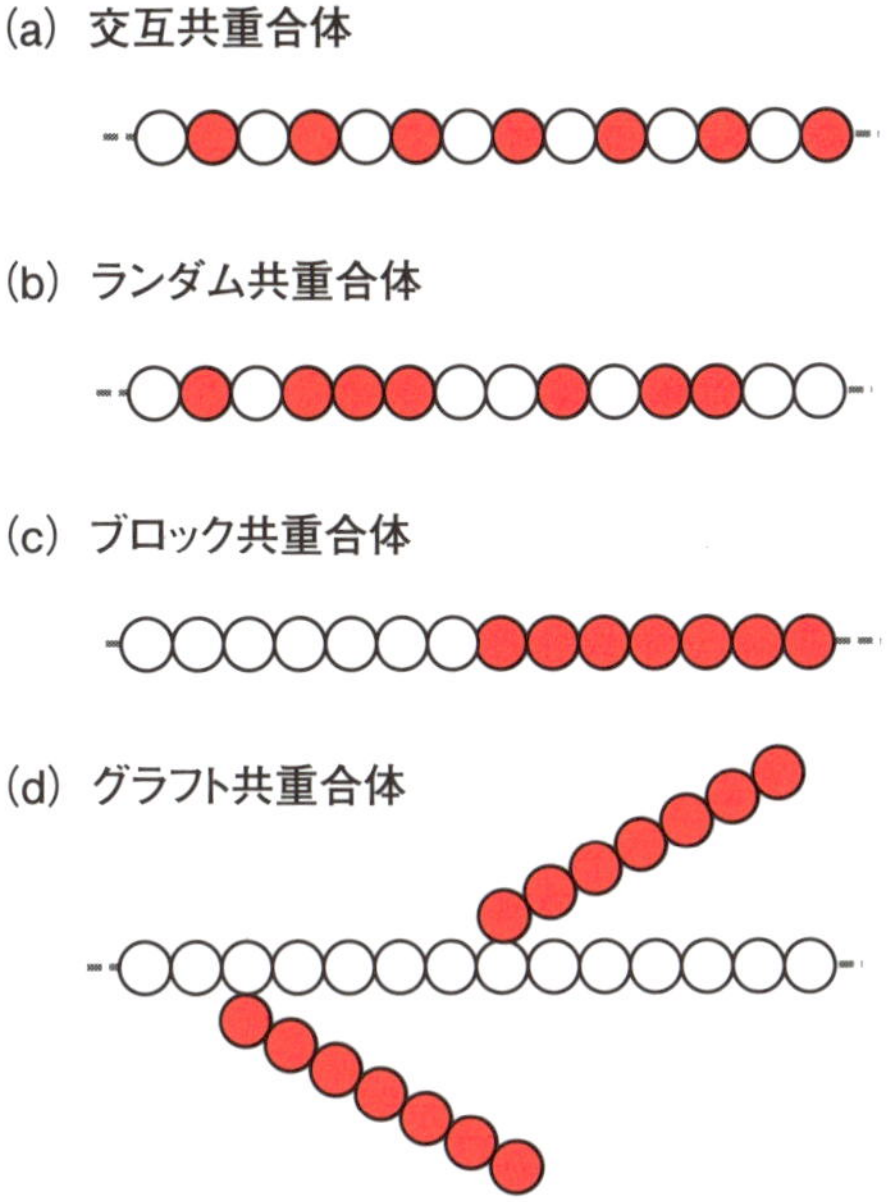

A鎖とB鎖の長さの比で共重合体の構造は変わる

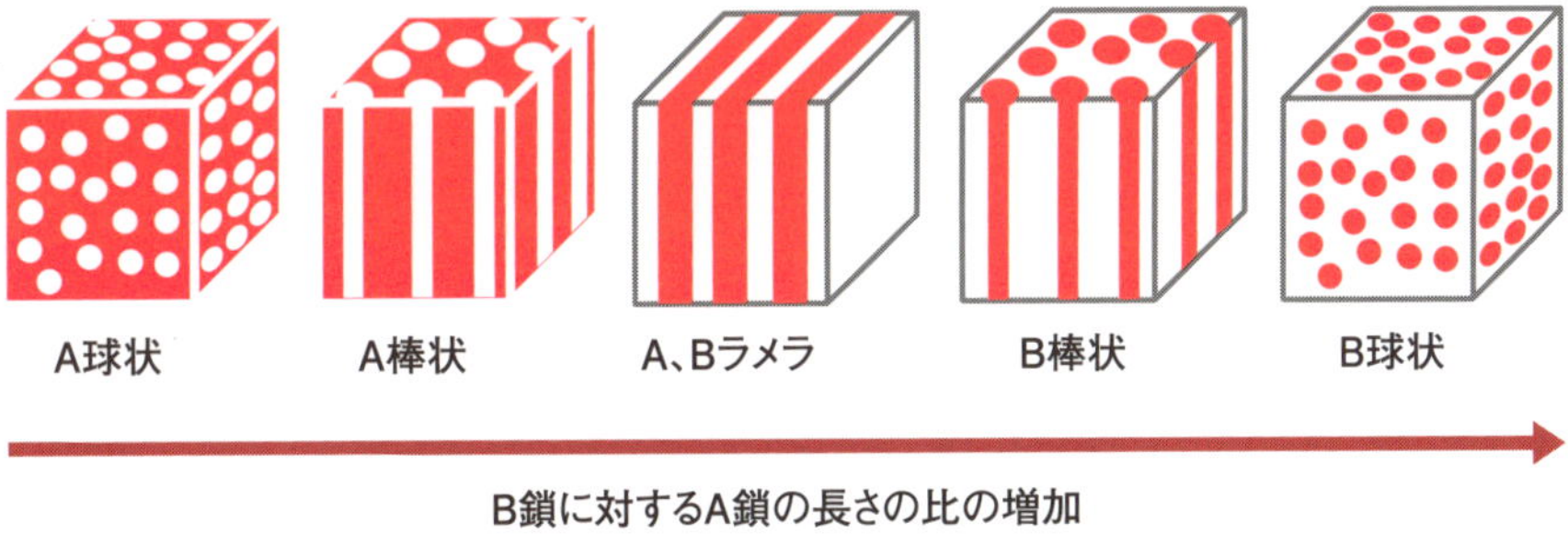

24 高分子1分子の形は糸まり状

ランダムコイル

高分子は、主にC−C結合がつながった長いヒモ状の分子です。熱運動によってC−C軸の周りに自由に回転できます。高分子鎖のモデルとして図のように元気な幼稚園児が手をつなぎ（C−C結合）、手を離さないで自由に動くと、両端の旗の距離は縮まります。この図では2次元ですが、3次元でも同じことが起こり、長くつながっていれば、全体の形は糸まり状（球状）になります。これを「ランダムコイル」といいます。

熱運動によって形が時々刻々変わりますが、統計的にある平均的な大きさとなります。それを示すのに、末端間の距離Rを用います。主鎖のC−C結合の1つ、あるいは数個分を1つのベクトル（長さl）として、それらをつなげて1分子分足し合わせたものです。3次元では理解しにくいので1次元で考えると、1つのベクトルが＋方向と－方向のどちらにも同じ確率（1／2）で向けるとします（ベクトル同士の重なりは無視します）。n個のベクトルをつなげた最後の位置がRxであり、nが非常に大きいので統計的に扱うことができ、$Rx=0$で対称となるガウス分布（正規分布）になります。その平均値$\langle Rx \rangle$は0ですが、マイナスの距離というのはないので、その二乗平均を取ってその平方根が距離、つまり$\langle R_0^2 \rangle^{1/2}=n^{1/2}l$となります。3次元に拡張しても全く同じ結果です。例えば、$l=0.3$nm、$n=3600$（全長1080nm）とすると18nmとなり、分子の長さに比べて相当小さくなります。この考えに基づく鎖を「ガウス鎖（あるいは理想鎖、自由連結鎖）」と呼びます。高分子鎖の集合体では、大きさは1本が孤立している場合とほぼ同じで何本もの鎖が糸まり状のまま重なり合っています。

もう1つの指標として「慣性半径」S_0（あるいは回転半径）があります。すべての繰り返し単位が分子全体の重心Gから平均的にどの程度離れているかを表す量です。$\langle S_0^2 \rangle=\langle R_0^2 \rangle/6$なる関係があり、図のように慣性直径に比べて末端間距離が若干大きくなります。

要点BOX

- ●非晶状態の高分子鎖はランダムコイル（球形）になる
- ●末端間距離の二乗平均の平方根が大きさの指標

高分子鎖のモデル

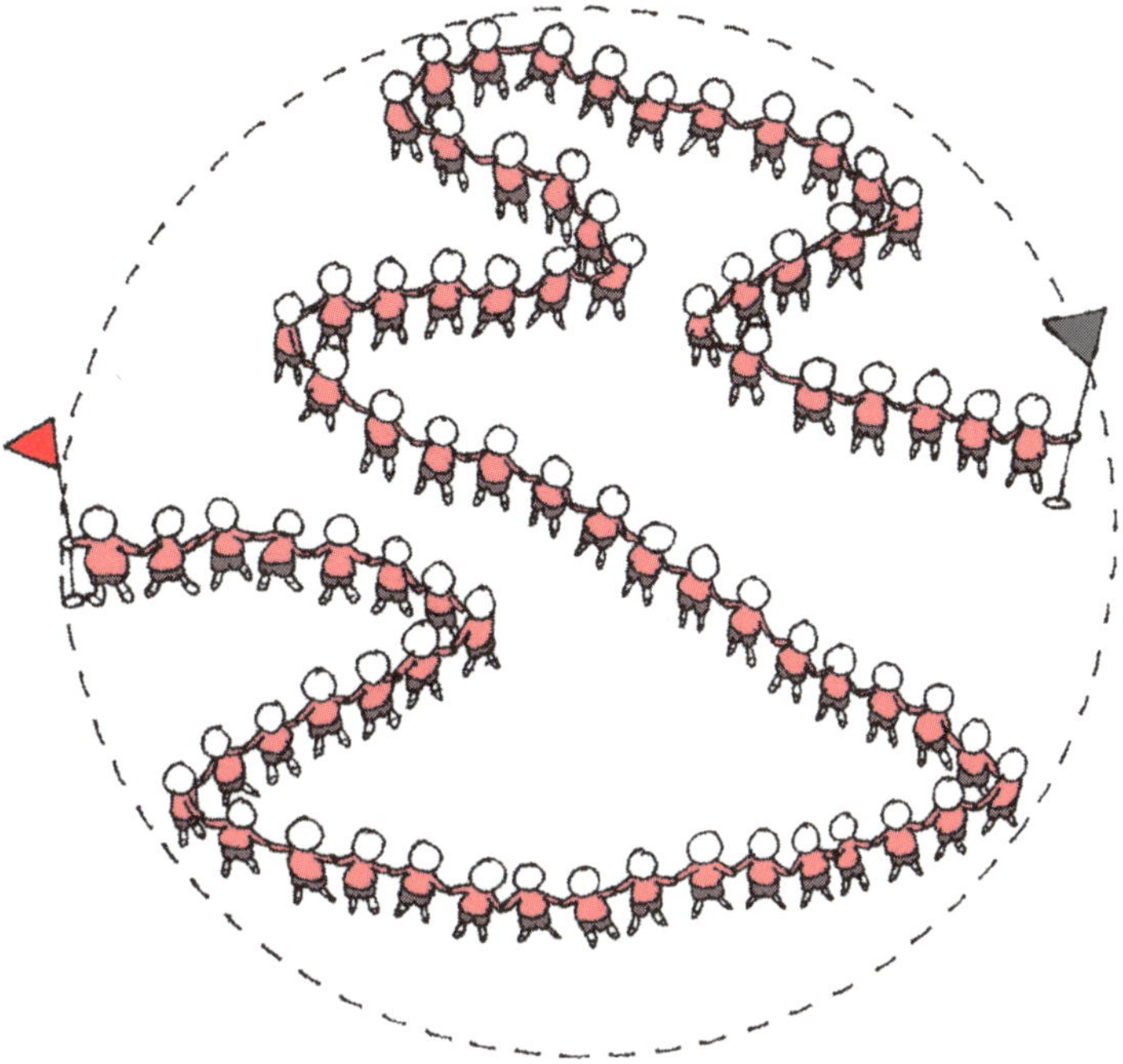

末端間距離がRxの１次元鎖のモデル

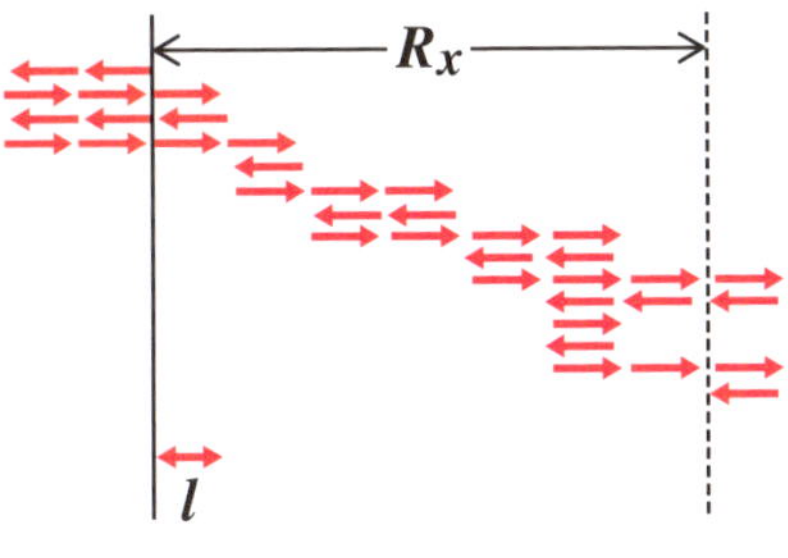

末端間距離と慣性直径との関係

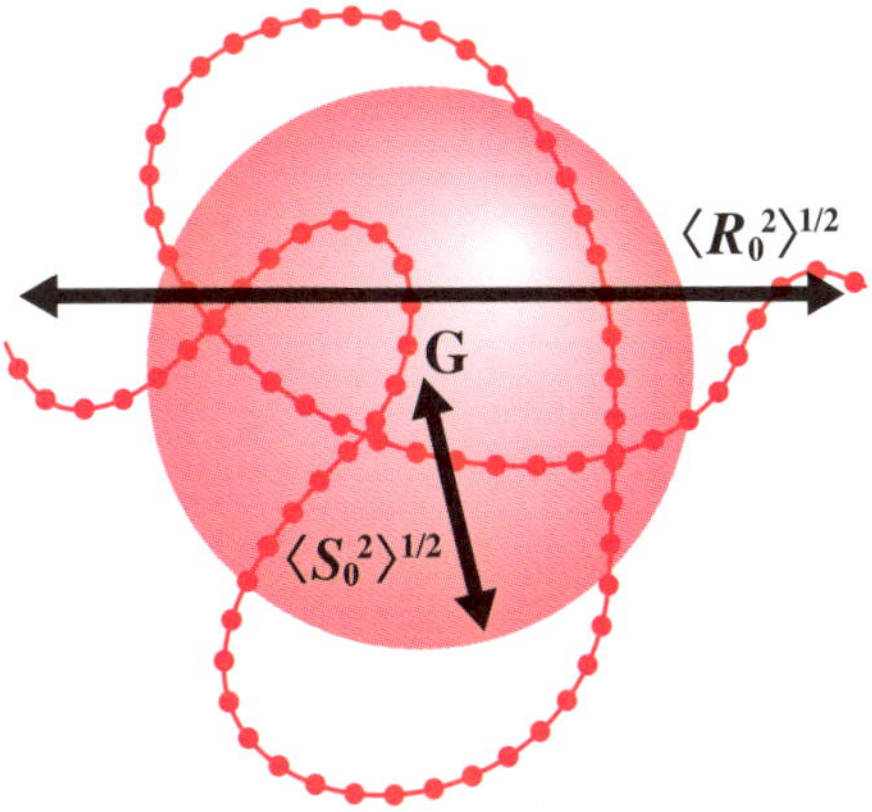

25 構造式は同じでも性質の異なる高分子

コンフィギュレーション

高分子の化学構造を表す場合、繰り返し単位（モノマー）を示します。しかし、これがつながった高分子の構造は1つではありません。構造式で表すと全く同じなのに、化学結合を切ってつなぎ変えないと内部回転だけでは互いに移り変わりない空間的な配置や形態のことを「コンフィギュレーション」といいます。

例えば、ポリプロピレンでは、**-CH_3**が付いているC同士が結合している場合と、**-CH_3**が付いているCと付いていないCが結合している場合があります。さらに、高分子の主鎖をジグザグのまま伸びきった形にし、それを紙面に置いた場合、1つのCに付いている**-H**と**-CH_3**は紙面の上側と下側に位置することになります。

-CH_3がつねに同じ側に位置している場合を「イソタクチック」、交互の場合を「シンジオタクチック」、そしてランダムの場合を「アタクチック」と呼んでいます。これを「タクチシチー」（立体規則性）と呼び、これは「立体異性」のうちの一つです。

完全なイソタクチックやシンジオタクチックな高分子では、その配列の規則性から高分子鎖同士が整然と並びやすく結晶を作りやすくなります。また、これらの高分子では、結晶の融点だけでなく非晶のまま固まる（ガラス化する）温度も異なっている場合が多く、構造式で書くと全く同じ鎖であっても異なる性質を示します。それゆえ、用途も大きく異なっている場合があります。

また、シス1、4ポリブタジエンのようにC＝Cの二重結合の周りでは回転できないため、主鎖がC＝Cの同じ側でつながっている場合（シス）と、対角でつながっている場合（トランス）があります。

これを「幾何異性」と呼びます。これも立体異性の一つです。この場合も、結晶の融点など物性において違いが出ます。ここで示したポリブタジエンの場合、組成式が同じ1、2ポリブタジエンもあります。この場合、タクチシチーによる違いも生じます。

要点BOX

- ●コンフィギュレーションは切ってつなぎ変えないと互いに移り変わらない構造
- ●タクチシチーや幾何異性で物性は大きく変化

ポリプロピレンの結合の仕方

(a) 頭-頭結合

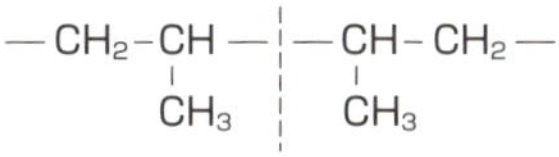

―CH₂-CH ― | ― CH-CH₂―
         |
        CH₃   CH₃

(b) 頭-尾結合

―CH₂-CH ― | ―CH₂-CH
     | |
    CH₃   CH₃

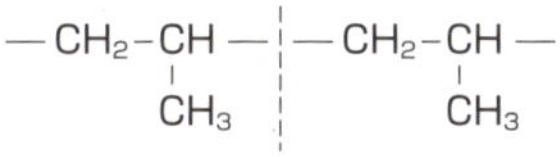

ポリプロピレンのタクチシチー（立体規則性）

(a) イソタクチック

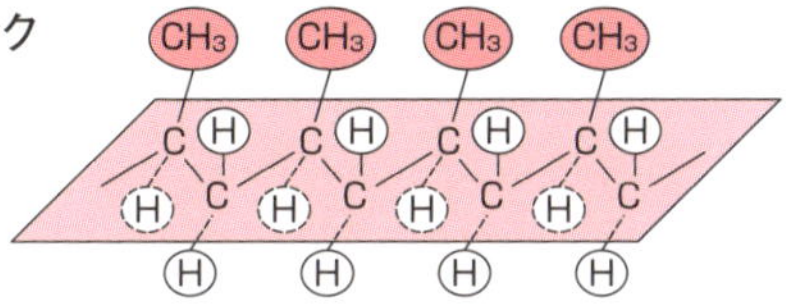

(b) シンジオタクチック

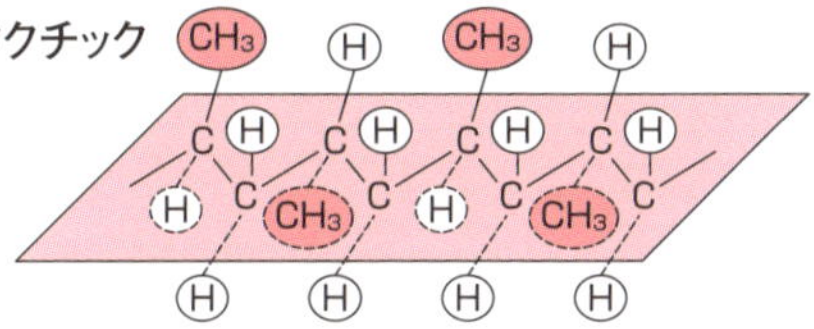

(c) アタクチック

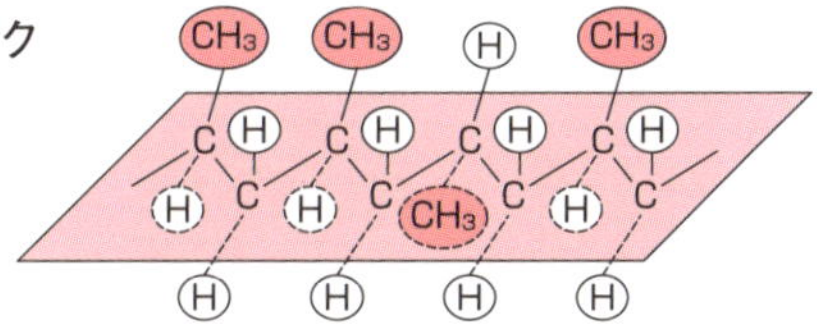

1,4ポリブタジエンの幾何異性（立体異性）

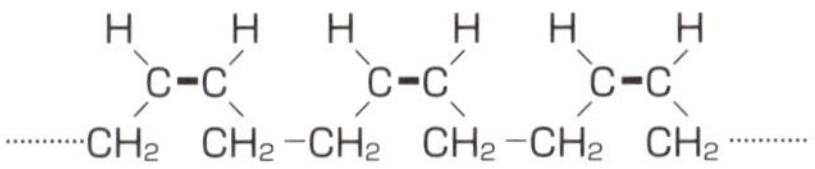

(1) シス1、4-ポリブタジエン   (1) トランス1、4-ポリブタジエン

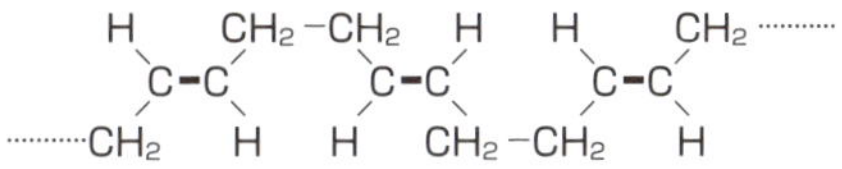

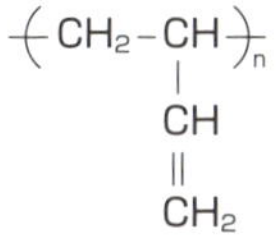

1、2ポリブタジエン

26 高分子の特徴は絡み合いから生まれる

高分子の分子鎖は長くて絡み合う

絡み合いは高分子の本質です。共有結合で連なった紐状の巨大分子（分子鎖）の中で、分子鎖同士が絡み合うほど十分に長いものを「高分子」と呼ぶことができます。そして絡み合いは、分子鎖が互いに他を横切って移動することができないという制約に源があります。つまり、分子鎖の運動は不自由で、居心地の良いところに移動するのに長い時間が必要です。高分子を扱う物理学では、この不自由さを「分子鎖は周りの分子鎖で出来た管のような空間の中しか移動できず、したがって自分の長さ方向に蛇のように蠕動運動しないと、その位置を変えられない」という形で表現されています。

絡み合いを源とする高分子の特徴はたくさんあります。例えば、高分子の溶液や溶融体は流れにくい性質をもっています。また、溶融体が結晶化するときも長い時間が必要です。引き伸ばした高分子が元の長さに縮みたがるのも絡み合いの効果です。

高分子工業では、絡み合いの性質を利用したものづくりも行われています。例えば、溶融高分子のなかに極端に長い分子鎖や枝分かれした分子鎖が入っていると、溶けたものを引き伸ばすとき、一定量を超えると絡み合いの効果により途中で急激に流れにくくなります。ボトルやトレイを成形するとき、角の部分が余分に引き伸ばされて薄くなりがちですが、この絡み合いの性質を利用すると肉厚を均一化することができます。

しかし、絡み合いの有無をどのように定義すべきかは、実はまだよくわかっていません。皆さんの手の上にコードの長いイアホンが載っているとします。これをまっすぐに伸ばしたいとき、気短な人がやると、かえってひどく絡まってしまいますが、根気強い人がやると、きれいに解けます。つまり、同じ状態のものでも見方を変えると絡んでいるように見えたり、絡んでいないように見えたりするというのが絡み合いの特徴です。

要点BOX
- ●高分子の本質的性質の起源は分子鎖の絡み合い
- ●絡み合いの性質を利用したモノづくり

高分子鎖の絡み合いの基本概念

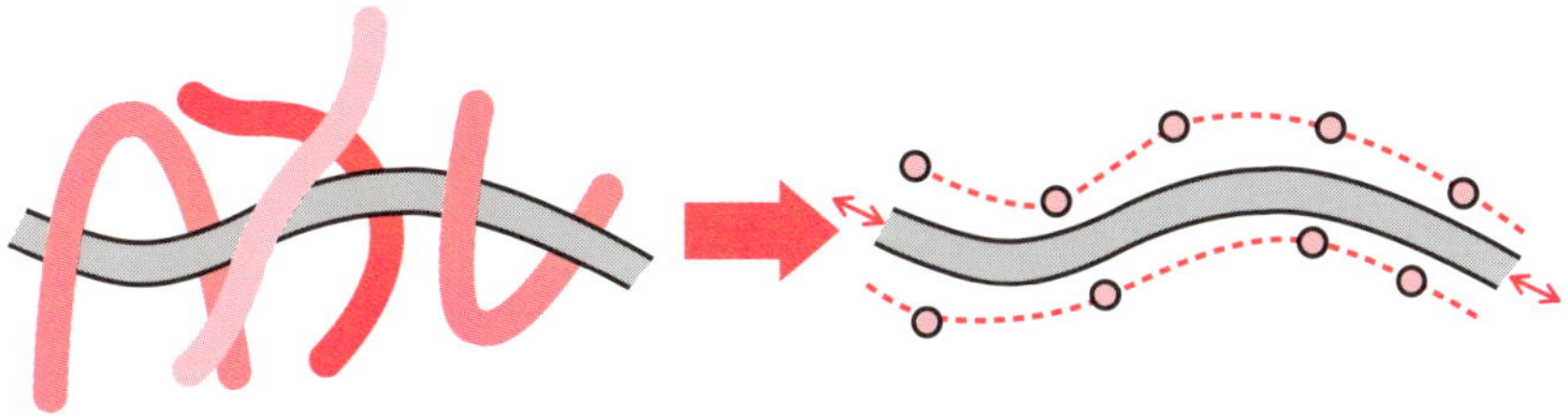

分岐の有無による伸長粘度の時間変化の違い

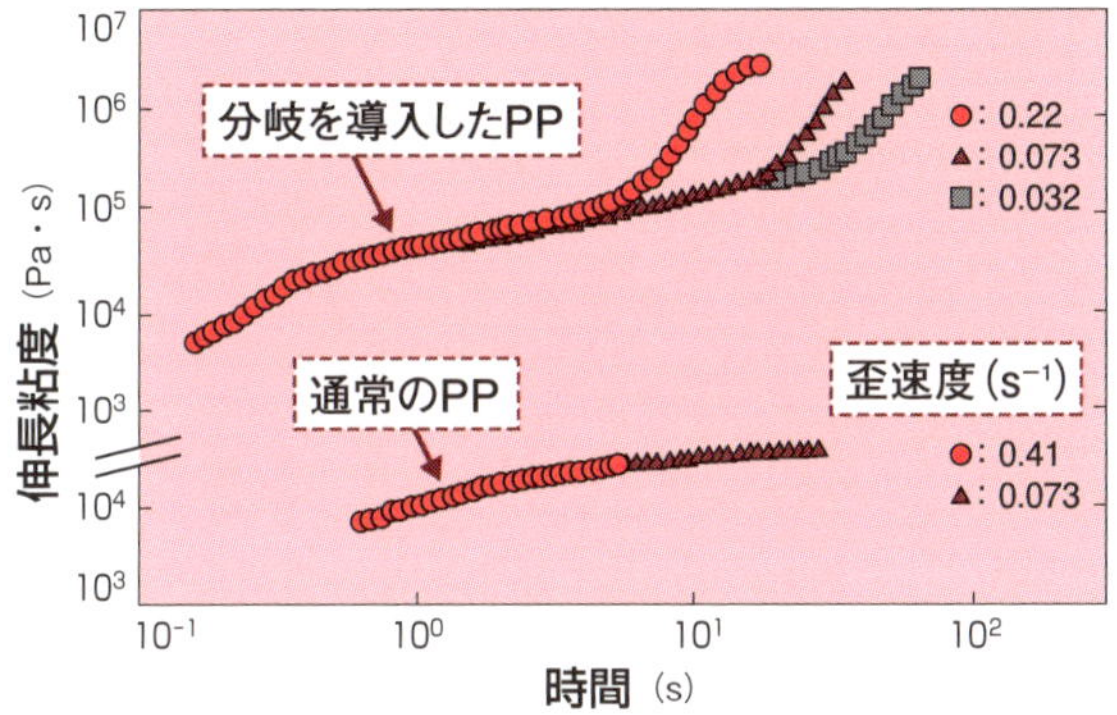

分岐導入に伴う絡み合い効果による成形挙動の違い

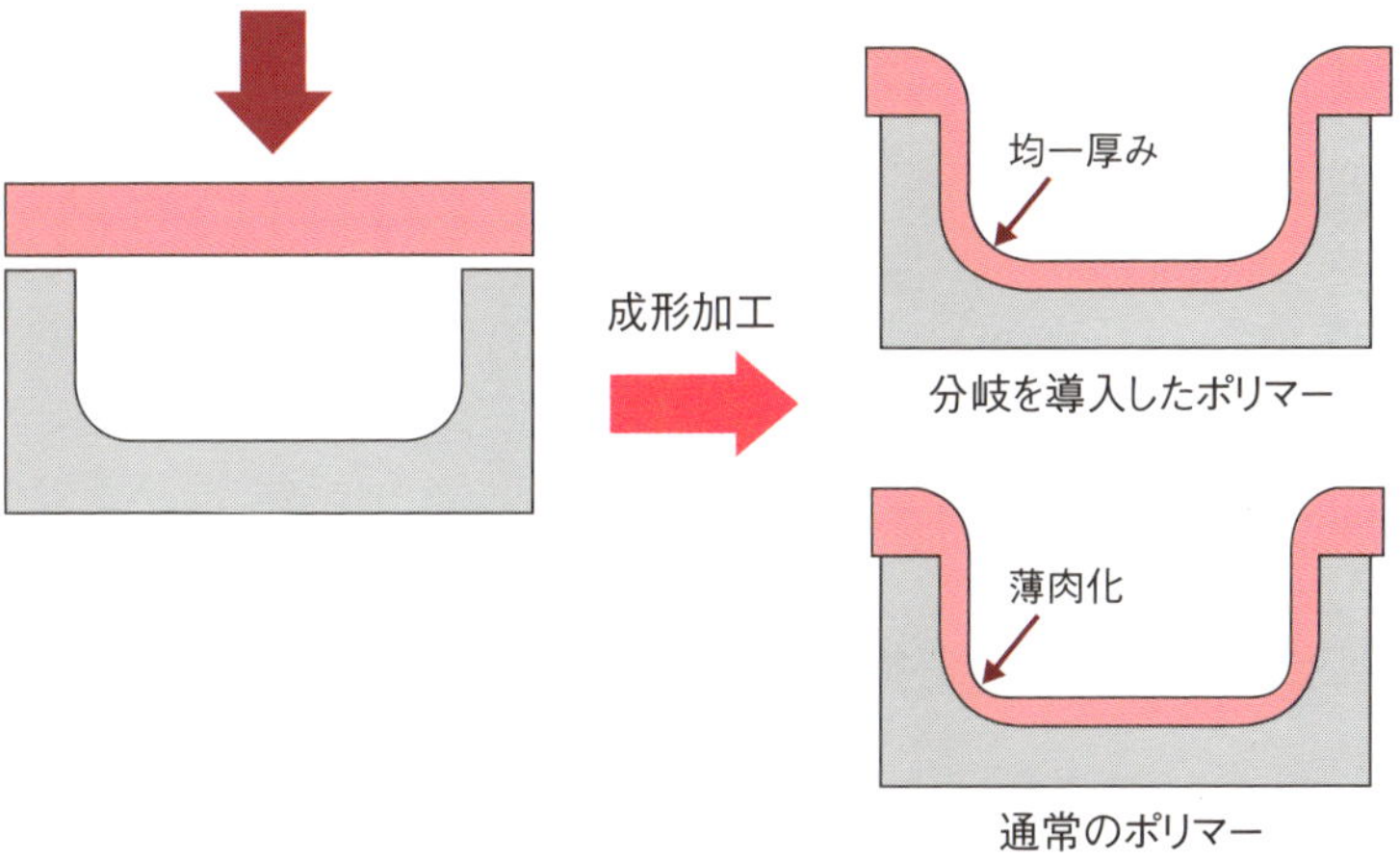

27 分子鎖の配向状態で生まれる様々な特徴

配向方向とその直交方向とで異なる性質

複数の球状でない物体が方向を揃えて並ぶことを「配向する」といいます。高分子の場合、分子鎖の方向が揃って配向すると、さまざまな特徴が生まれます。その代表的なものが力学的性質であり、分子鎖が配向した方向は、固く、壊すのに大きな力が必要になります。その性質を利用したのが繊維やフィルムです。繊維はその長さ方向、フィルムはその面内方向に分子鎖を配向させることによって強度や弾性率を高める工夫がなされています。ただし、配向方向に直交する方向の力学的性質は高くなりません。

このように、観測する方向によって異なる性質を示すことを「異方性」と呼びます。分子鎖が配向すると光の性質にも異方性が生じ、観測する方向によって屈折率が異なるフィルムを作ることができます。このようなフィルムは、液晶ディスプレイの性能を高めるための位相差フィルムとして幅広く利用されています。

ものづくりの過程で分子鎖を配向させるのに、大きく分けて二つの方法があります。その一つが溶融体を流動させること、もう一つが固体を変形させることです。

溶融体の場合は、流動させるのに大きな力を加えると分子鎖がよく配向します。これは、分子量を高くしたり、成形の温度を下げたりして粘度を上げること、そして高速で流動変形させることに相当します。また、高分子の種類によっても溶融体の配向しやすさが異なります。ポリエチレンのように化学結合の回転により分子鎖の形態が変化しやすい分子鎖は配向しにくく、逆に液晶高分子のように剛直な分子鎖は容易に配向します。

一方、固体の場合は、変形の倍率を大きくすると分子鎖はより高度に配向します。ここでは、液体は元の形を覚えられず変形倍率という概念が存在しない点に注意する必要があります。ただし、高分子の場合は、分子鎖が長い故に溶融状態でも元の形を覚えている固体に近い性質も示します。

要点BOX

- ●異方性とは観測する方向により性質が異なること
- ●分子鎖が配向すると異方性が生じる

分子鎖のさまざまな配向状態

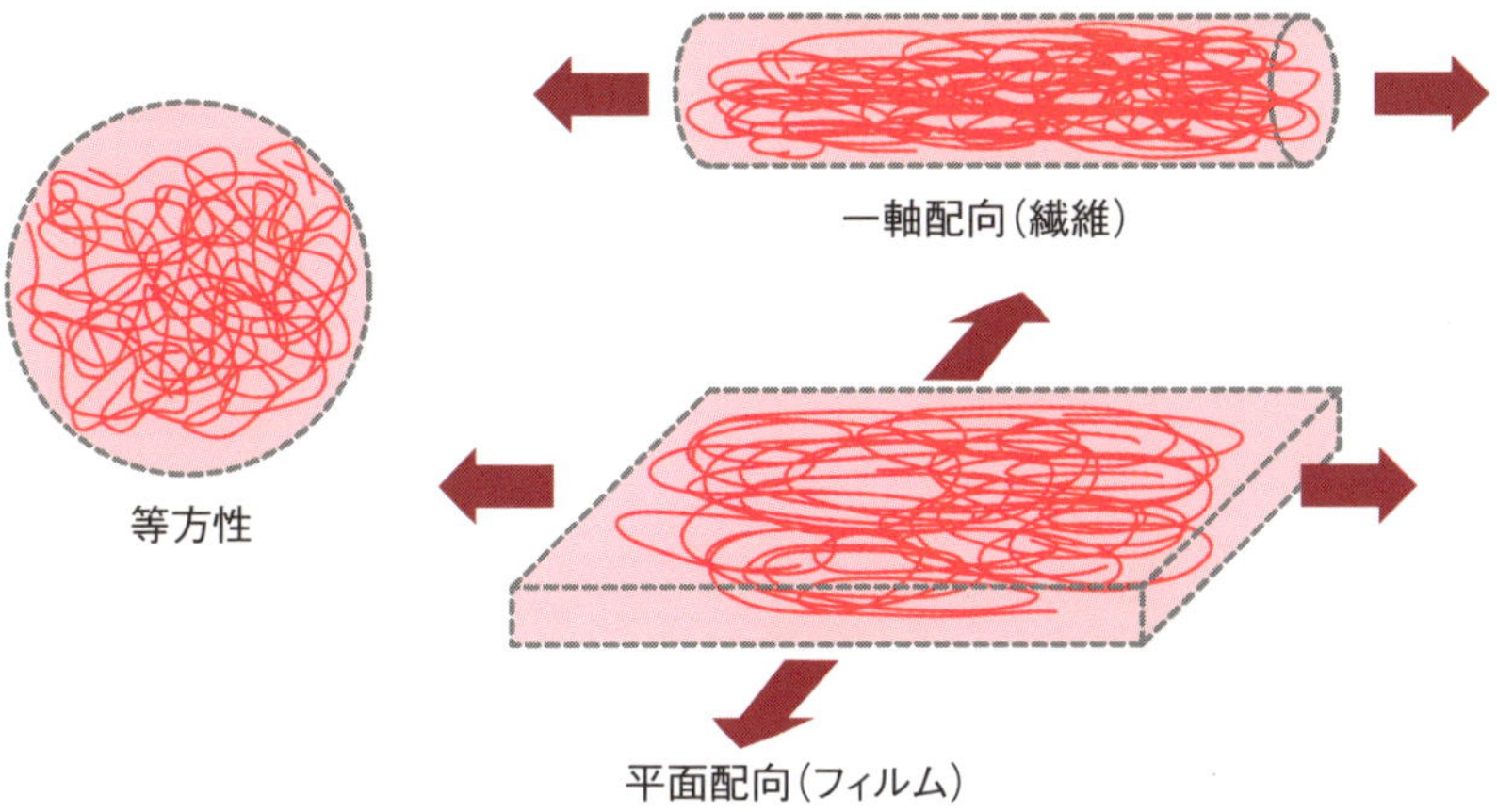
一軸配向（繊維）
等方性
平面配向（フィルム）

分子鎖を配向させる方法

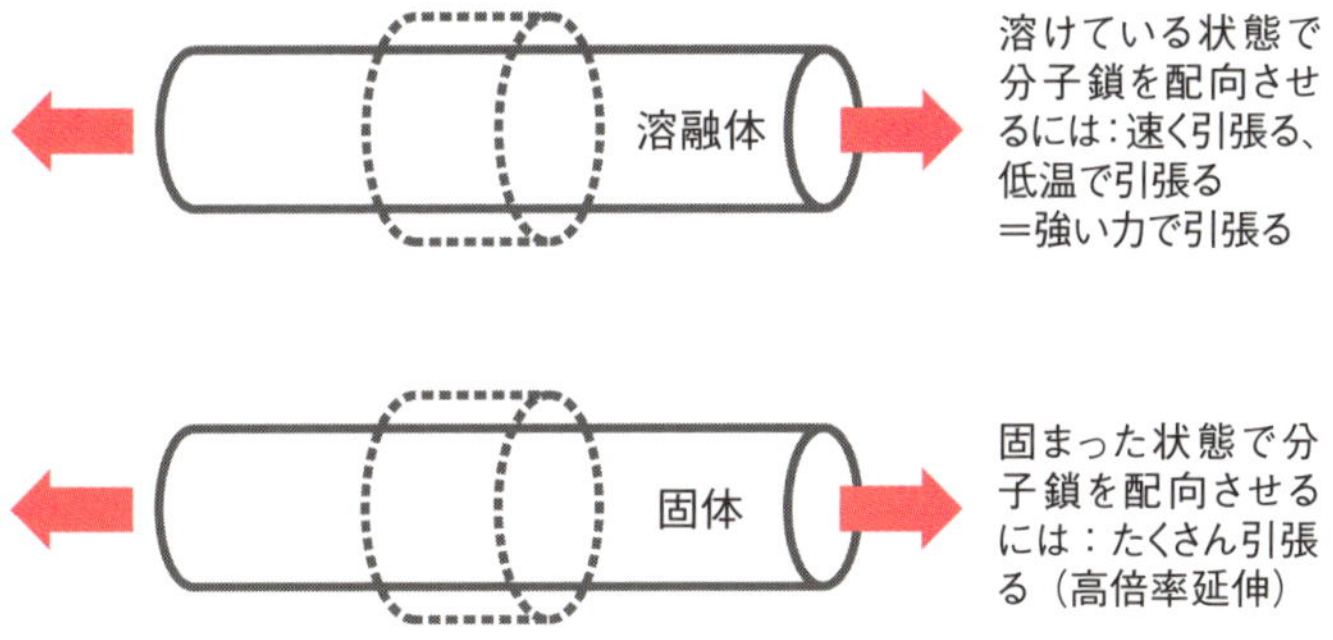
溶融体
溶けている状態で分子鎖を配向させるには：速く引張る、低温で引張る
＝強い力で引張る
固体
固まった状態で分子鎖を配向させるには：たくさん引張る（高倍率延伸）

融けたものと固まったものの違いを理解しよう

28 結晶化できる高分子、結晶化できない高分子

高分子の結晶構造は複雑な階層構造

高分子の結晶の話は複雑です。まず身の回りの高分子の成形品を見た場合、材料の種類からいえば、結晶化できるものと結晶化できないものがあり、結晶化できるものは、結晶化している場合と結晶化していない場合があります。結晶化できない高分子は、分子鎖の長さ方向に何らかの規則性の乱れがあります。一方、結晶化している成形品には、結晶化している領域と結晶化していない領域（非晶領域）が必ず混在しています。

結晶は、原子や分子が3次元的に周期的に配列した構造として定義されます。この周期構造の単位を結晶の「単位胞」と呼び、単位胞がたくさん集まって、ある大きさの結晶を形作ることになります。これを「微結晶」と呼びます。高分子の場合、微結晶の中で分子鎖は互いに平行に配列しています。また、結晶領域と非晶領域が周期的に並んだ長周期構造を形成していますが、結晶領域の分子鎖が配列している方向の厚みは分子鎖の長さより薄く、そのために分子鎖は結晶の中では折り畳まった形をとって板状の結晶になっています。これを「ラメラ晶」と呼びます。もう少し大きなスケールで見ると、流れや変形の影響のない状態では「球晶」と呼ばれる球状の結晶になり（球晶の中にラメラ晶の領域と非晶領域が混在しています）、流れの影響下では、流れの方向に配列した分子鎖の周りにラメラ晶が周期的に配列する「シシカバブ構造」と呼ばれる構造が出現します。このように複雑な階層構造をとることが、高分子の結晶の特徴です。

繊維やフィルムは結晶化していても透明の場合がありますが、一般の成形品では、非晶のものは透明ですが結晶化すると白濁します。ペットボトルの胴の部分は透明ですが結晶化しています。一方、口の部分は、製品によって結晶化して白くなっているものと非晶の状態で透明のものがあります。結晶化させるのは、中味を高温で充填するなど耐熱性が必要な場合です。

要点BOX

- ●結晶は原子や分子の3次元周期構造
- ●結晶化できる高分子が結晶化していない場合もある

高分子の階層的結晶構造

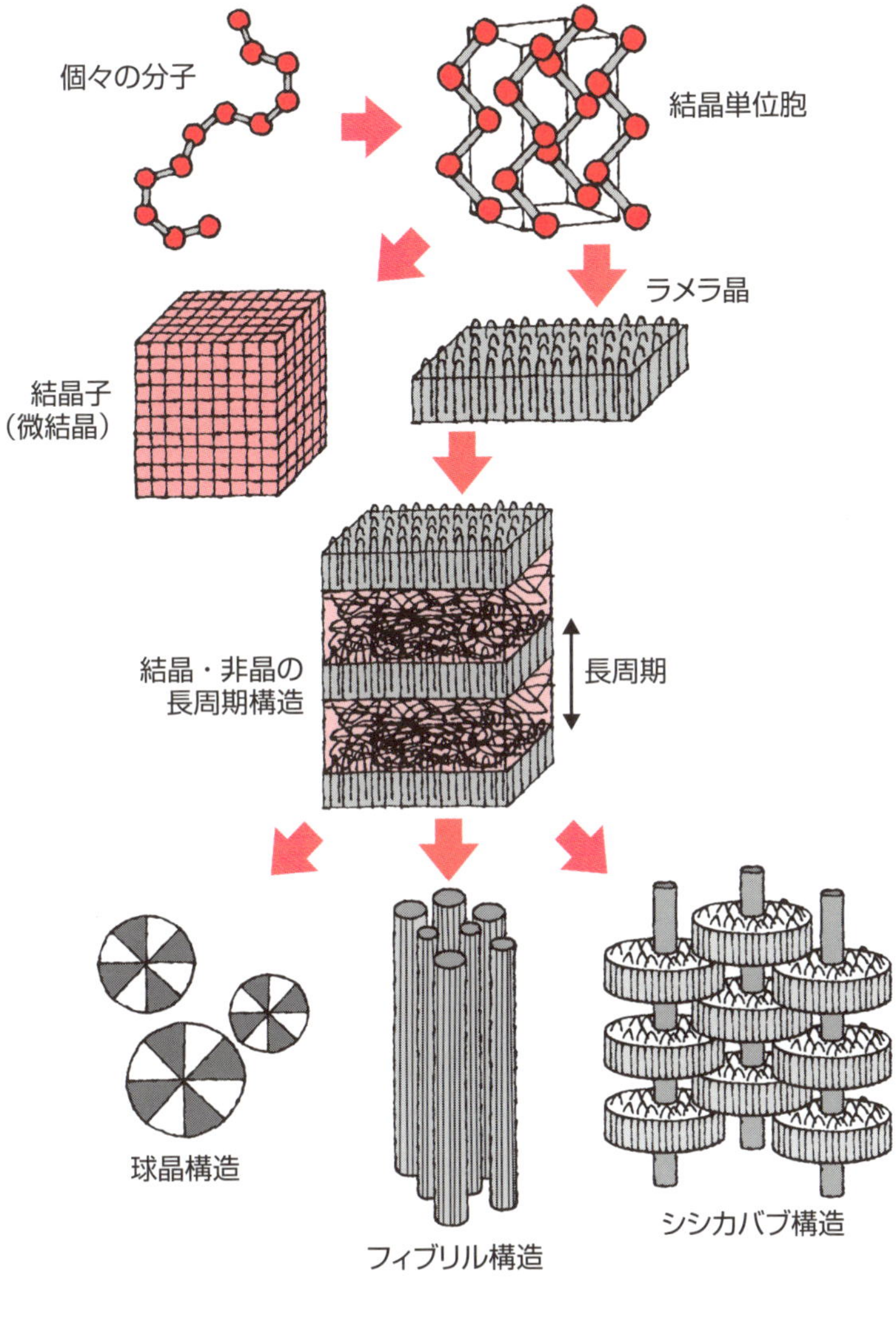

球晶の成長過程

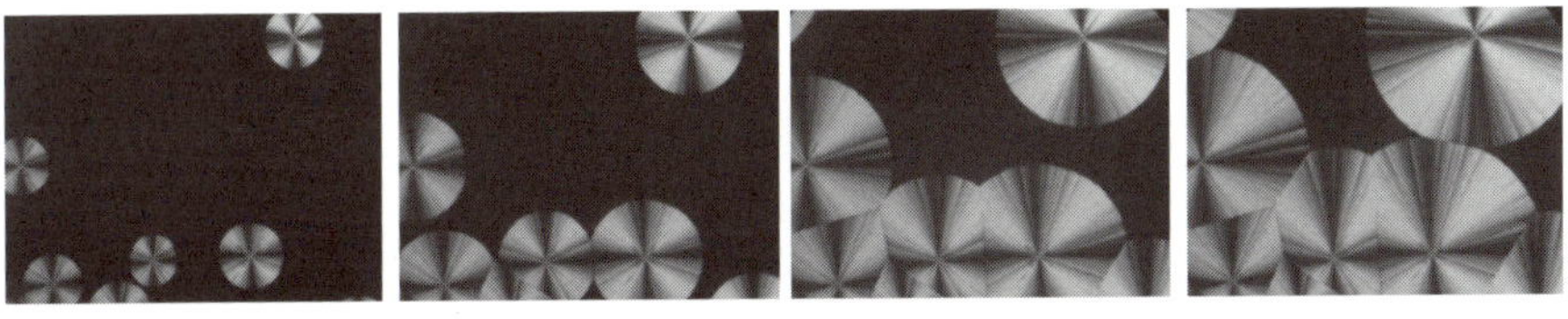

29 溶媒に溶ける高分子

フィルムや膜の作製に利用される

高分子の中には有機溶媒に溶けるものがかなりあります。高分子を溶媒に溶かしたものが高分子溶液です。

希薄な溶液では高分子鎖がランダムコイルとなって孤立しているので、1本鎖としての特性を評価できます。例えば、コイルサイズはX線や光散乱測定などから、分子量は浸透圧測定や光散乱測定などから評価できます。溶液中では、高分子には溶媒との相互作用が働きます。溶媒と高分子の仲が良いと（良溶媒）、高分子鎖に溶媒がくっついたようになって鎖の取れる配置が少なくなり鎖が膨らんでしまいます（排除体積効果）。それに対して、見かけ上、相互作用がなくなり理想鎖と同じ広がりをもつ場合を「θ状態」と呼び、これを達成できる溶媒を「θ溶媒」、この温度を「θ温度」と呼びます。

高分子の濃度を上げて分子鎖同士が重なり合い絡み合うようになる濃度（重なり濃度C*）付近の溶液を「準希薄溶液」と呼び、それより濃度が高くなったものを「濃厚溶液」と呼びます。濃厚溶液では、高分子と溶媒が溶け合うか（相溶性）が重要となってきます。相溶性を議論するために、混合の自由エネルギーを使います。最も用いられるものとしてフローリーハギンスの式があり、そこに出てくる相互作用パラメータ（χ）が相溶性を支配することになります。この式を用いて、相図における混ざる温度範囲などを評価でき、χの値によって混ざりやすさの程度を議論することができます。

濃厚溶液では粘度が高いですが、流動性があるので、薄く平らにしてから溶媒を飛ばすとフィルムになります。また、その高分子溶液を高分子が溶けない液体につけると相分離が誘起されて緻密な穴のあいた膜が形成され、ろ過などに使われます。

このように、高分子溶液はそのままでは材料として使うことはあまりありませんが、それを利用してフィルムや膜といった材料を作るのに広く用いられています。

要点BOX
- ●希薄溶液は高分子鎖の特性解析に使われる
- ●濃厚溶液はフィルムや膜の作製に使われる
- ●相互作用パラメータは相溶性の指針

高分子溶液

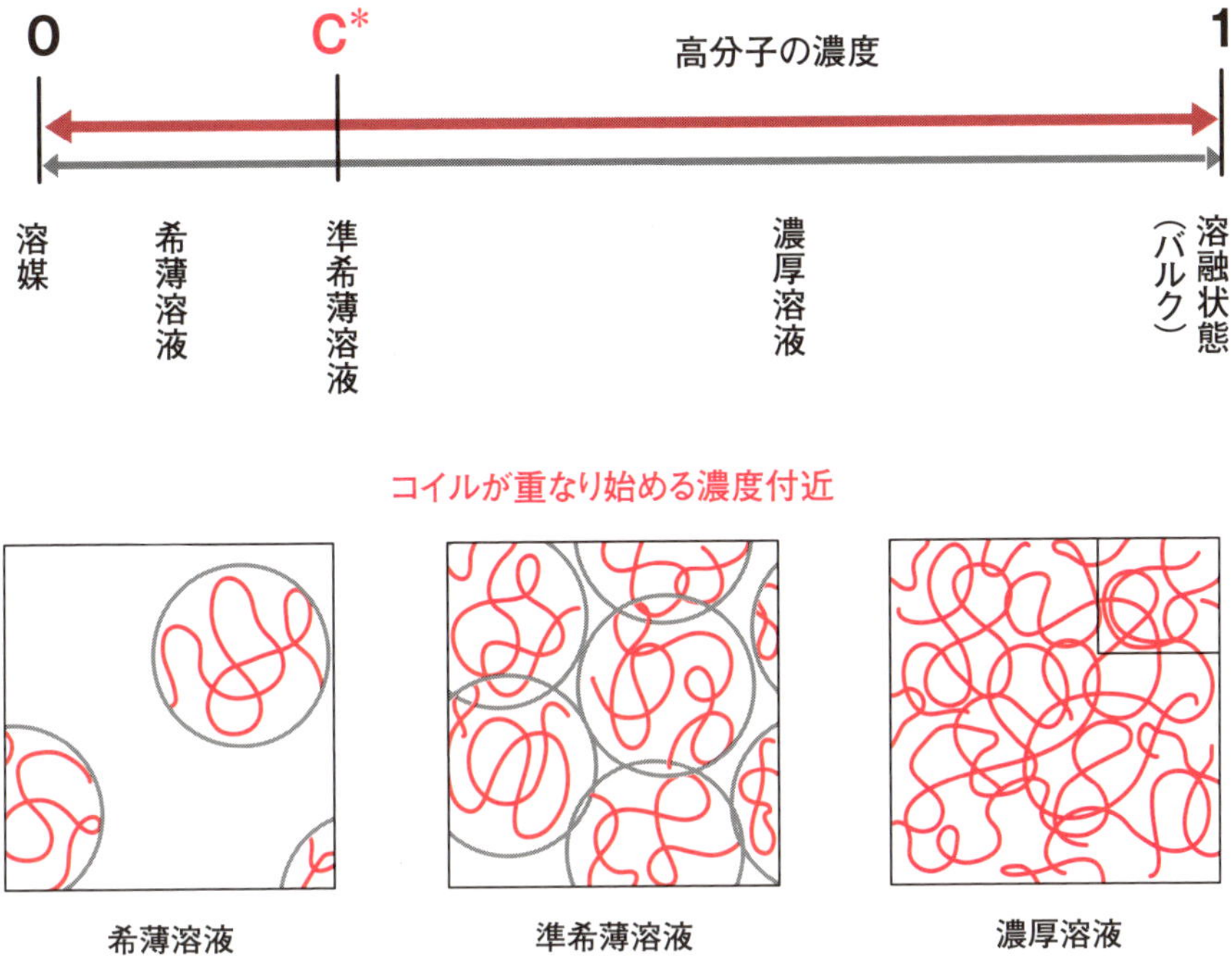

溶媒蒸発によるフィルムの作製

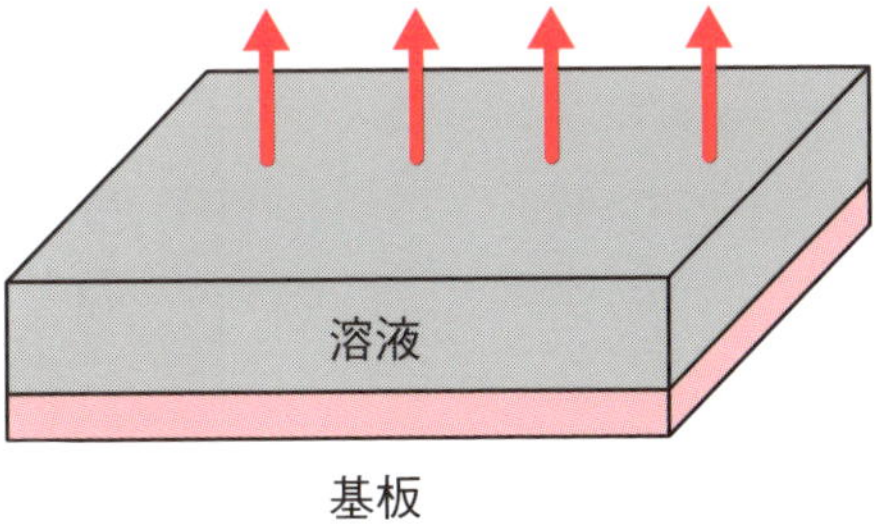

相図

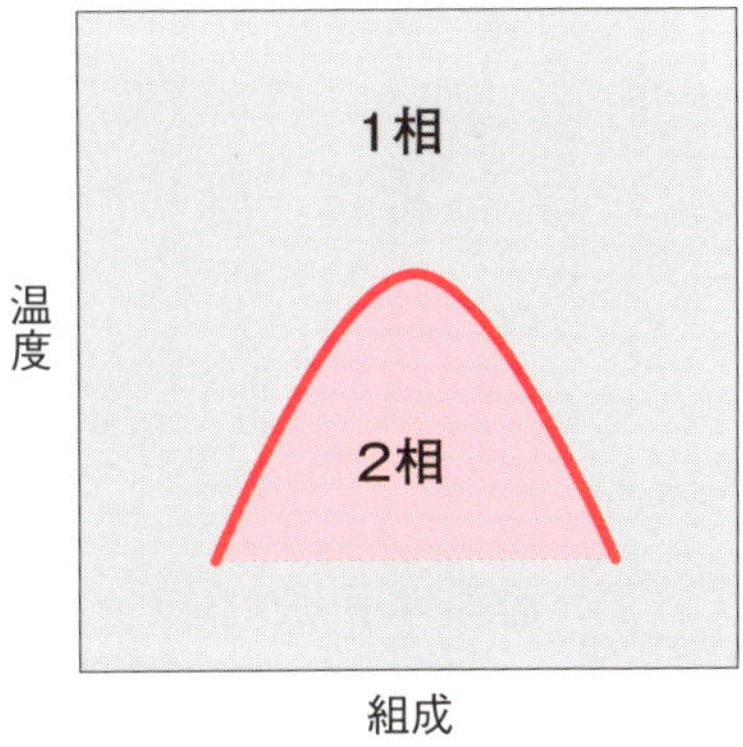

30 ガラスにもなる高分子

新幹線や飛行機にも使われる高分子ガラス

無機ガラスだけではなく有機物である高分子もガラスとなります。溶融状態（非晶状態）の高分子鎖1本の形は糸まり状をしていることを示しました（24）。これを冷やすと、規則正しく並ぶことができず、糸まり状のまま固まってしまう場合があります。これは、溶融状態から冷やしていくと体積が減少し、隣合っている分子鎖同士の距離が近くなりすぎて自由な分子運動ができなくなってしまい、しまいには動けなくなってしまうことによります。

この状態を「高分子ガラス」といい、この固まる温度を「ガラス転移温度（T_g）」といいます（溶融状態とガラス状態では熱による膨張の程度が異なります）。これにより、弾性率も1GPa以上となって固くなり、材料として使いやすくなります。結晶化せず溶融状態がそのまま固まった構造をしているため、透明な場合がほとんどです。それゆえ、アクリル樹脂などでできているプラスチック製のガラス（ペットボトルの自動販売機の面板など）やレンズ（スマホのカメラなど）がこれに該当します。

液晶ディスプレイには数多くのプラスチックフィルムが用いられていますが、透明性が要求されるため、そのほとんどが高分子ガラスです。

ガラスは硬いが脆くて割れやすいというのが一般的な認識ですが、高分子ではアクリル樹脂のように割れやすいガラスだけではなく、自動車のヘッドランプカバーや機動隊が使用している透明な盾に使われているポリカーボネートのように割れにくいガラスもあります。これは、曲がりやすい分子鎖からできている高分子ガラスの場合が多いようです。

今では、飛行機の窓ガラスだけでなく新幹線の窓ガラスまで高分子ガラスが用いられています。割れやすいアクリル樹脂のガラスでも厚くすると割れにくくなり、世界各地の水族館の大型水槽にも使われています。

要点BOX

- 高分子ガラスはランダムコイル構造が凍結されたもの（ガラス転移）
- 割れやすいガラス、割れにくいガラス

溶融状態とガラス状態では熱による膨張の程度が異なる

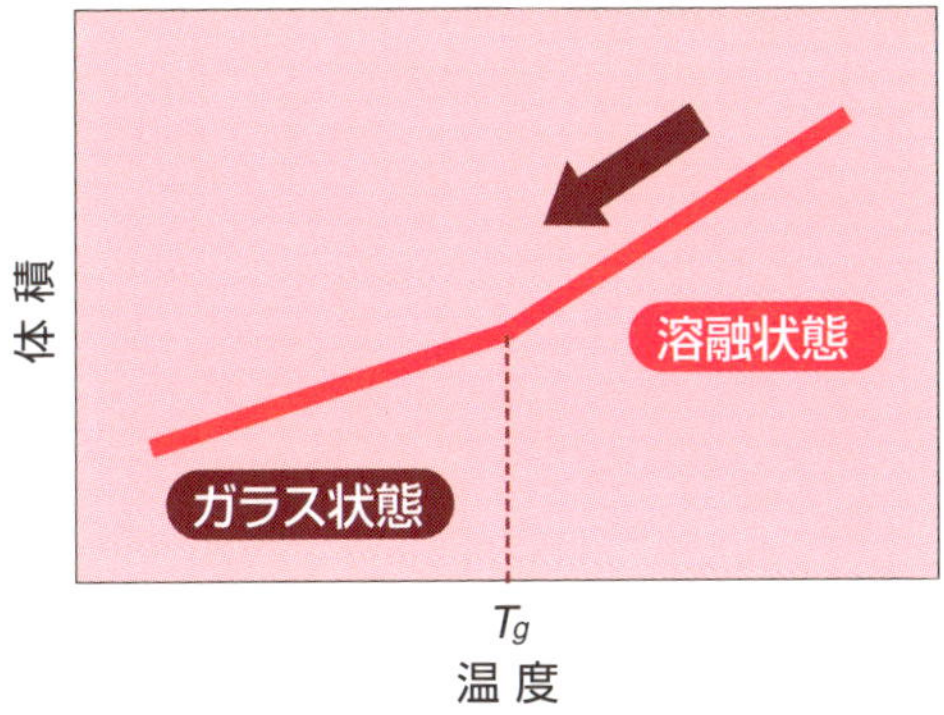

これらのガラスも高分子

新幹線の窓

水族館の水槽に使われている透明プラスチック

31 液体のような固体のような高分子

高分子ゲル

ゼリーやコンニャクは、液体のようにすぐには流れてしまうことはありませんが固体といえるほど固くもありません。これらがゲルです。

高分子ゲルとは、高分子鎖が架橋されて3次元の網目をつくり、それが溶媒を吸って膨らんでいるもののことです。ゴムのところで説明した架橋ゴムが溶媒を吸った構造と考えるとわかりやすいと思います。溶媒と高分子鎖との親和性が高いため、溶媒が分離してゲルの外に出にくくなっています（親和性が低くなると分離します）。また、架橋点については、化学的な結合もあれば、水素結合や微結晶といった物理的なものもあります。

特に物理的なゲルでは、温度を上げると流動してしまったり、冷やすとゲルになったりする可逆的な変化をするものがあります（食品のゼリーがそうです）。これは、架橋点を形成する結合が温度により、できたりなくなったりするためです。ゼリーでは寒天やゼラチン、コンニャクではマンナン（D-マンノースを成分とする多糖）から成っており、水が溶媒として図のような構造となっています。私たちの体の中にもゲルから成っているものが多くあります。また、紙オムツに使われている高吸水性樹脂も水を吸うとゲル状態となります。

高分子ゲルは、pHや温度などを変えると膨張・収縮して、体積を大きく変えます。この体積変化を機械的な力に換えることにより、人工筋肉などへの応用が期待されています。また、体内に埋め込んで少しずつ薬を放出して病気を治すことに利用できないかといった検討も行われています。ゲルが実際の材料として使われている例として、シリコーン（Si-O-Si結合を主骨格とした化合物）を主原料とした「アルファゲル」®と呼ばれているものがありあります。その防振性能や緩衝性能を利用してスポーツシューズなどのスポーツ用品、ペンのグリップなどの文具、産業機器まで多くのものに活用されています。

要点BOX
- ●高分子ゲルは溶媒を含んだ3次元網目構造から成る
- ●高分子ゲルは条件によって体積が変化する

高分子ゲルの構造

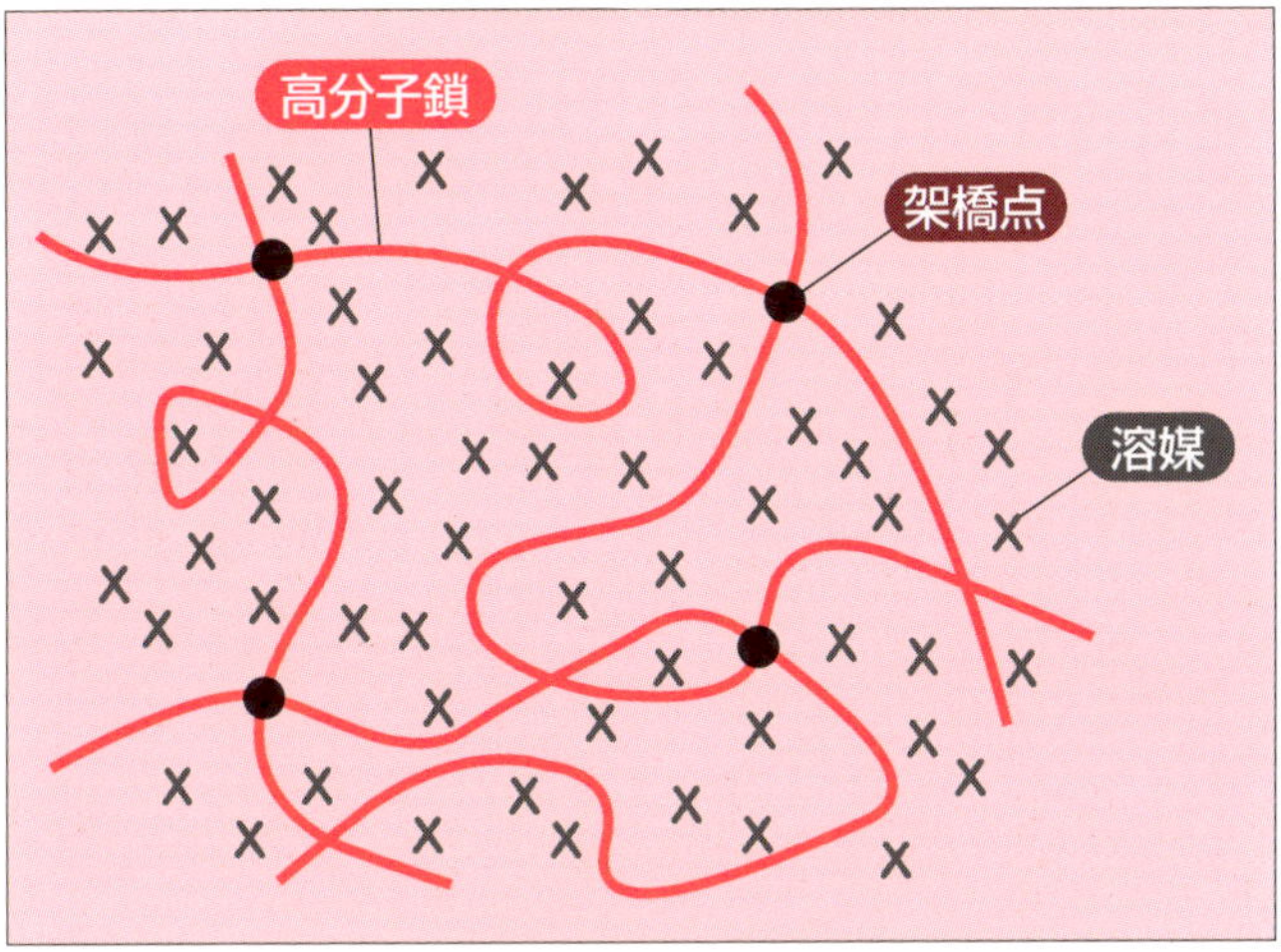

ゼリー

「アルファゲル」を用いたボールペングリップ

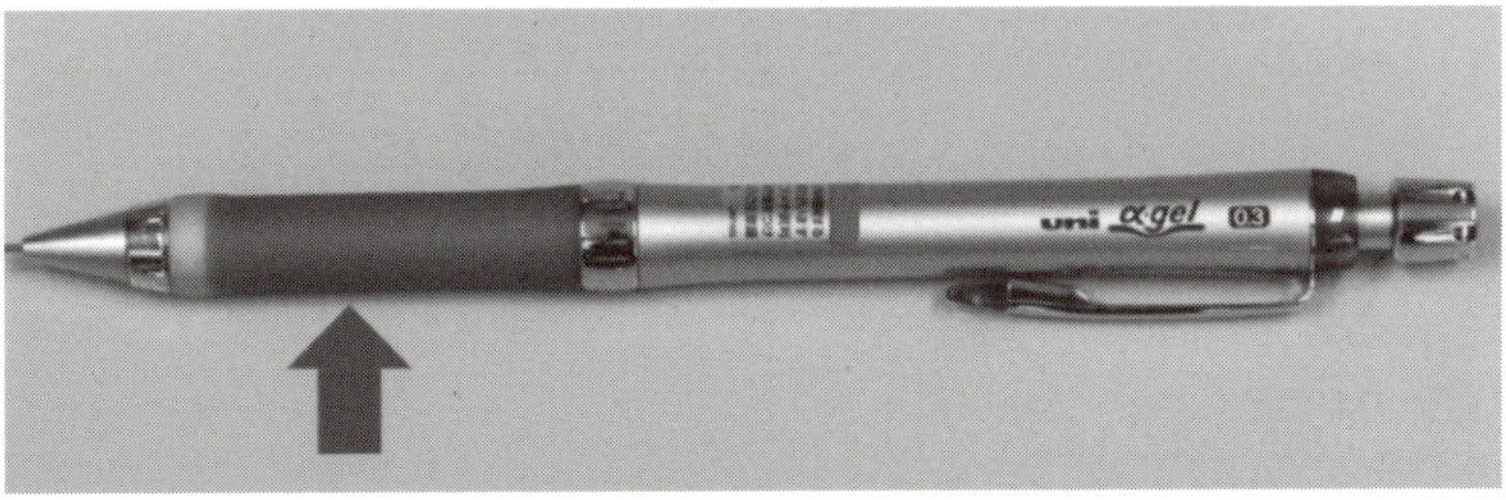

Column

高分子の大きさはどれくらいか

これまでにも述べてきたように高分子は繰り返し単位が共有結合で鎖状に連なった巨大分子です。Macromoleculesと呼ばれていますが、実際の分子の大きさはどのくらいなのでしょうか。

最も単純なポリエチレン（PE）の場合、その繰り返し単位は$-CH_2-CH_2-$であり、分子鎖全体を一直線に引き伸ばしても、分子鎖を構成する炭素原子は真っ直ぐに連なるわけではなく、ジグザグに曲がった構造をとります。このとき、繰り返し単位の分子鎖が連なった方向の長さは0・253nmです。

標準的なPEの分子量は数十万程度ですが、高強度PE繊維などの製造に用いられる超高分子量PEの分子量は、大きいものは600万程度に達し、その分子鎖の長さは50μm以上になります。これは人間の髪の毛の太さより少し短いくらいの長さです。

これに対し、縮合系高分子の代表格であるポリエチレンテレフタラート（PET）の場合、分子量は2万から3万程度とPEよりだいぶ低く、これは分子鎖の長さでいうと0・1〜0・15μm程度に相当します。

一方、PEやPET分子鎖の断面積は、0・18〜0・24nm^2程度です。

近年、ナノファイバーの開発が盛んであり、直径100nm程度の超極細の繊維も製造できるようになってきていますが、このように細い繊維でも、その断面内には3万から4万本もの分子鎖が存在していることになります。

ところで、生体系のDNAも高分子鎖とみなすことができます。DNA分子の大きさは、通常は塩基対の数（bp）で表します。DNAは二重螺旋構造をとることが知られていますが、この螺旋の太さは2nm程度であり、1つの塩基対当たりの長さは約0・34nmです。DNAには、さまざまな長さのものが存在しますが、数十から数百kbpの比較的短いものでも、その長さは数μmから数十μmに達します。

DNAは、巨大な分子といえども直径は2nmと細いです。しかし、これに蛍光色素を結合させることにより光学顕微鏡下でその動きを観察することができるようになります。

なお、人間の1つの細胞中のDNAの長さの総和は2mにもなることが知られています。

（注）1000nmは1μm、1000μmは1mmです。

第4章

高分子のいろいろな性質と機能性

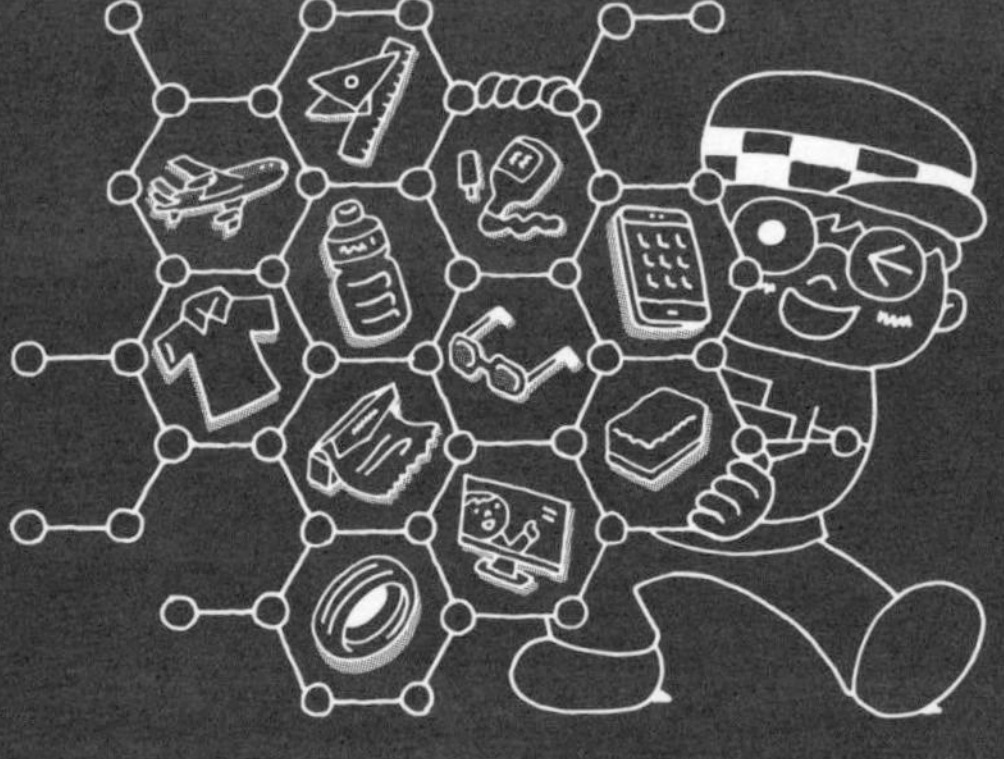

32 高分子の熱特性①

冷却による2種類の固化

熱可塑性高分子が高温で流動しているときには、分子鎖が絶えず形を変えながら（ミクロブラウン運動）、移動や回転を起こしています（マクロブラウン運動）。この状態から冷却していくと、ある温度で急激に固くなります。このような固化が起こる原因には、「結晶化」と「ガラス転移」という全く異なる二つの現象があります。不規則な形をしていた分子鎖が規則正しく配列するのが「結晶化」です。一方、不規則な形のままマクロブラウン運動やミクロブラウン運動ができない状態になるのが「ガラス転移」です。水が凍るときと同様に、高分子が結晶化するときには発熱します。一方、ガラス転移では熱の出入りはありませんが、比熱が変化します。したがって、熱の出入りや比熱の変化から結晶化温度やガラス転移温度を測定することができます。

結晶化する高分子を高温で溶けた状態から冷却すると、多くの場合、一部の領域で結晶化が起こり、残りの領域（非晶質）がさらに低い温度でガラス転移を起こします。結晶化した領域を含まない高分子はガラス転移温度を超えると形状を保持できないので、ガラス転移温度が使用可能な温度の上限になります。一方、結晶化した領域を含む高分子はガラス転移温度を超えても結晶によって全体の形状が保持されますが、結晶の融解温度を超えると形状が保持できないので融解温度が使用可能な温度の上限になります。これらに加えて、分解や化学反応が起こる温度も高分子の使用可能な温度を制限します。

結晶化する高分子でも結晶化が進行する速さに比べて急速に高温から冷却すると、結晶化しないままガラス転移温度に達して固化します。これを再び加熱すると、ガラス転移温度を超えて分子が動きやすい状態になってから結晶化することがあります（冷結晶化）。高分子の結晶化温度と融解温度はそれぞれ冷却速度と結晶のサイズによって変化します。

要点BOX
- ●結晶化では分子鎖が規則正しく配列して運動停止
- ●ガラス転移では分子鎖が不規則な形で運動停止する

分子鎖の動き

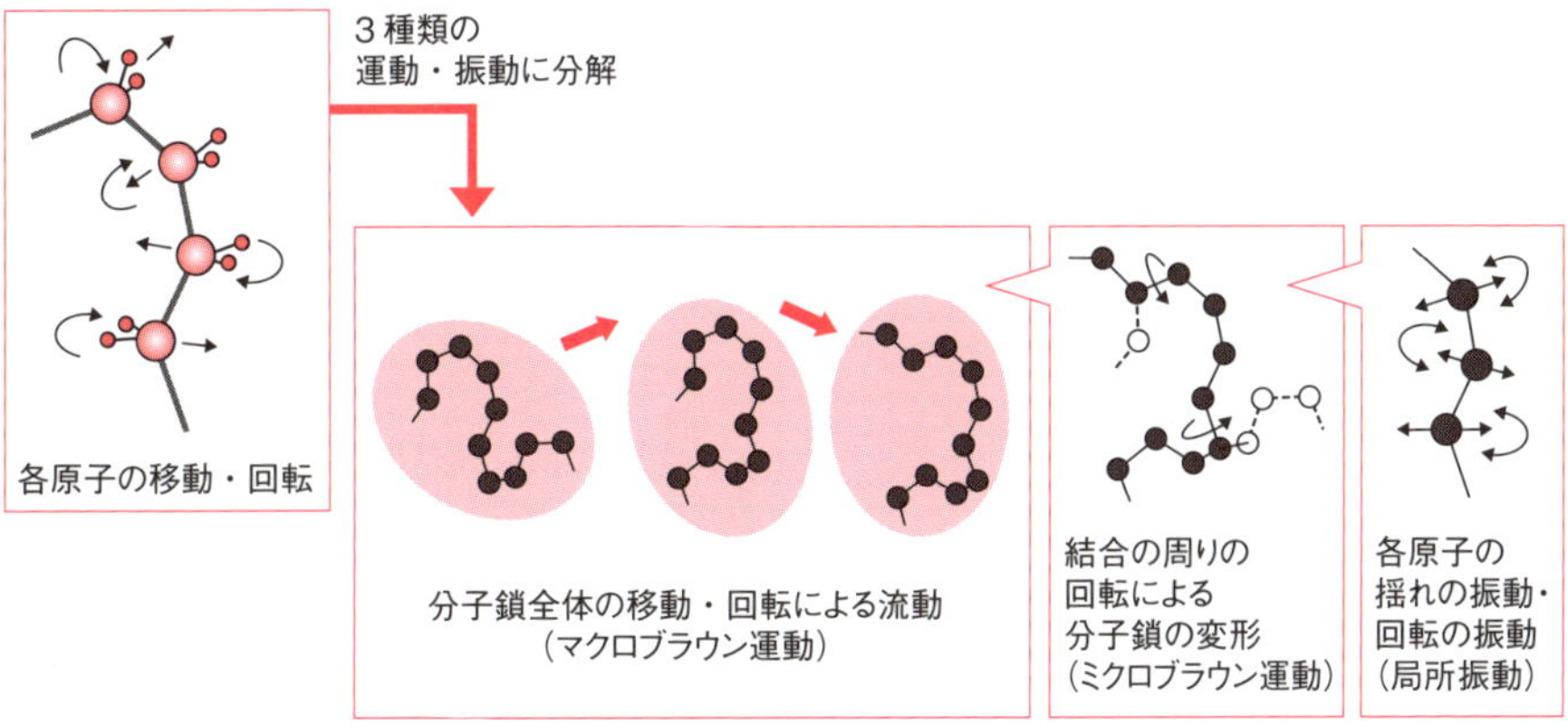

熱可塑性高分子の結晶化・ガラス転移

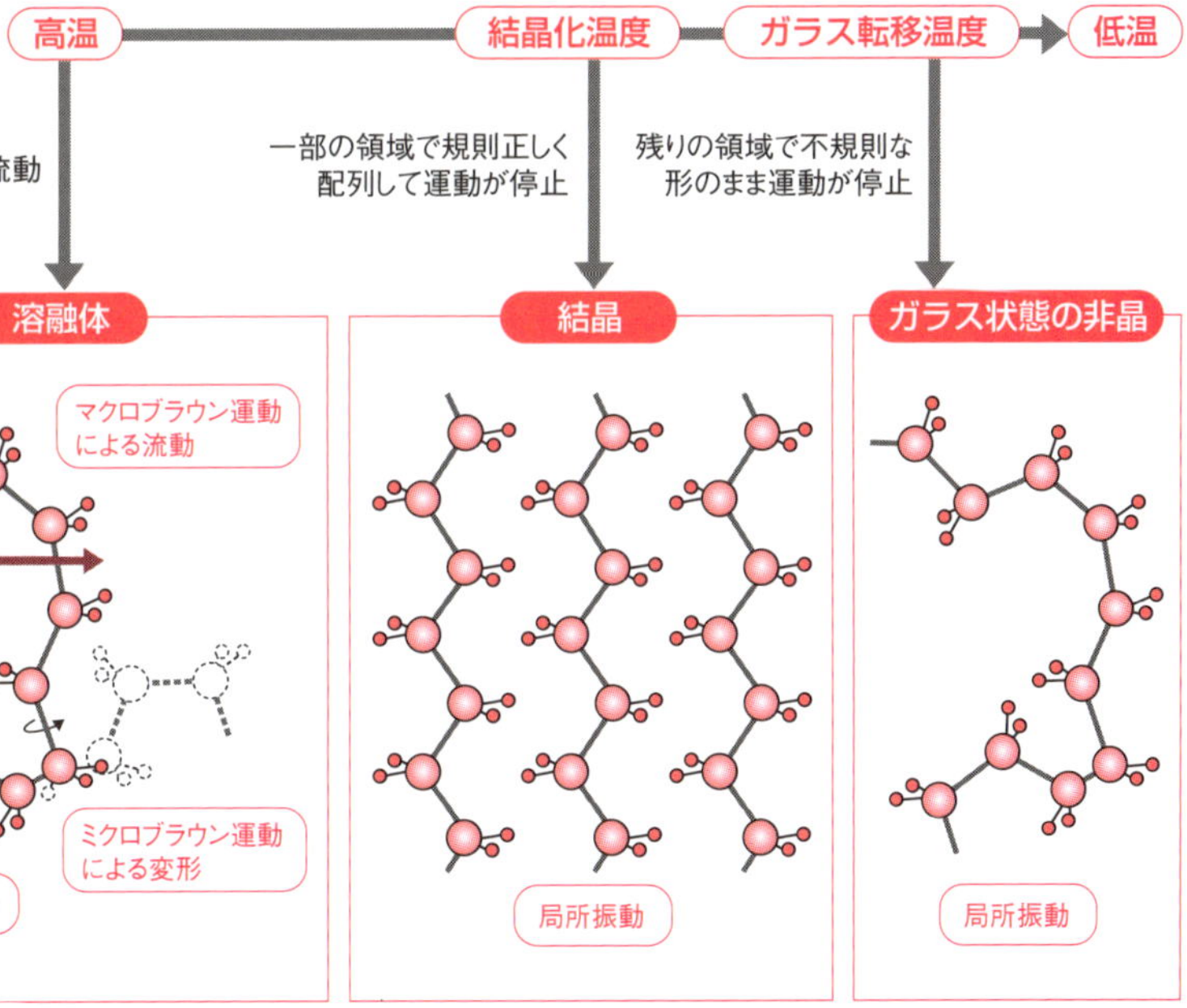

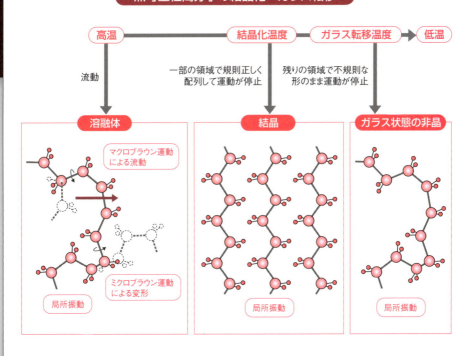

33 高分子の熱特性②

金属やセラミックスよりも熱を伝えにくい

高分子を構成する原子は熱によって常に振動していますが、その活発さを反映する特性に「比熱」、「熱伝導率」、「熱膨張係数」があります。「比熱（比熱容量）」は物体の温度を変化させるために出し入れが必要な熱の量、「熱伝導率」は物体の両端に温度差を与えたときに物体中を熱が流れる速さ、「熱膨張係数（線膨張係数）」は温度による物体の寸法変化（可逆的）を表します。

物質1gの温度を1℃上昇させるために必要な熱量（単位質量当たりの比熱）は、水が4・2J、ポリエチレンとポリスチレンが1・5および1・3J、コンクリートが0・8J、銅が0・4Jであり、高分子は金属やセラミックスより大きな値を取ります。しかし、物質1㎤の温度を1℃上昇させるために必要な熱量（単位体積当たりの比熱）は、これに密度を掛けた値となり、金属やセラミックスが高分子より大きな値を取ります。高分子の種類による比熱の差は強度の差などに比べるとわずかです。

熱は金属中では電子によって運ばれますが、高分子のような絶縁体中では振動によって伝わります。この場合の熱伝導率は、比熱（単位体積当たり）、振動が伝わる速さを表す音速、振動が邪魔されずに伝わる距離を表す平均自由行程に比例します。高分子は平均自由行程が短いために金属やセラミックスに比べて1～3桁程度低い熱伝導率を示します。このため熱を伝えたくない鍋の取っ手や家電製品のハンドルなどに高分子が利用されます。一方、蓄熱を避けたい用途には熱伝導率を高める必要があり、セラミックスの粒子や、電気伝導性も同時に求められる場合には金属の粒子を混ぜたりします。

高分子の熱膨張係数は通常、金属やセラミックスと比べて大きい値を取りますが、例えば高強度ポリエチレン繊維のように分子鎖を一方向へ引きそろえると、その方向には負の値を示します。

要点BOX

- 高分子は、金属、セラミックスより熱伝導率が低く、熱膨張係数が大きい
- 高強度高分子繊維の繊維軸方向の熱膨張係数は負

高分子(絶縁体)の熱伝導を貨物の輸送に例えると

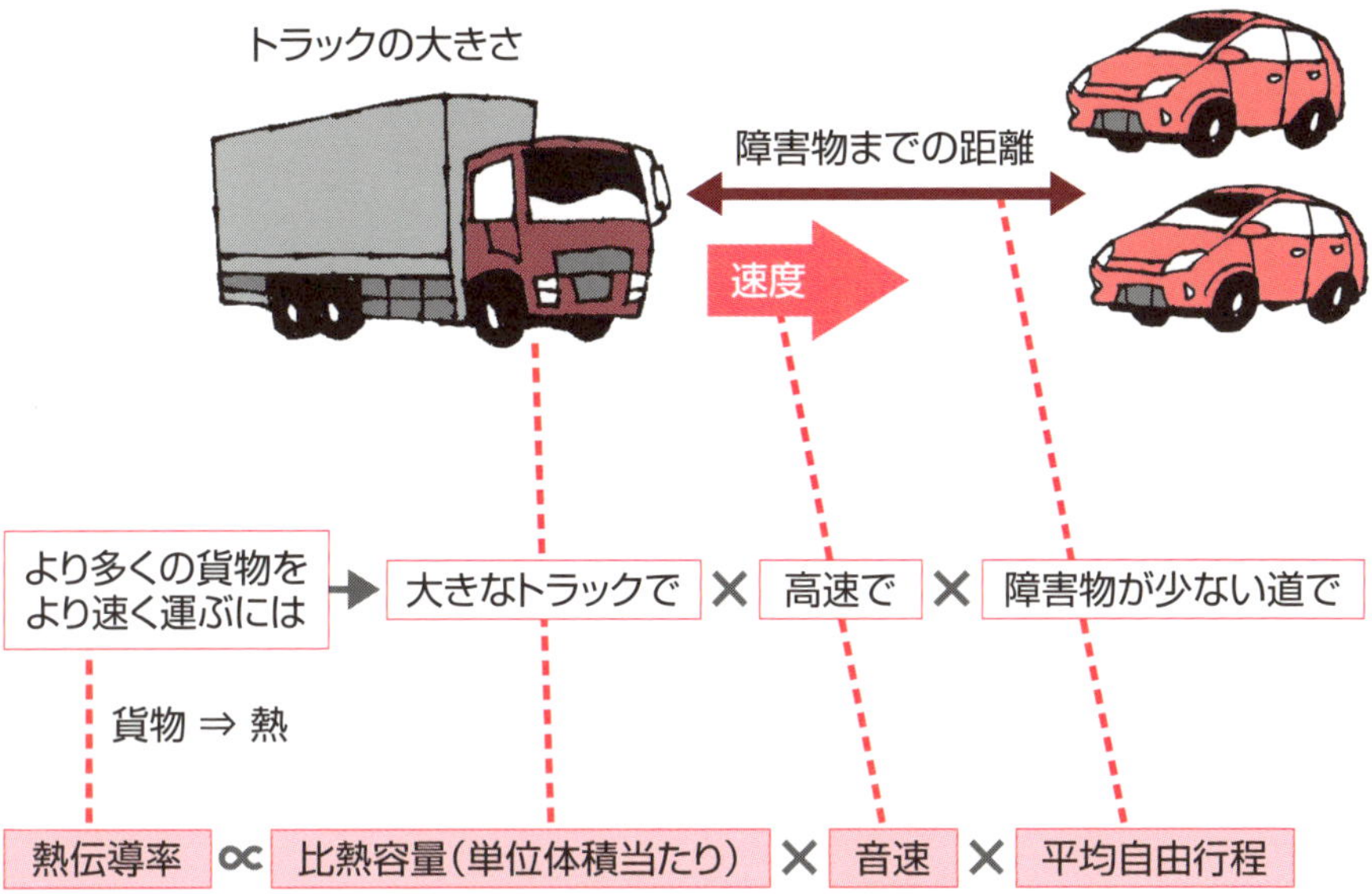

加熱による高分子の寸法変化

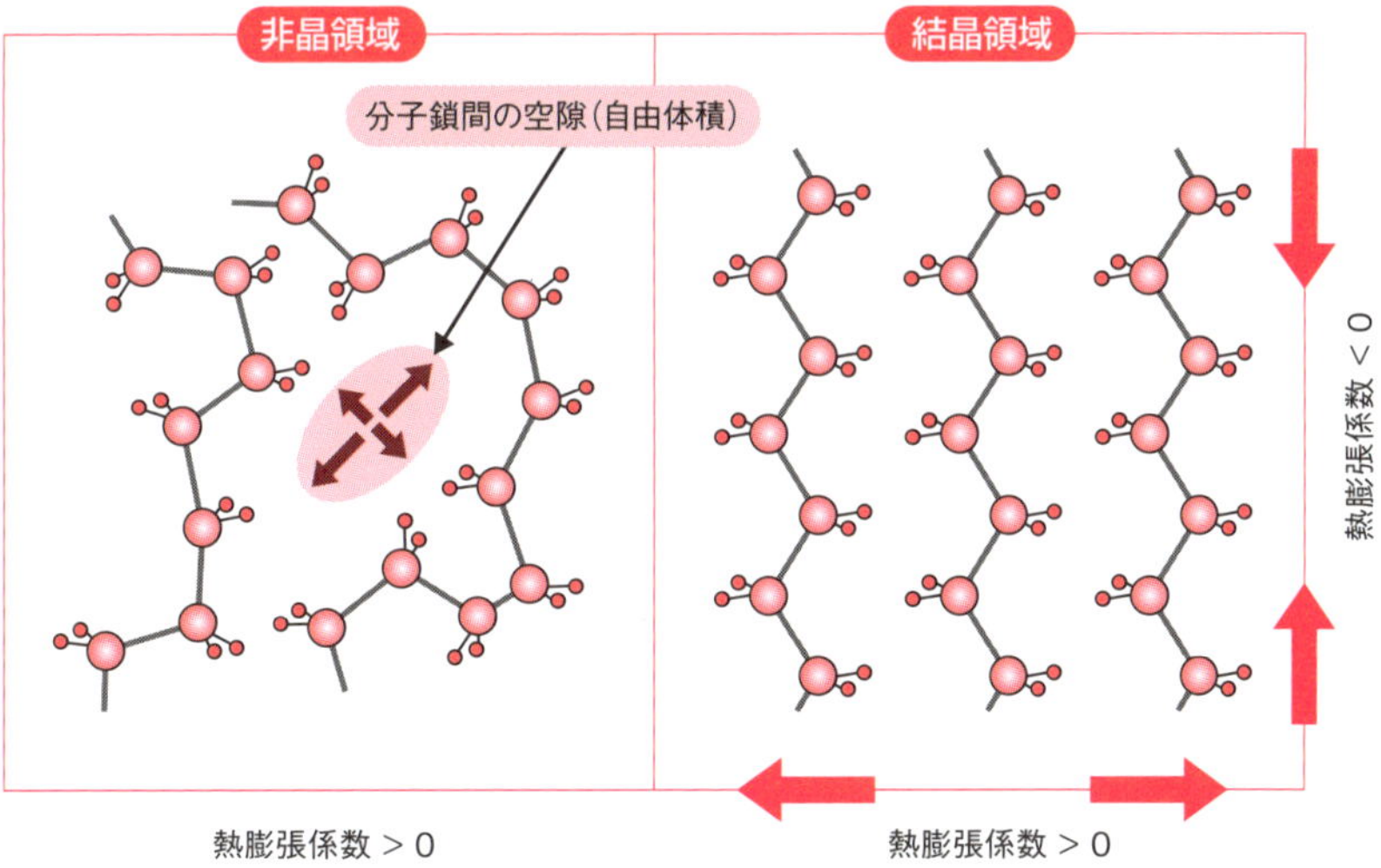

34 高分子の燃焼性

燃えやすい高分子を燃えにくくさせる

高分子は身近な多くの製品に使われていることから、燃えると火事の発生など大変なことになります。しかし、多くの高分子は炭素や水素、酸素などの元素からなっているため燃焼しやすい材料です。安全のためにその不燃化・難燃化が重要な課題となります。

難燃性にはいくつかの規格がありますが、実際に燃焼試験を行って測定されています。高分子の燃焼の機構として、高分子のまま燃焼するのではなく熱分解によって揮発物質が発生し、その気体が酸化反応を起こし、それが継続することによって燃焼が起こると考えられます。

難燃性を有する高分子もあります。ハロゲンと呼ばれるフッ素、塩素、臭素などの元素は、生成するガスが不燃性であり、酸素の遮断効果などから燃焼の連鎖反応を止めるので、その継続を遮断します。例えば、塩素を含むポリ塩化ビニルは、燃焼持続のために必要とされる酸素濃度（酸素指数）が極めて高く、燃焼による放熱量も極めて小さいため、発火や着火することはほとんどありません。それゆえ、壁紙、電気コードといった多くの家庭用品や、バスなどの乗り物のカーテン布地などの燃えては困るところの多くに使われました。ハロゲンを含まない高分子でも難燃性が比較的高いものがあります。フェノール樹脂やポリカーボネートにはベンゼン環が多く含まれていることから、炎が当たると温度が高い部分の表面が炭化し、内部が燃えるのを抑制します（自己消火性）。

燃えやすい高分子には難燃剤を加えます。水酸化マグネシウムなどの水和金属系化合物では、脱水時の吸熱反応による冷却効果、生成水による燃焼ガスの希釈効果などにより難燃化します。しかし、高分子に大量に加えると他の物性の低下が問題となります。有機系難燃剤として臭素系化合物などがあります。これにアンチモン化合物などの無機系難燃助剤を混ぜたりすることで高い難燃性を付与しています。

要点BOX

- ハロゲンを含む高分子やベンゼン環が多く含まれる高分子は燃えにくい
- 燃えやすい高分子には難燃剤が加えられる

プラスチックの燃焼

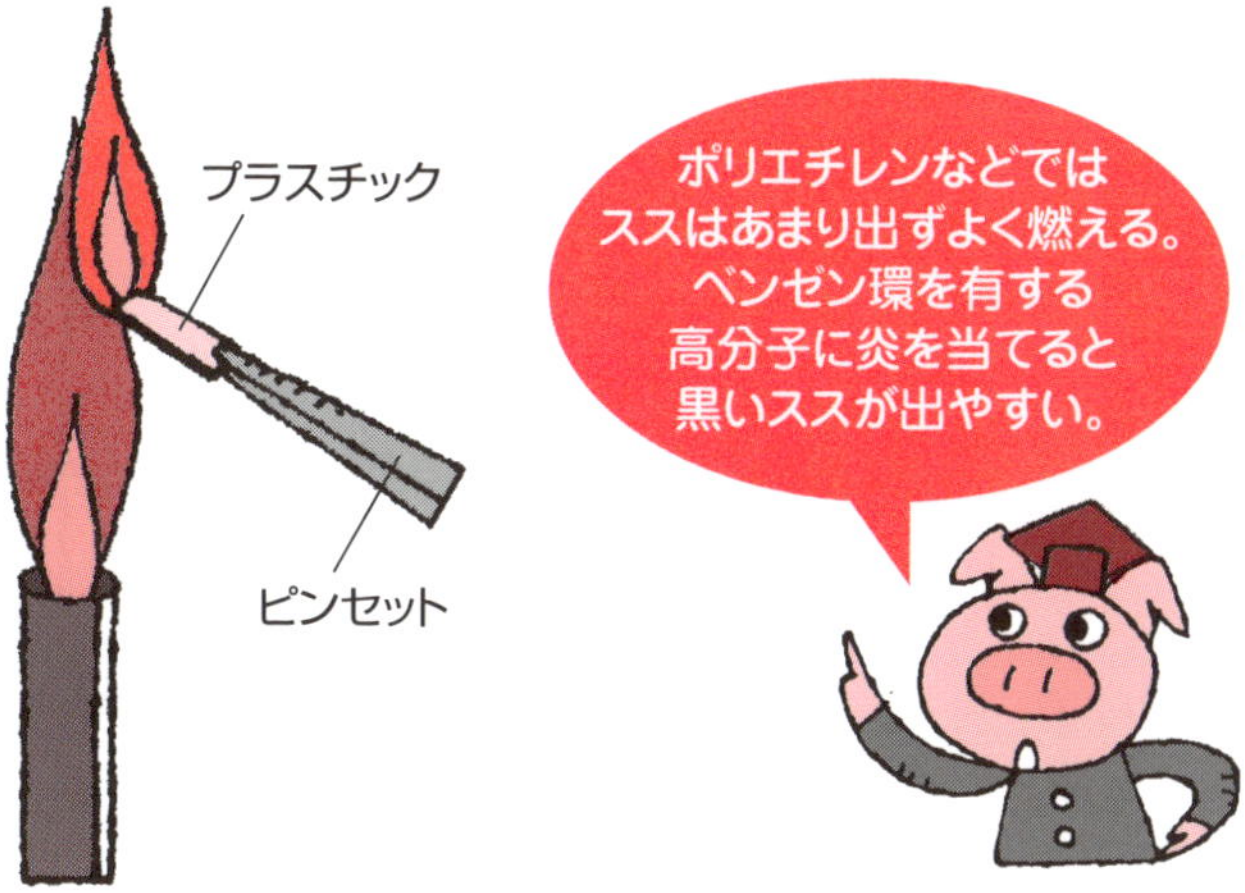

家庭におけるポリ塩化ビニル製品

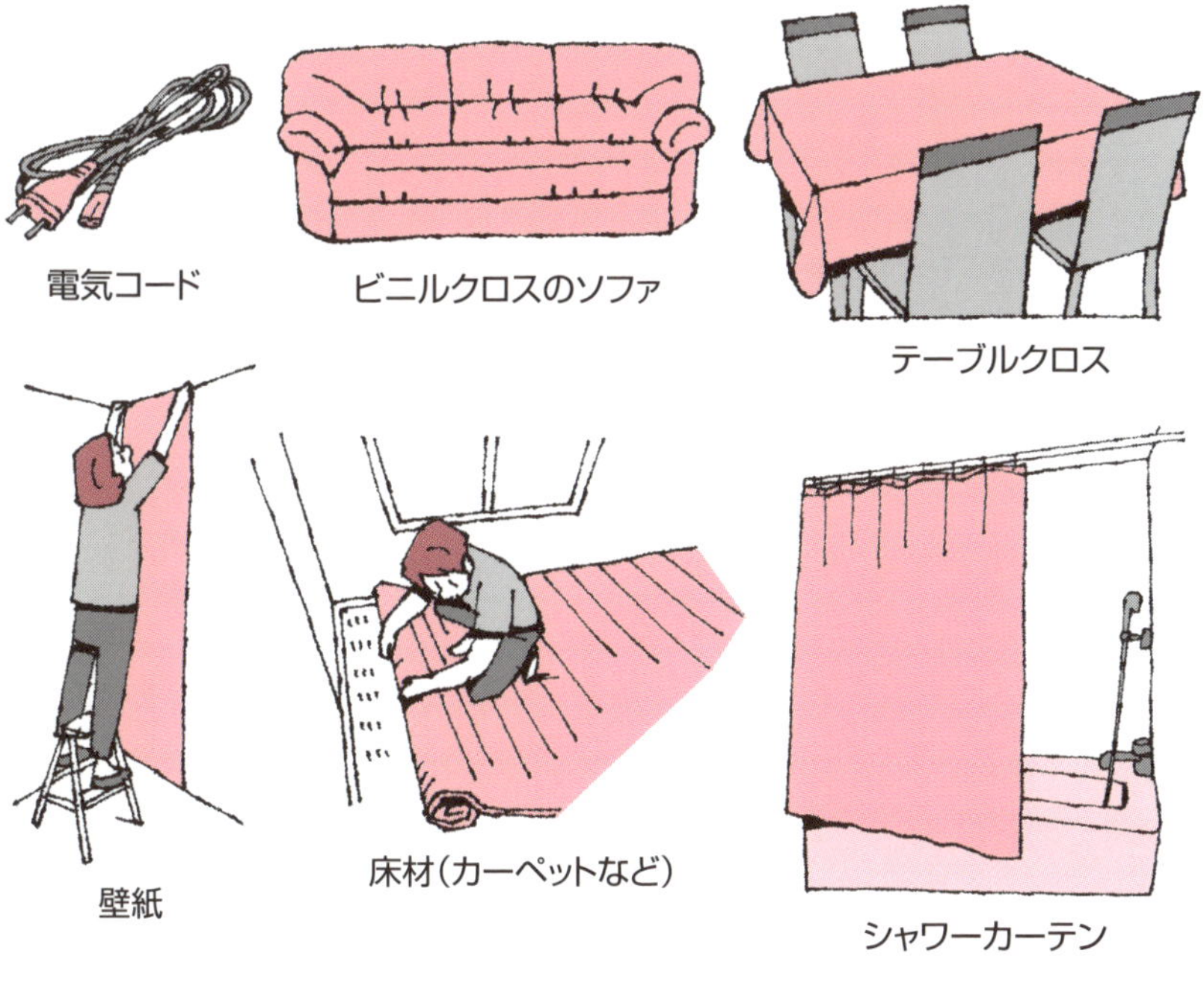

35 高分子の機械的特性①

成形条件により強度・靭性は大きく異なる

一概に材料の丈夫さと言っても、変形しにくさは弾性率や剛性率、壊れ難さは強度、どこまで延びるかは破断伸度という具合に様々な量が用いられます。これらの機械的特性は、全く同じ高分子であっても成形条件や試料の厚さ、温度、変形速度などによって大きく変化します。

亀裂が入った材料を引っ張ったときに破断する応力（単位面積当たりの力）は、亀裂が大きくなるにつれて著しく低下します。亀裂の影響が大きいことは、醤油やワサビの小袋を開けるときに切り口が見つからないと一苦労することからもわかります。亀裂に対する丈夫さは破壊靭性によって表されます。

左頁の上の図に示した材料Aは材料Bに比べて引張強度（単位断面積当たりに吊るせる荷重）は高いが破壊靭性が低く、使用中に傷が入ると突然壊れる危険性があるので、Bの方が安全な材料です。

破壊靭性が比較的低い高分子はエポキシ樹脂やポリスチレンで、比較的高いものはポリカーボネートやナイロンです。

高分子は金属やセラミックスに比べると壊れやすいイメージがあります。ところが、分子鎖を一方向に引きそろえると非常に強い材料になります。例えばレジ袋に用いられるポリエチレンは、分子鎖を非常に長くして一方向に引きそろえると大型タンカーの係留ロープにも用いられるほど強い繊維になります。

高分子は金属やセラミックスに比べて密度が低く、飛行機のように強いだけではなく軽さも求められる用途には極めて有利です。引張強度を比重量（単位体積当たりの重量）で割った値は「比強度」と呼ばれ、強くて軽いことの指標です。この値は長さの単位をもち、材料の一端を引き上げて行ったときに自重で切れずに吊り下げられる限界の長さでもあります。鉄の比強度は40㎞程度ですが、高強度ポリエチレン繊維では360㎞に達します。

要点BOX

- ●分子鎖を一方向に引きそろえると高分子は非常に強い材料になる
- ●強くて軽い材料として鉄を超える高分子もある

亀裂サイズと破断する応力の関係

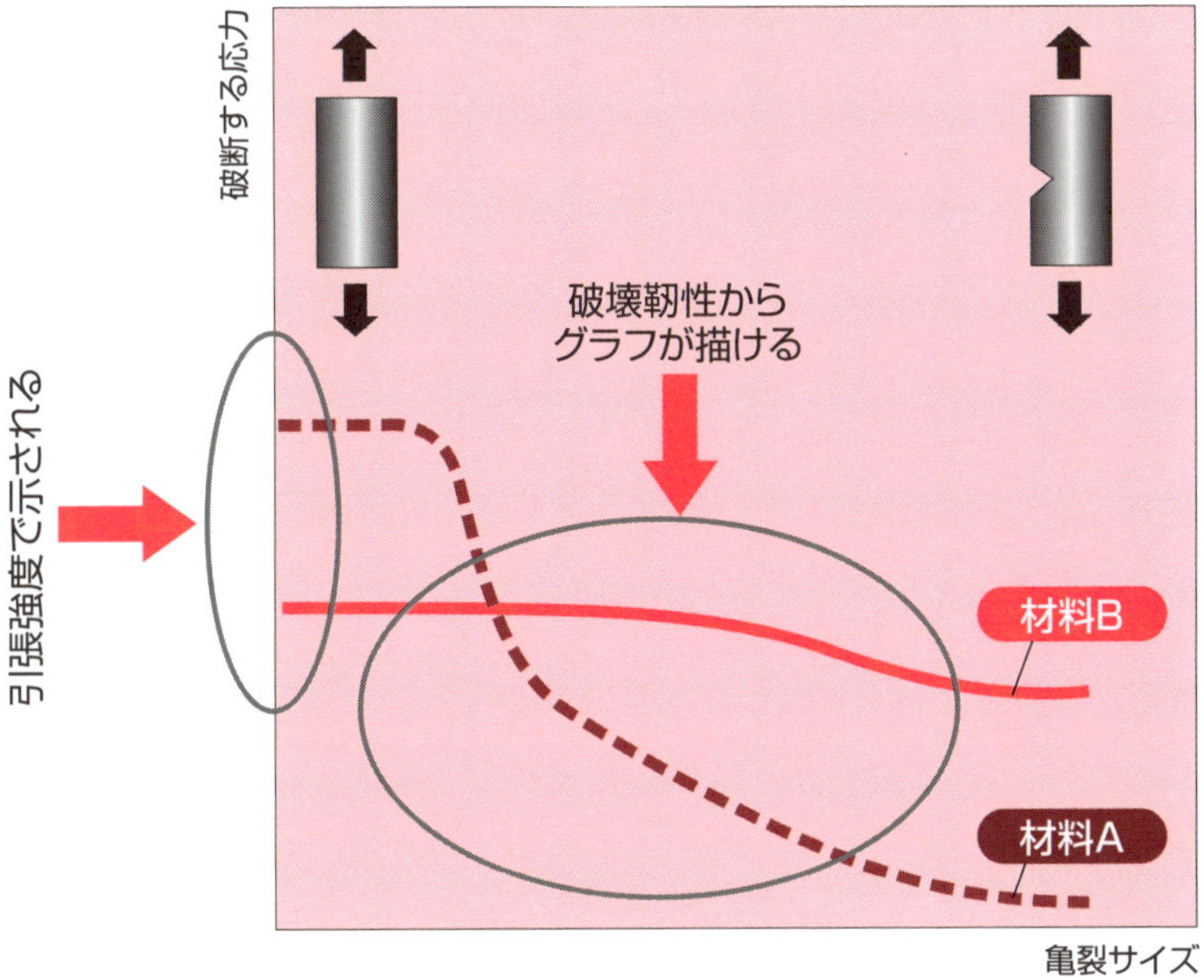

引張強度と比強度

引張強度

＝単位断面積当たりに
吊るせる荷重

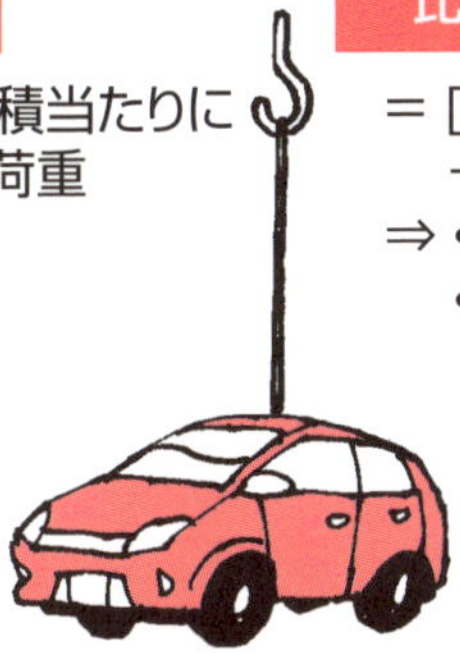

比強度

＝[引張強度(N/m^2)]
÷[比重量(kg/m^3)]
⇒・強くて軽いと大きい
・自重で切れずに引き
上げられる長さ
(比強度を重力加速度でわった値)

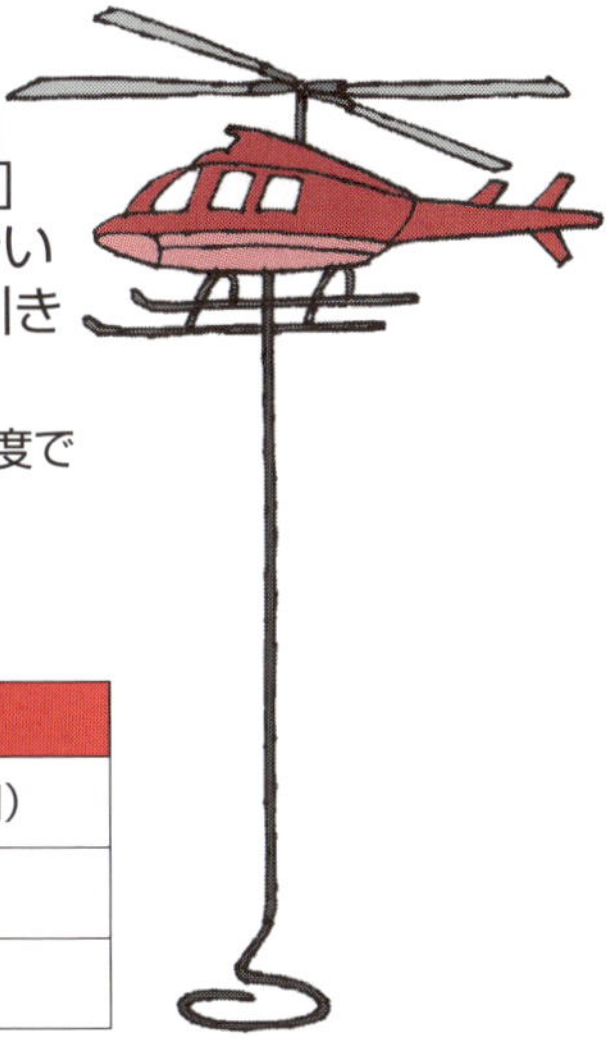

各種材料の比強度	
鉄(ピアノ線)	40 km(東京～新横浜・小田原間)
ナイロン繊維	92 km(東京～熱海)
高強度ポリエチレン繊維	370 km(東京～名古屋)

36 高分子の機械的特性②

摩擦力・摩耗は必要な場合、減らしたい場合がある

摩耗や摩擦力は材料を利用する上で問題になる場合もあれば必要な場合もあります。例えば靴底は摩耗してほしくありませんが、鉛筆で字を書くときも消しゴムで字を消すときも摩耗を利用しています。また、自動車の燃費を上げるためには摩擦力が小さいことが好ましいですが、タイヤと路面の間に摩擦力が働かないと自動車を発進することも停止することもできません。

高分子の摩耗にはいくつかの異なる機構があります。プラスチックを平滑な面に対して滑らせたときに、相手面にプラスチックの薄膜が付着して摩耗する場合がありますが、これを「凝着摩耗」と呼びます。また、高分子をサンドペーパーでこすったり、接触面に空中の砂粒が入った状態でこすった場合には、「アブレシブ摩耗」と呼ばれる激しい摩耗が生じます（すり減ることをabrasionといいます）。

プラスチックのアブレシブ摩耗に関しては、引張強度と破断伸度の積、つまり引っ張って破断させるために必要なエネルギーが大きいほど摩耗し難い傾向にあります。

ゴムのアブレシブ摩耗はプラスチックとは異なる特徴的な挙動を示します。固体の表面を研摩すると通常は鏡面に近づきますが、ゴムの場合には研摩方向と垂直に延びた縞状の「アブレージョンパターン」と呼ばれる模様が形成され、研摩を続けてもある大きさの凹凸が残ります。ゴムにカーボンブラックを混ぜると摩耗し難くなります。

プラスチックの摩擦係数（滑らせる力を面に押し付ける力で割った値）は、結晶化しているものがそうでないものに比べて低い値を示す傾向にあります。摩擦係数をさらに下げるために、異なる種類の高分子や潤滑剤を混ぜたり、表面に被膜を作るなどの方法が用いられます。ゴムの摩擦係数は粘弾性と関係があり、温度や滑らせる速度によって大きく変化します。

要点BOX

- 摩耗の機構には凝着摩耗、アブレシブ摩耗などがある
- ゴムの摩擦係数は滑らせる速度で変化する

様々なプラスチックの耐摩耗性

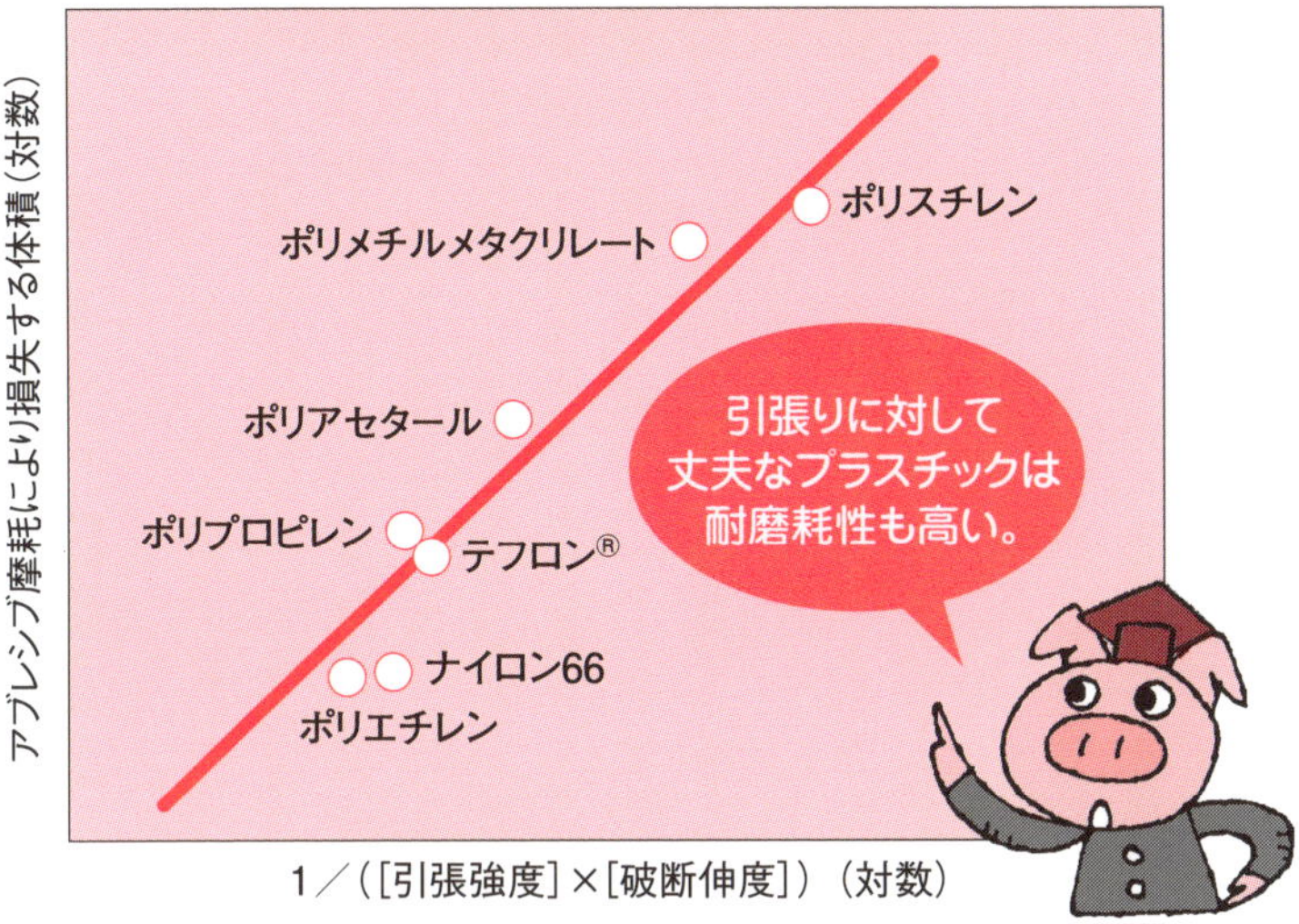

縦軸は［損失する体積］を［滑らせた距離］と［押し付ける力］で割った値。
[J.K.Lancaster, Wear, Vol.14, p.223（1969）]

ゴムを様々な面に対して滑らせたときの摩擦係数

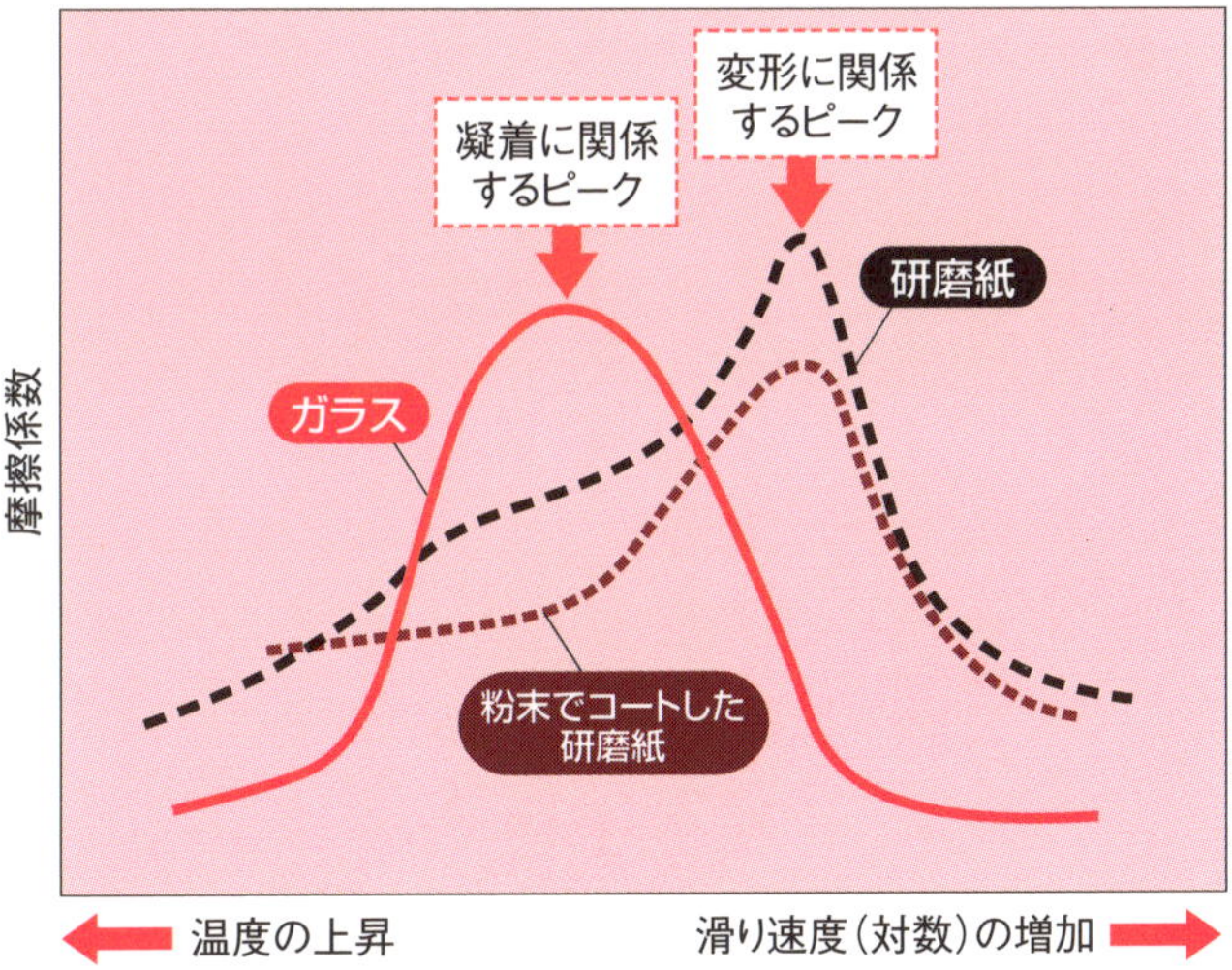

研磨紙を粉末でコートすると凝着が抑制される。凝着に関係するピークは、ゴムの分子が相手面にくっつき、引っ張られ、はがれる時の粘弾性挙動を反映する。変形に関係するピークは、相手面の凹凸によって変形を受けた時の粘弾性挙動を反映する。
[K. A. Grosch, Proc. Roy. Soc., Vol.274, p.21（1963）]

37 高分子のレオロジー特性

弾性体にも液体にも見える粘弾性体

物質を変形するときに必要な力は、ばねのような弾性体では変形量に比例し、水のような液体では変形の速さに比例します。これに対して多くの高分子は、変形を開始してからの時間や変形の速さに応じて弾性体にも液体にも見える挙動（粘弾性）を示します。例えば典型的な粘弾性体である玩具のスライムは、床に落として瞬間的な変形を与えるとゴムまりのように跳ねますが、床の上に長い時間放置すると液体のように流れて広がります。

粘弾性体にはそれぞれ固有のタイムスケール（緩和時間）があり、これと観察するタイムスケールの長短によって弾性体にも液体にも見えるのです。

高分子の融体や溶液では、流動させる速さによって粘度が変化する挙動が見られます。流動を続けていると粘度が下がっていく性質を「チキソトロピー」といいます。例えばペンキにこの性質があると、塗っているときには粘度が下がって塗りやすく、塗り終わると粘度が上がって垂れ難いので好都合です。この挙動は変形によって液体の構造が変化するために生じます。

粘弾性体や変形によって構造が変化する物質の変形や流動を取り扱う学問分野が「レオロジー」です。高分子のレオロジー特性は高分子の成形においては極めて重要であり、製品の性能、強度、寿命にも大きく影響します。例えば、タイヤの燃費の良し悪しや、食品の歯ごたえ、コシの強さなどはレオロジー特性を直接反映します。

粘弾性体を一定の変形に保つときの力は時間と共に徐々に減少します（応力緩和）。また、粘弾性体に周期的な変形を与えたときに消費されるエネルギーは、ある周波数で最大になります。

これらの挙動は、ばね（弾性体のモデル）とダッシュポット（液体のモデル）を直列につないだ「マックスウェルモデル」と呼ばれるモデルを用いて説明することができます。

要点BOX

- 粘弾性体が弾性体に見えたり液体に見えたりするのは物質のタイムスケールの反映
- 流動速度によって粘度が変化する

溶融した熱可塑性樹脂を一定の変形に保つときの力の変化

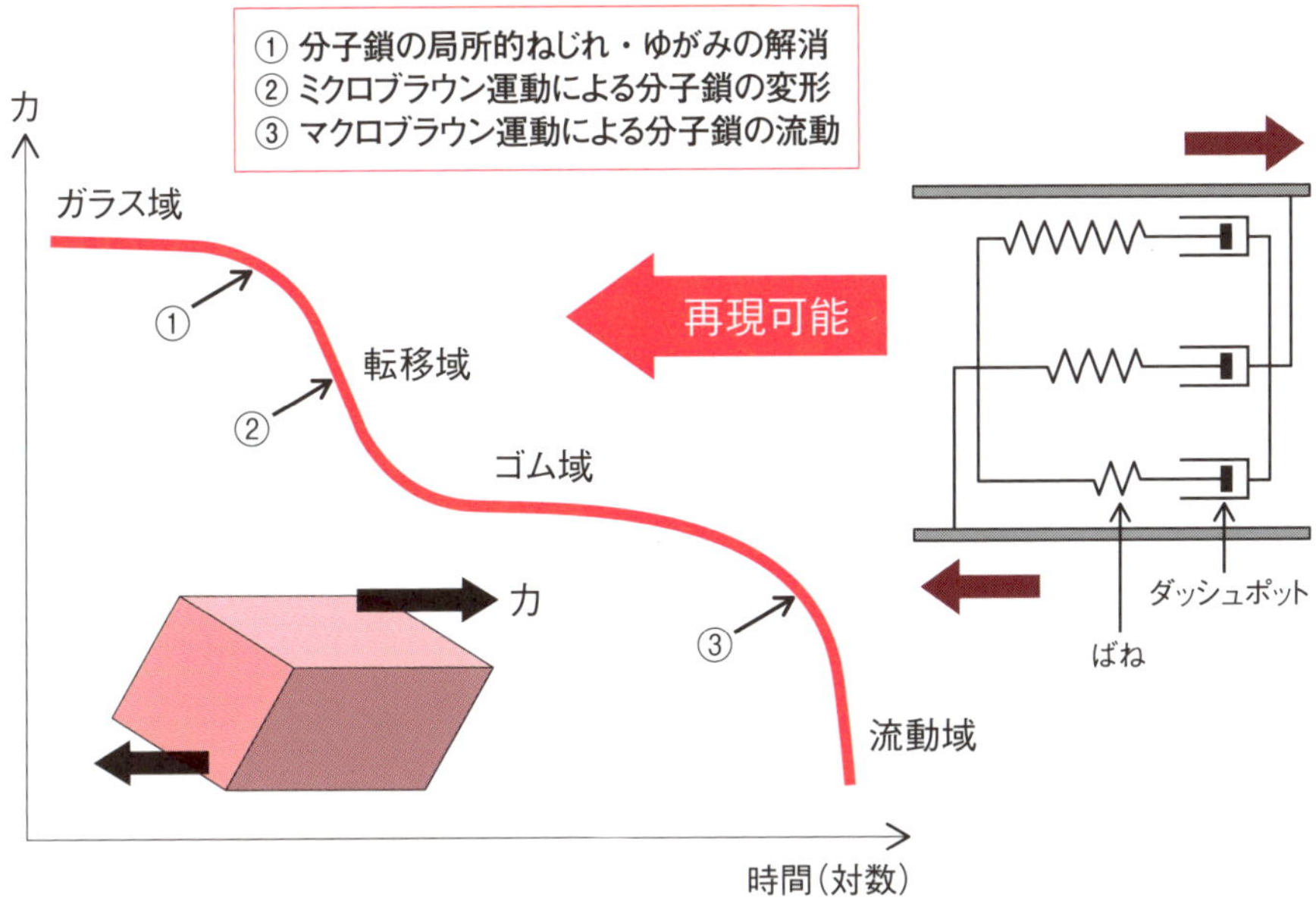

粘弾性体に与えた振動の角周波数とエネルギーのロスの関係

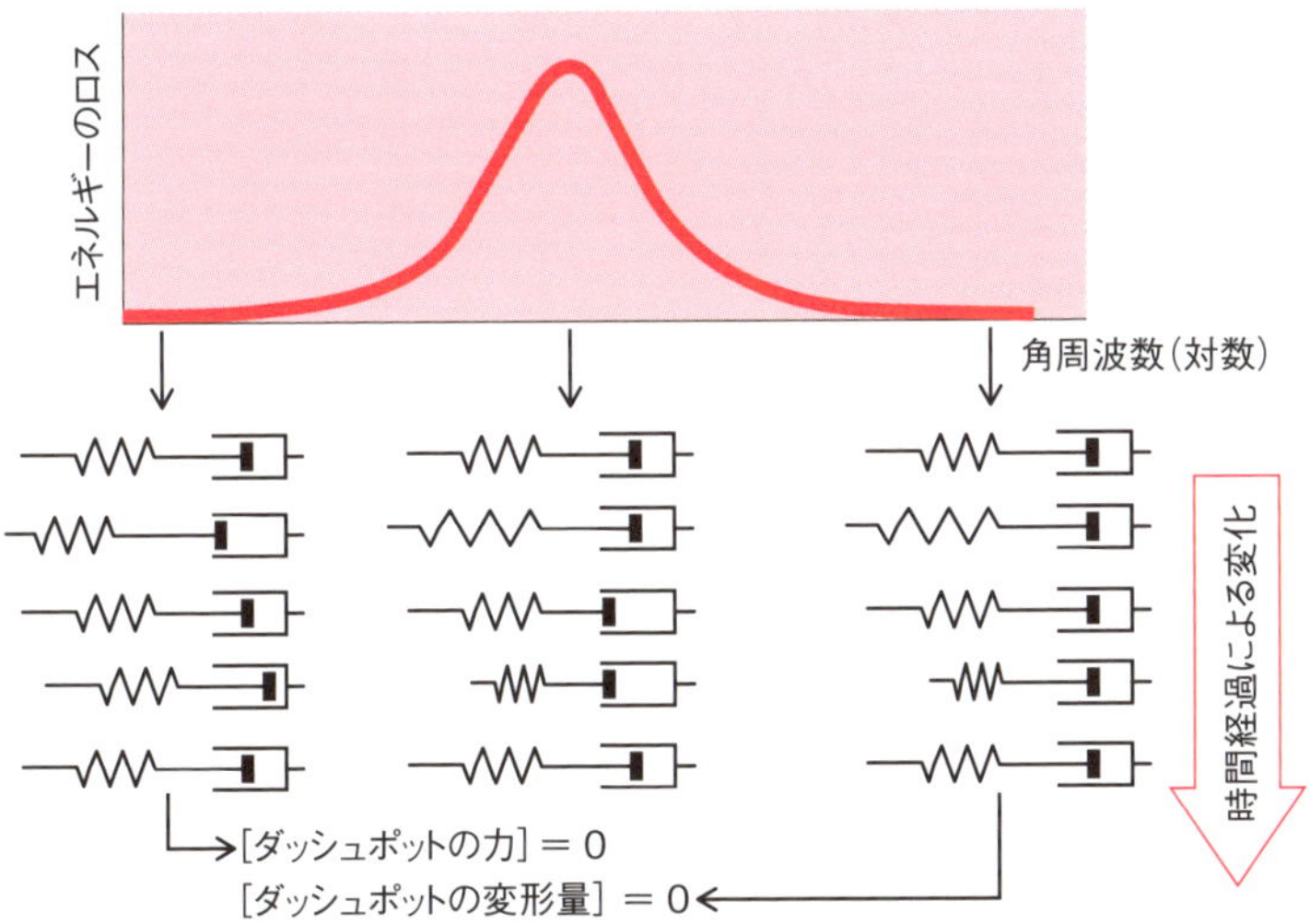

エネルギーのロスは［ダッシュポットの力］×［ダッシュポットの変形量］に比例し、角周波数が１／［緩和時間］の場合に最大になる。

38 高分子の光学特性①

透明・散乱・屈折・偏光

光学的性質には、透明性、反射、散乱、屈折、複屈折などがあります。ほとんどの高分子は可視光を吸収しないので、不透明となるのは光が散乱される場合です。太陽光などの身の回りの光はいろいろな色の光を含んでおり、これらの光が散乱されて、それらが混ざると白っぽく見えます。これがコンビニのポリ袋（ポリエチレン）が白く不透明に見える理由です。

その物質の中に光の波長と同程度の大きさで屈折率が異なるものがあると、散乱が起こるだけでなく、その界面で光の屈折や反射が起こり、入射光が広がってしまいます。ポリエチレンのような不透明な高分子は、非晶状態の中に規則的に並んだ部分（結晶）が入った構造をしていますが、非晶部分と結晶部分は密度が異なるため屈折率も異なっており、不透明となるのです。

高分子の多くは1・5前後の屈折率を示しますが、これは炭素と水素が中心となっているからです。他の元素を含むものでは、水と同じくらいの値（1・333）を示すフッ素系高分子から1・7くらいの高分子までありあます。原子屈折の高い元素を含むことによってもっと大きな値を取らせることも可能です。

太陽光は360度全ての方向に振動する光が集まっています。これに対して一方向にのみ振動する光を「偏光」といいます。偏光を取り出すには偏光板を使います。一般的なものは、ポリビニルアルコールのフィルムにヨウ素分子を分散させて一方向に引っ張ることによって作られています。一方向に並んだヨウ素分子は、その方向に振動する光を吸収するため、それと垂直方向に振動する光のみを透過させます。

雪や海の表面から反射してくる光は偏光している成分が多いため、スキーや釣りの時には偏光板を使ったサングラスを用いてそれを遮ってやることで反射光のぎらつきをなくし見やすくしています。液晶ディスプレイも偏光板と液晶で光の透過を制御しています。

要点BOX

- ●白くて不透明なフィルムの多くは結晶によって光が散乱
- ●高分子の多くは屈折率が1.5前後
- ●偏光は一方向にのみ振動する光

光の散乱と透過

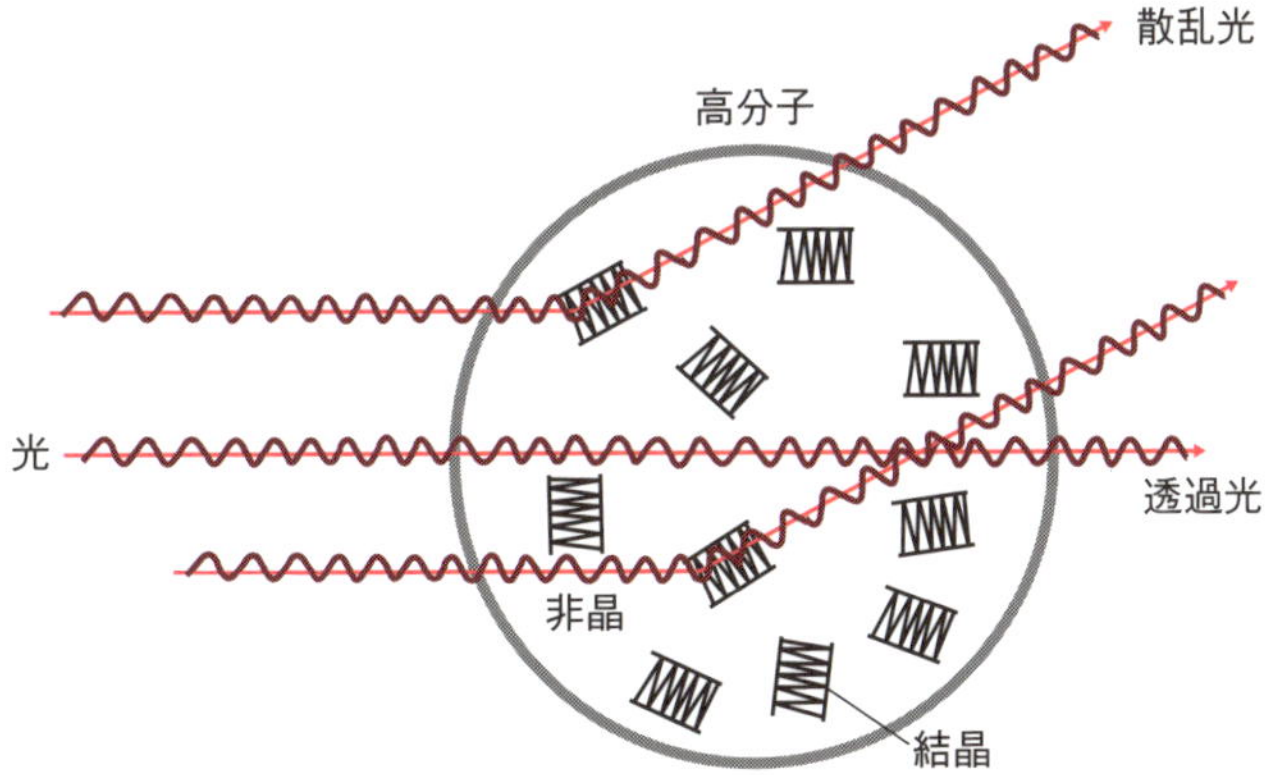

偏光板

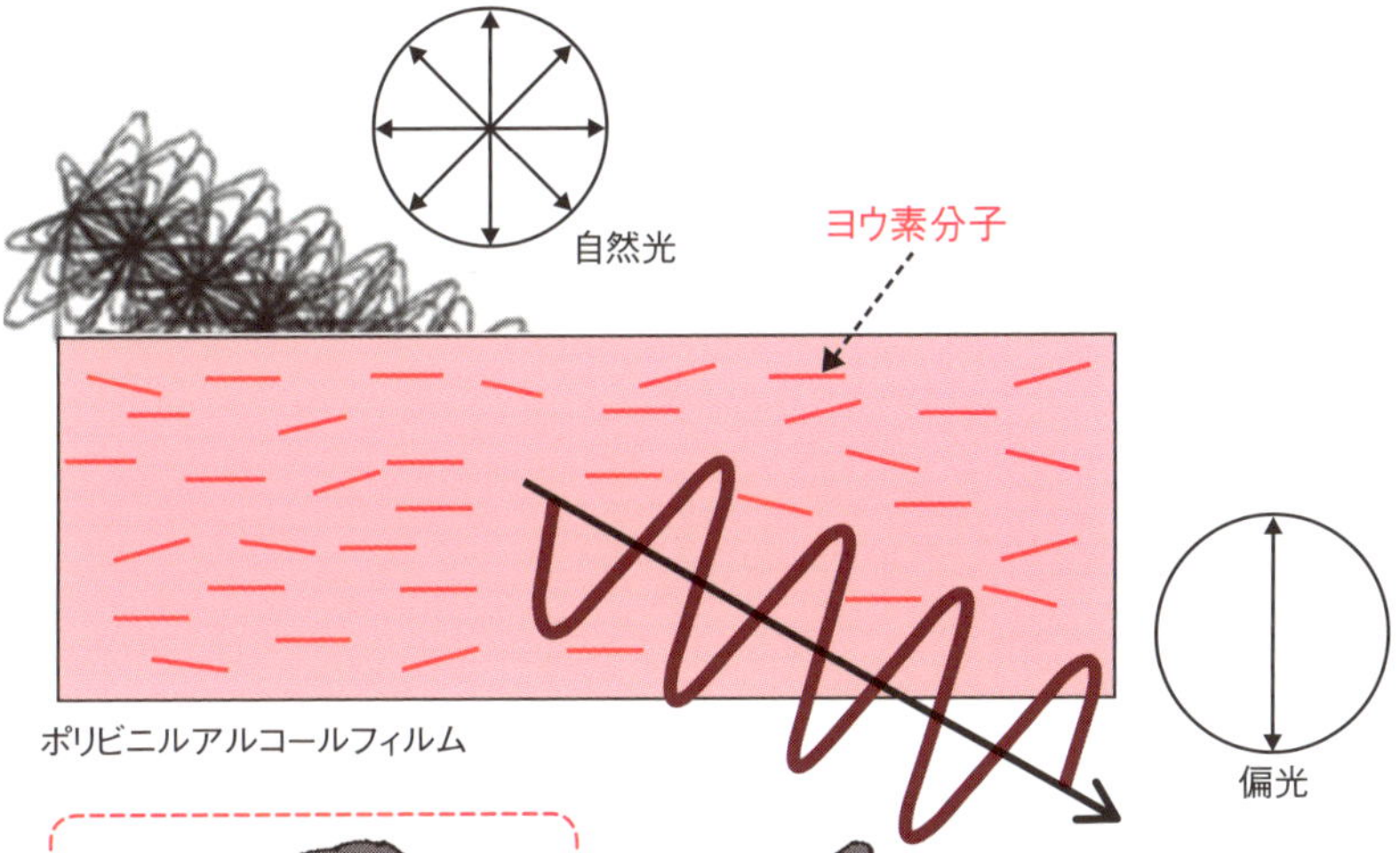

偏光サングラス

39 高分子の光学特性②

分子鎖の方向によって屈折率は異なる

高分子は細長い分子鎖であることを示しました。図のように原子がつながっている主鎖方向には原子の密度が高く、それに垂直方向では分子間に隙間があり小さくなります。密度が高い方向に振動する光は影響を受け進む速度が遅くなり、小さい方向ではあまり影響を受けないためそれほど変化しません。屈折率は真空での光の速度をその物質中での値で割ったものなので、方向によって異なることになります。この2方向の屈折率の差を「複屈折」といいます。普通、高分子の鎖は糸まり状をしているため、どの方向に対しても原子の密度は同じになることから複屈折は0です。しかし、分子鎖を引張り並べると、複屈折が生じます。複屈折は高分子によって、そして分子鎖の並び具合（配向度）によって異なる値となります。

CDやDVDケースを2枚の偏光板を挟んで見ると、あざやかな色の模様が見えます。これは、ケースを射出成形によって作製する際、1つの穴から溶けたプラスチックを流し込み、流れの方向に高分子鎖が並び複屈折を生じるからです。

プラスチック製のカメラレンズでは、この複屈折が収差（レンズを通して像を映す時に発生する色づきや、像にボケやゆがみを生じること）の原因になるので、それをなくすことが求められます。

これに対して、複屈折を積極的に利用している場合があります。液晶ディスプレイに用いられる液晶分子は棒状の形をしているので大きな複屈折を示します。液晶分子を真上から見た場合と斜めから見るのとでは、その複屈折の値が異なります。真上方向に来る偏光を偏光板で遮ったとしても、斜め方向では完全に遮れず、光が漏れてしまうことにより画像の見え方が違ってしまいます。どの方向から見ても同じように画像が見えるには、どの方向にも複屈折の値を同じにする必要があります。そのため複屈折を中和するための位相差板を用いて、きれいな表示にしています。

要点BOX
- ●複屈折は屈折率の異方性
- ●高分子は並ぶと複屈折が生じる
- ●複屈折を制御して光を制御

分子鎖の方向と屈折率

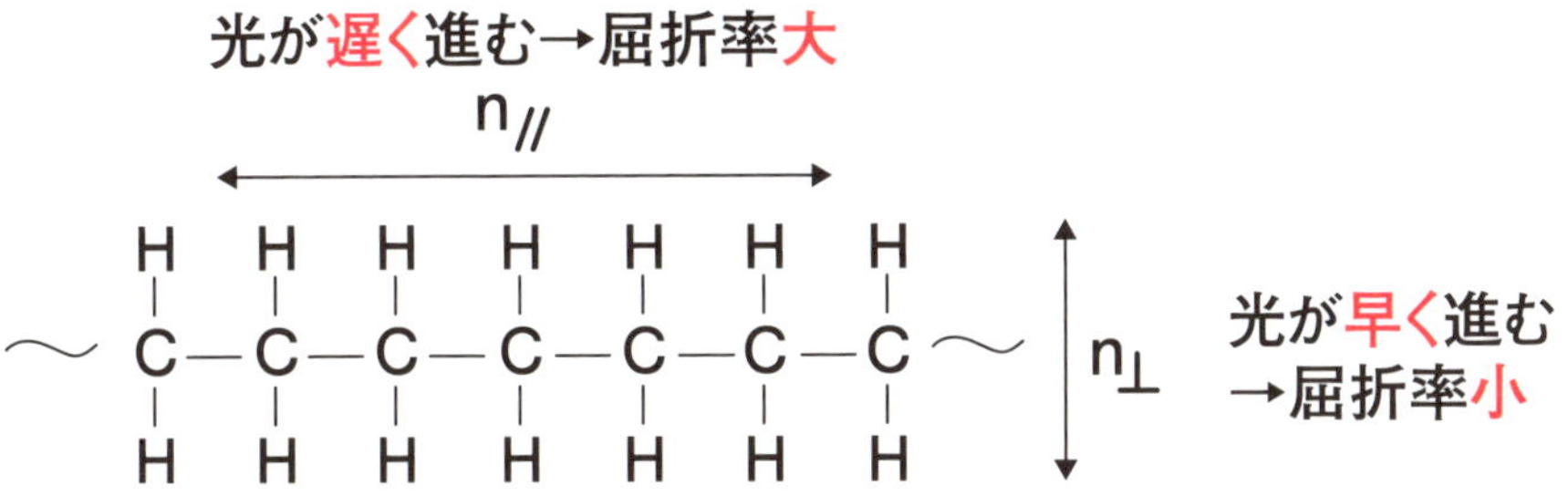

溶融状態における分子鎖の構造と屈折率の等方性（$\Delta n=0$）

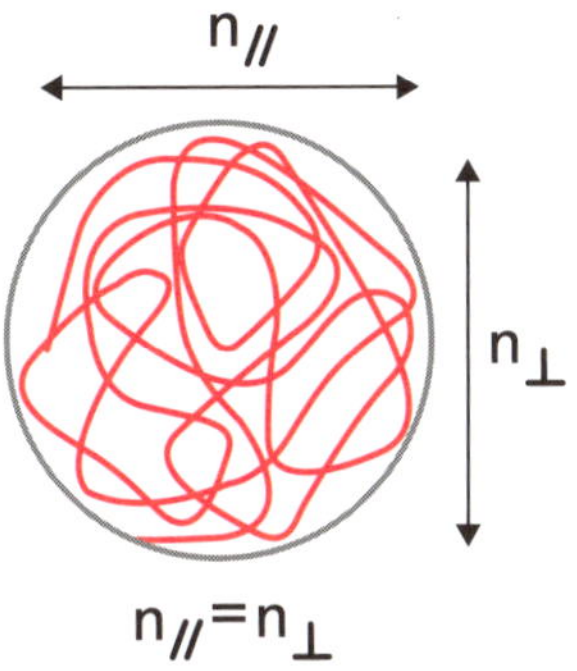

液晶分子の一例

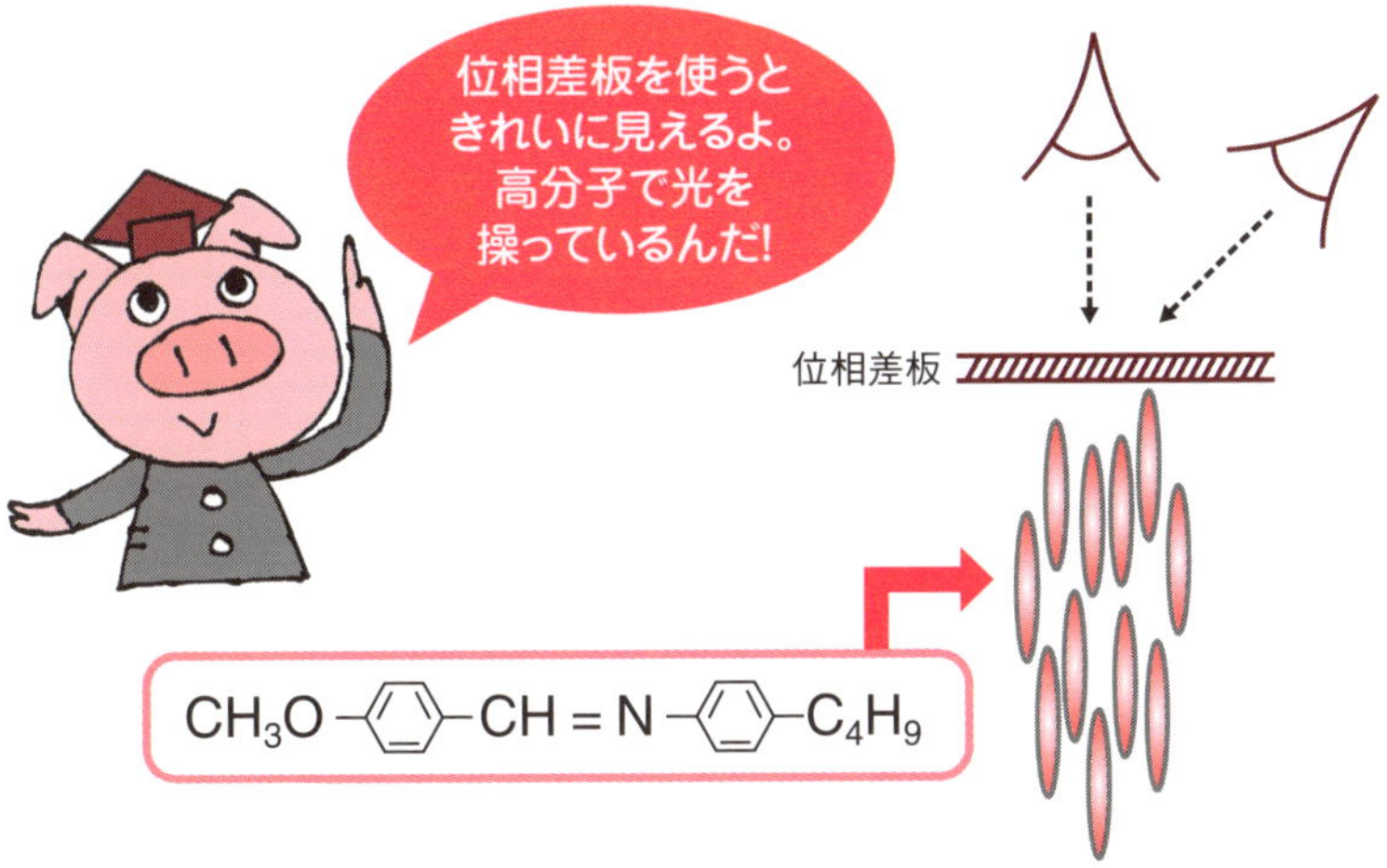

40 紫外光に化学反応する感光性高分子

UV硬化塗料、フォトレジスト

光、特に紫外光（UV）照射による化学反応で溶媒に不溶になったり分解したりする高分子のことを「感光性高分子」と呼んでいます。感光性高分子の代表的なものは、UV硬化塗料と半導体用のフォトレジストです。

UV硬化塗料は、液体のアクリレート系モノマーとオリゴマー（モノマーが重合して二、三量体の低分子量体になったもの）および光重合開始剤を混合したもので、無溶媒であるのが大きな特徴です。無溶媒であるので、基材にこの塗料を塗った後、紫外光を照射するだけで強固な塗膜となります。したがって工程が簡単であり、環境的にもクリーンな塗料です。

フォトレジストは半導体製造工程で使われる材料で、「フォト（光）」と「レジスト（耐える）」の造語です。すなわち、光で加工でき、エッチング工程に耐えるという意味です。LSIに使用される半導体素子はフォトレジストを使って回路が描かれます。その工程は、

①シリコンウェハにフォトレジスト剤を薄く塗布する
②回路が描かれたフォトマスクを通してUV光を照射する
③現像液で光の当たったところを溶かす（ポジ型）または残す（ネガ型）ことにより回路を描く
④酸素プラズマ処理によりフォトレジストで覆われていないシリコン基板を加工する（このとき、フォトレジストは侵されない）
⑤フォトレジストを剥離する

というものです。

ここで描かれる線幅は半導体素子の処理能力や記憶容量に直接関係します。これは年々細くなり、2000年頃は線幅が100㎚くらいでしたが、2015年時点で10㎚に迫ろうとしています。デスクトップコンピューターより優れた機能をもつ手の平サイズのスマートフォンが登場してくる裏には、半導体素子のこのような技術開発があります。

要点BOX

- ●UV硬化塗料は環境にやさしい
- ●フォトレジストはコンピュータ小型化の立役者となった

UV塗装

フォトレジストを使用した半導体素子への描画

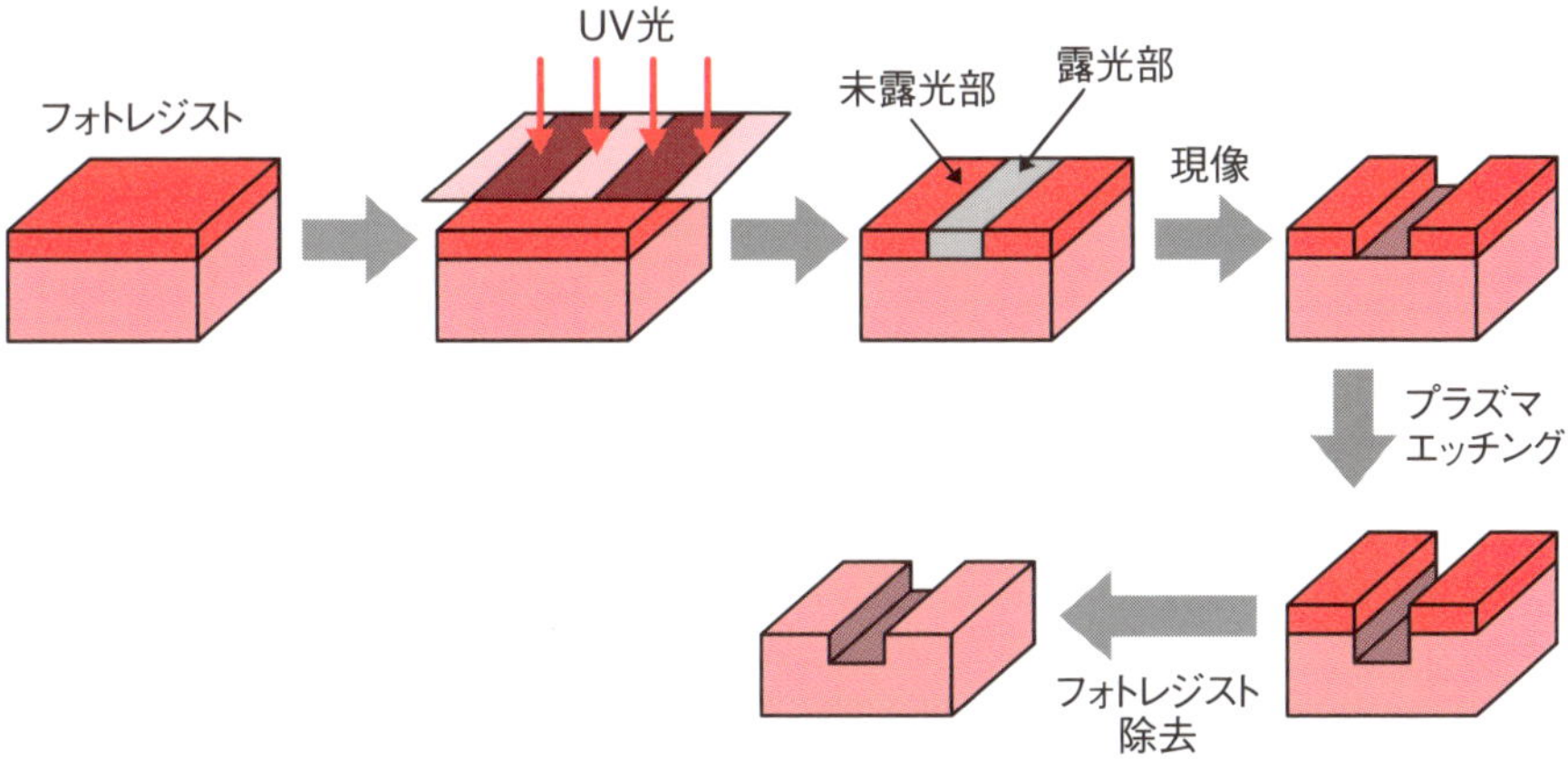

41 高分子の電気特性

基本的に電気が流れにくく帯電しやすい

物質はその中を動ける電荷が多いか少ないかによって、電気を流す「導体」、流さない「絶縁体」、それらの中間的な「半導体」に分類されます。金属はその中を電子が自由に動けるので導体です。一方、共有結合で結ばれたプラスチックは電子が自由に動けないので絶縁体です。

そもそも最初のプラスチックの開発目標は電気絶縁体を得ることで、その結果、フェノール樹脂が誕生しました。その後、様々なプラスチックが開発され、ヨウ素を作用させたポリアセチレンのように電気を流すものも登場しました。

絶縁体に直流電圧を掛けても連続的に電気が流れることはありませんが、電圧を掛けた瞬間には分子内の電荷の偏り（双極子）の向きが変化することなどにより電荷が移動して、一瞬電気が流れます。これを「誘電分極」といい、絶縁体のことを「誘電体」とも呼びます。誘電分極の起こりやすさは誘電率によって表されます。

電圧の方向が周期的に入れ代わる交流電圧を誘電体に掛けると、分子内の電荷の偏りの向きが周期的に変わって電荷が行ったり来たりするために交流の電流が流れ続けます。このとき、分子の回転に対する摩擦抵抗などによって発熱が起こり、エネルギーのロスが生じます。

誘電率は物質の種類だけではなく周波数によっても変化しますが、誘電率が高いほど、また誘電率が同じであれば周波数が高いほど発熱が多くなります。発熱やエネルギーのロスを少なくするために高周波の用途には誘電率が低いプラスチックが用いられます。

「帯電」は、2つの物体が接触したり擦れたときに一方から他方に電荷が移動する現象です。電気が流れ難い高分子は帯電しやすい物質でもあります。帯電しやすいと空気中のゴミが吸着して汚れるため、帯電を防止するための工夫がなされます。

要点BOX
- ●共有結合で結ばれた高分子は基本的に電気を通さない絶縁体
- ●高周波用途には低誘電率が重要

導体と誘電体（絶縁体）

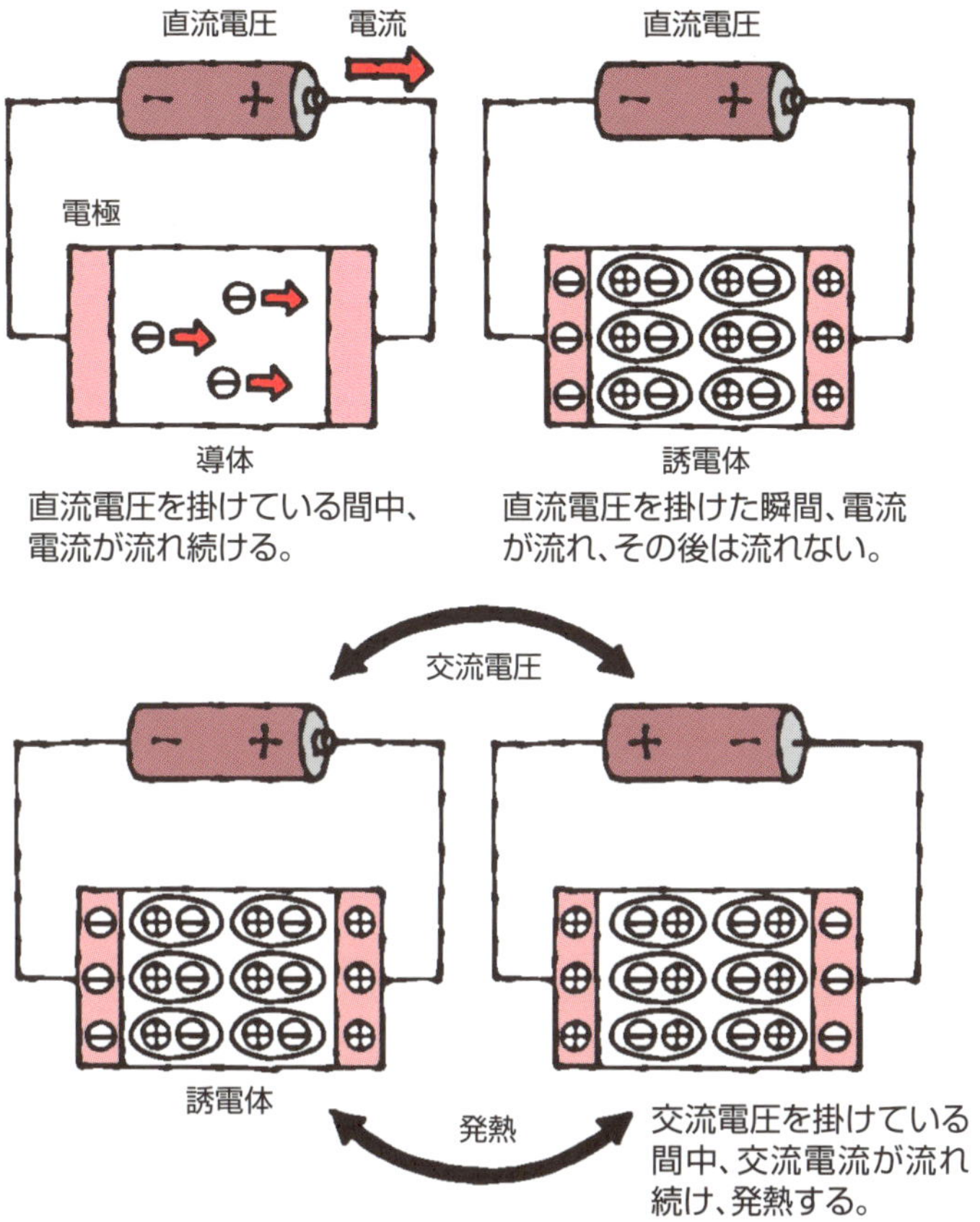
直流電圧
電流
直流電圧
電極
導体
直流電圧を掛けている間中、電流が流れ続ける。
誘電体
直流電圧を掛けた瞬間、電流が流れ、その後は流れない。
交流電圧
誘電体
発熱
交流電圧を掛けている間中、交流電流が流れ続け、発熱する。

絶縁体の高分子で出来たテーブルタップと回路基板

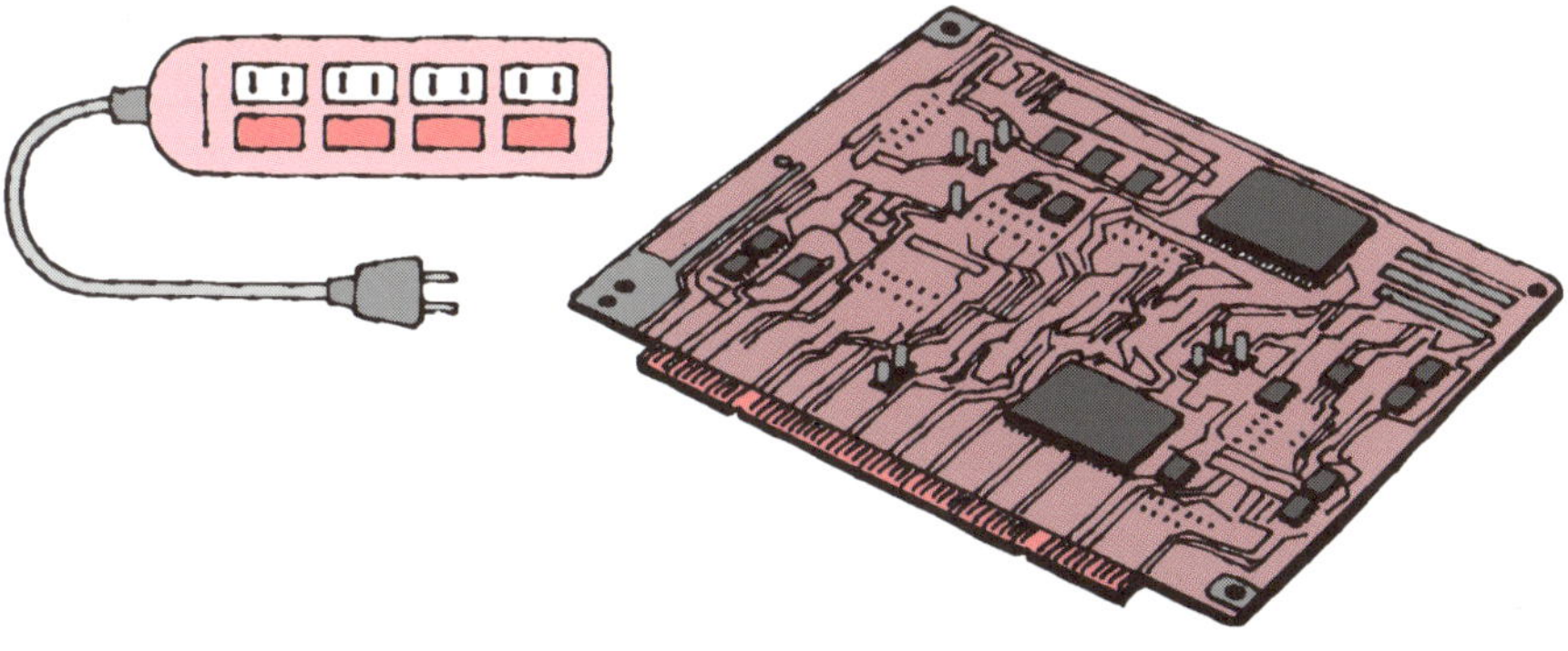

42 高分子の表面特性

フッ素樹脂になぜ食材がこびりつきにくいのか

フッ素樹脂で表面がコートされたフライパンは、食材がこびりつきにくいので広く使われています。それは、この樹脂の表面特性が関わっています。

フッ素樹脂の代表であるポリトラフルオロエチレン（PTFE：「テフロン」というのは開発元であるデュポン社の商標登録名です）は、コンビニ袋の原料であるポリエチレンのすべての水素（H）をフッ素（F）に代えたものです。フッ素原子の半径は水素の次に小さく、C−F結合はC−H結合の次に短くて結合を切るためには大きなエネルギーが必要です。C−F結合は短いので大変コンパクトな（引き締まった）分子鎖のため、2つのPTFE分子の間に働く力（分子間力）は大変小さく、分子の凝集エネルギーが低いのが特徴です。

この分子の表面張力を考えてみましょう。分子は互いに引き合っています。たくさんの分子の中にある1つの分子は、その周りの分子から引力的な相互作用を受けていますが、どの方向からも均一に受けているので、見かけ上、力を受けていません。これに対して、表面の分子は周りの分子のうちほぼ半分が存在しないことから、1分子当たりの凝集エネルギーの半分を失っていることになります。これを単位面積当たりにしたものが「表面張力」です（本来はベクトル量です）。つまり、同じ分子同士の引き合う力に比例します。

PTFEは分子間力が小さく引き合う力が小さいため、表面張力の値は21・5mN／mしかありません。これに対して水は分子間力が大きく、72・9mN／mもあります。それゆえ水は自分自身で凝集しようとする力が大きく、PTFEのシートの上に水滴を垂らすと、球に近い形となってシートを濡らさず、はじこうとします。料理に使う食材に対しても水と同様にPTTFEにくっつきにくいのです。

また、表面特性として摩擦力も低いのが特徴です。

要点BOX

- ●分子間の結合が短ければ分子の凝集エネルギーは低い
- ●多くの高分子の表面張力は20〜50mN/m

PTFEの化学構造

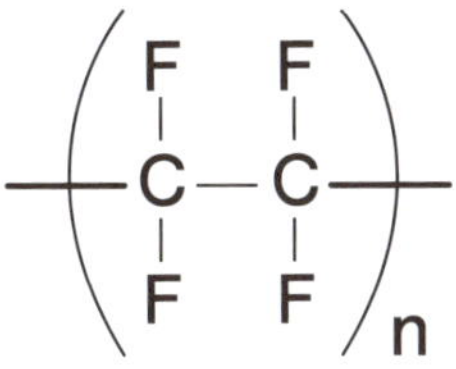

塊の中と表面にある分子の相互作用

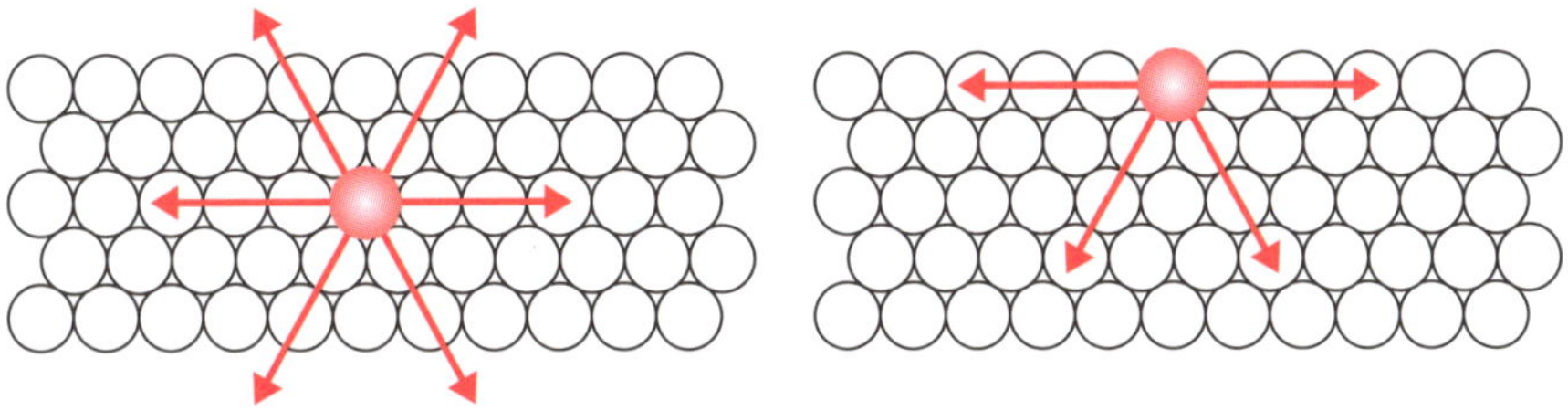

水をはじく高分子、はじかない高分子

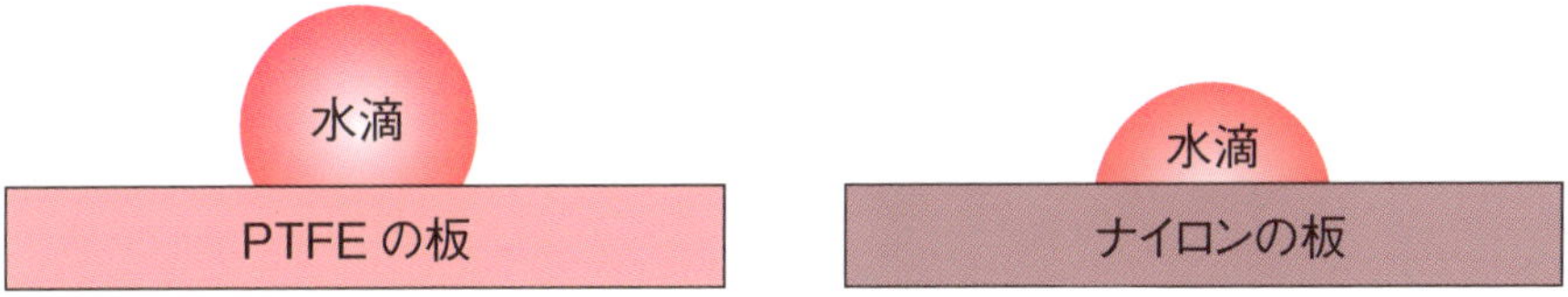

43 物をくっつける高分子

接着剤と粘着剤

接着剤の多くは高分子を主成分としています。くっつくというのは力をかけないと剥がれない状態です。接着剤を物に塗ってきちんと接触させるためには液体の方が良いのですが、液体のままだと接着強度が小さいので固まる必要があり、主に3つの方法があります。

①高分子を溶剤に溶かしておき、被着体に塗った後に溶剤を飛ばして固化させるもの。

②反応を利用して高分子量化によって固まるもの(2液を使用する前に混ぜ合わせて反応させるもの。例：エポキシ系接着剤)や、低い分子量のものがチューブから出された後に空気中の水分を吸って反応するもの(例：シアノアクリレート系瞬間接着剤)。

③高温で溶融させた状態の高分子を被着体に塗って冷却して固まるもの(例：ホットメルト接着剤)。

ただし、どんなものでもくっつける接着剤はないので、被着体に応じて使い分ける必要があります。

これに対して、粘着剤はセロハンテープや付箋紙のように剥がして貼ったりします。ほとんど流動性はありませんが、粘り気のある状態なので、なるべく被着体と接するように押さえつけることが必要です。粘着剤は通常、ゴムのような物質に粘り気を出すための物質(粘着付与剤)を混ぜて作りますが、使用中もその状態は変わりません。

接着(剥離)力は、界面で働く分子間相互作用と、接着剤ではそれ自身の凝集力、粘着剤では粘弾性的な性質が関わっています。それゆえ、変形の仕方、つまり剥がし方に大きく依存します。例えば、粘着剤において図の(a)の剥がし方では全体が「ずり」によって斜めに引き伸ばされますが、(b)では粘着剤の一部だけが引張られています。変形する領域に大きな差があり、(b)では全体を剥がすのに力をかけ続ける必要がありますが、大きな力は必要ありません(剥がす速度によっても違います)。テープや付箋紙を剥がす時、(b)のようにするのはこの理由からです。

要点BOX

- ●接着剤・粘着剤は濡れが重要
- ●接着剤は液体を固めてくっつける
- ●剥がし方で力の大きさが変わる粘着剤

液体から固体になる接着剤、液体のままの粘着剤

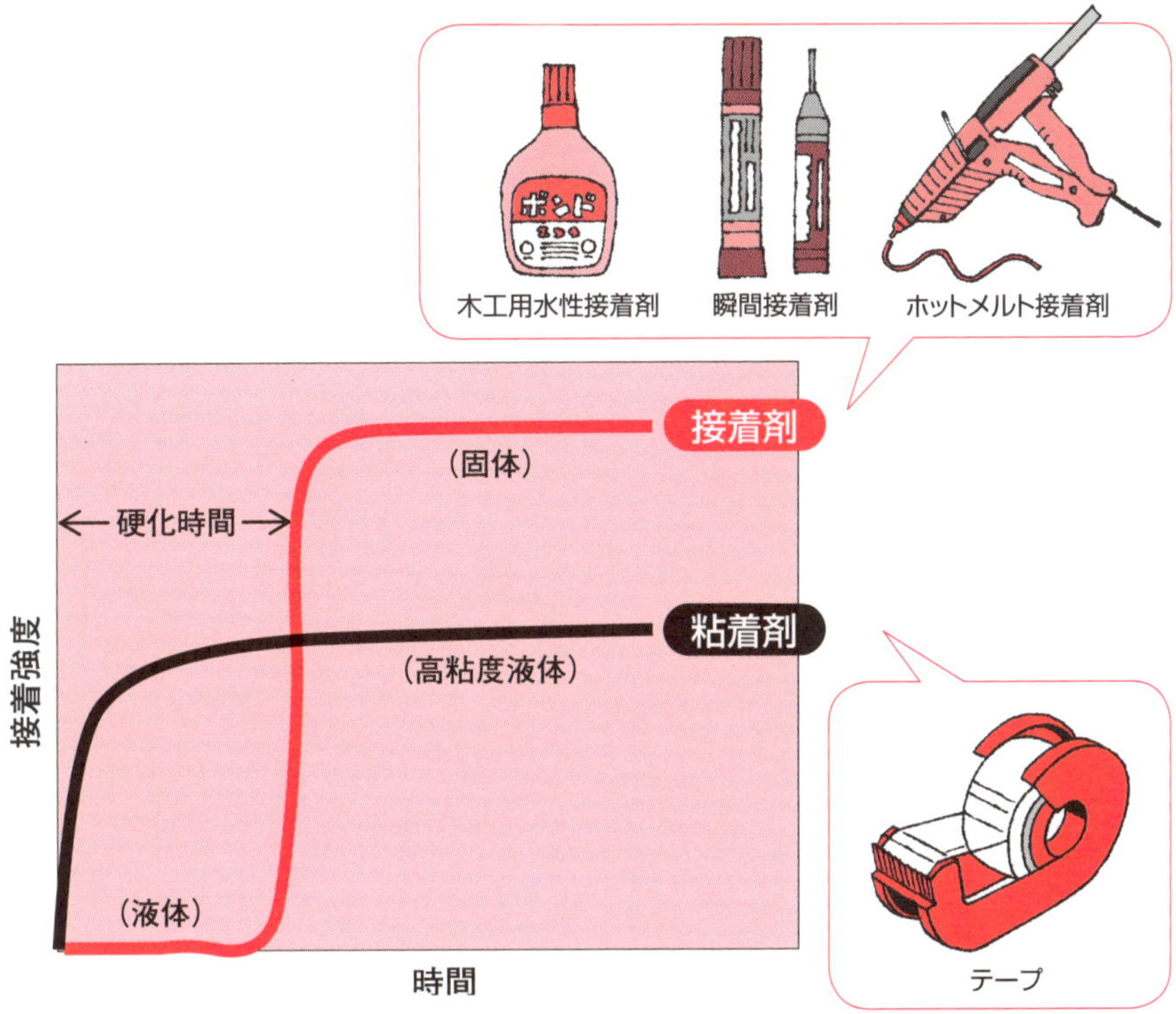

粘着剤の剥がし方

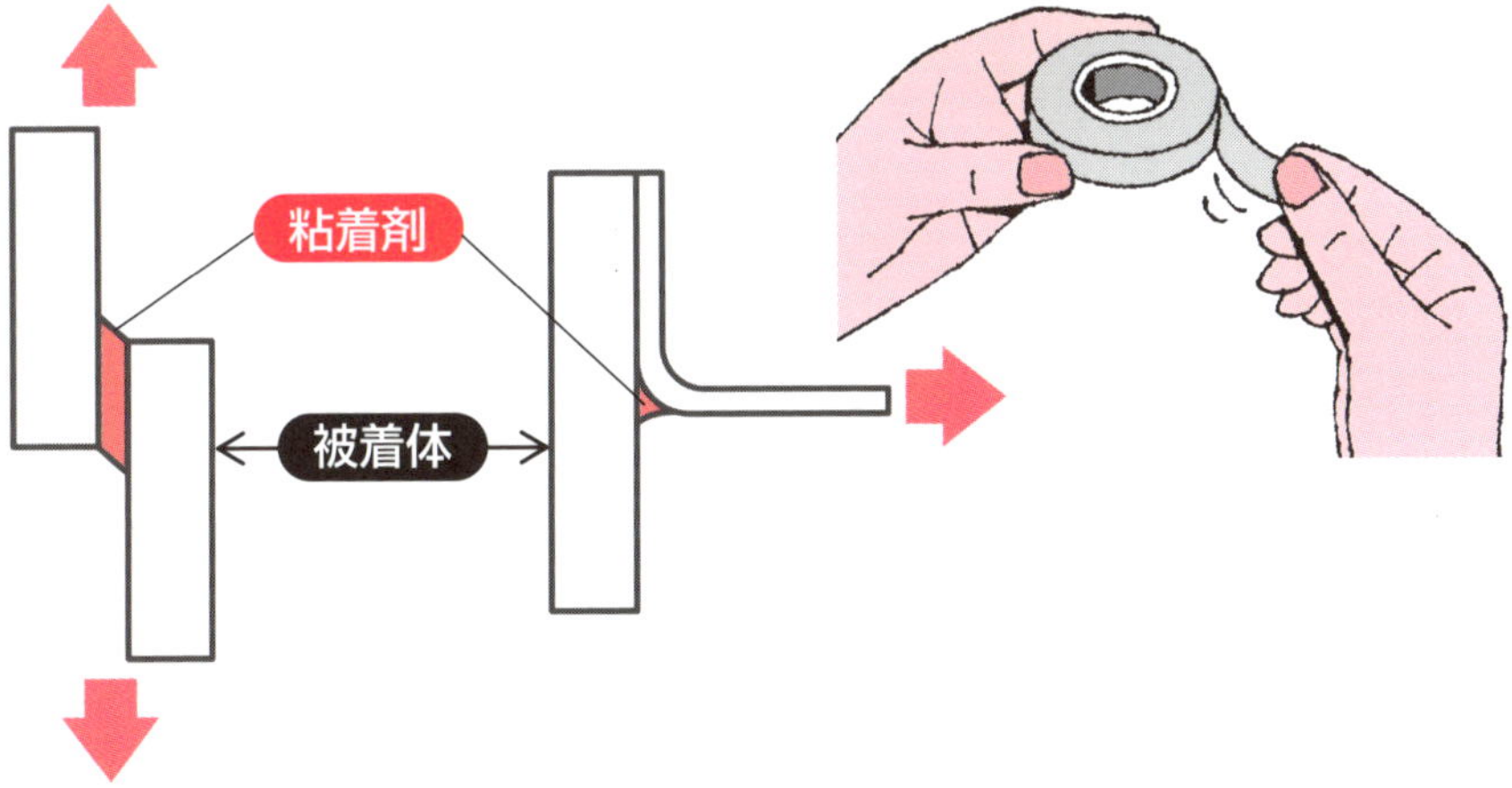

（a）引張せん断剥離　（b）90°剥離

44 酸化を防ぐガスバリア膜

分子間の隙間を小さくし酸素を透過させない

膜とは面積に対して厚みが薄いものを指しますが、その形態だけではなく通常何らかの機能を有するもののことです。機能としては、分離、保護、センサーなどがあります。生体膜のように、これらを兼ね備えた膜もあります。膜の分類の仕方には様々なものがあります。保護膜としては、製品などの表面を守り傷がつかないようにするもの、電気が通らないようにする絶縁膜などがありますが、ここでは酸化を防ぐためのガスバリア膜について示します。

物質の透過を防ぐためには、その物質の大きさよりも小さなサイズの穴しかもたない膜を使えばよいことになります。金属では、材料の欠陥でもなければ酸素分子が入るような隙間はほとんどありませんが、高分子では欠陥がなくてもその分子間に酸素分子よりも大きな隙間がたくさんあります。酸素分子がその隙間に入り、触って固体と感じられる材料であっても局所的な分子運動によって変化する隙間をうまく伝っていくことにより透過します。この透過を阻止するためには、酸素分子が入るような大きな隙間をなくし、それが運ばれていくのを助ける分子運動をさせないことです。

高分子の場合、分子運動を抑制してしまうと分子鎖の柔軟性が失われ、割れやすくなったり内容物を絞り出すことも難しくなってしまうので、できるだけ分子間の隙間の小さな高分子が使われます。代表的なものに、エチレン-ビニルアルコール共重合体があります。OH^-は水素結合を作りやすく、分子間の隙間を小さくします。エチレンの構造を加えるのは、水に溶けなくし成形加工をしやすくするためです。酸素を嫌う食品の包装、例えば、マヨネーズボトルだけでなく、お菓子の袋などにも使われています。ただし、水に溶けないといっても吸収して柔らかくなり気体を透過しやすくなってしまうため、他の高分子にラミネートされて使われます。自動車のガソリンタンクも同様です。

要点BOX

- ●高分子には酸素分子より大きい隙間がたくさんある
- ●食品包装には水を吸収しないよう他の高分子にラミネートされて使われる

膜の分類

機能で分類	分離膜(ろ過膜)、保護膜(遮蔽膜)、センサー膜など
製造方法による分類	湿式製膜、乾式製膜、切削、平板、塗布、延伸、エッチング、in-situ重合、積層、相転換
膜の構造で分類	多孔膜―緻密膜(非多孔膜)、対称膜―非対称膜、均一膜―不均一膜、単一素材膜―複合素材膜

分子膜の隙間

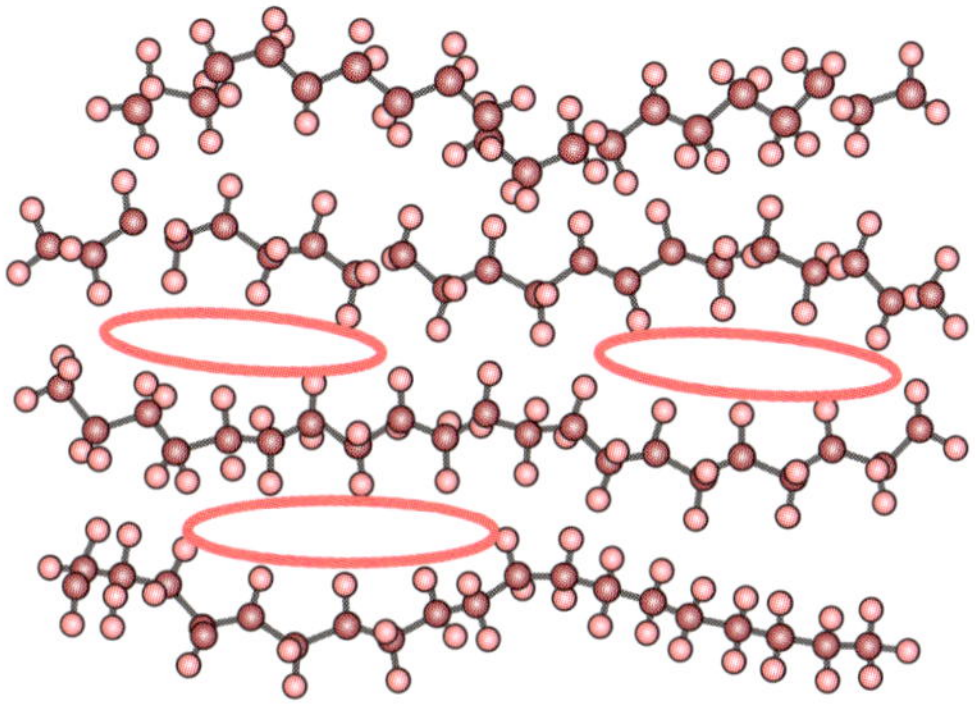

エチレン－ビニルアルコール共重合体の構造

$$-\left(CH_2-CH_2\right)_m\left(CH_2-\underset{\displaystyle OH}{\underset{|}{CH}}\right)_n-$$

プラスチックをラミネートした容器の構造

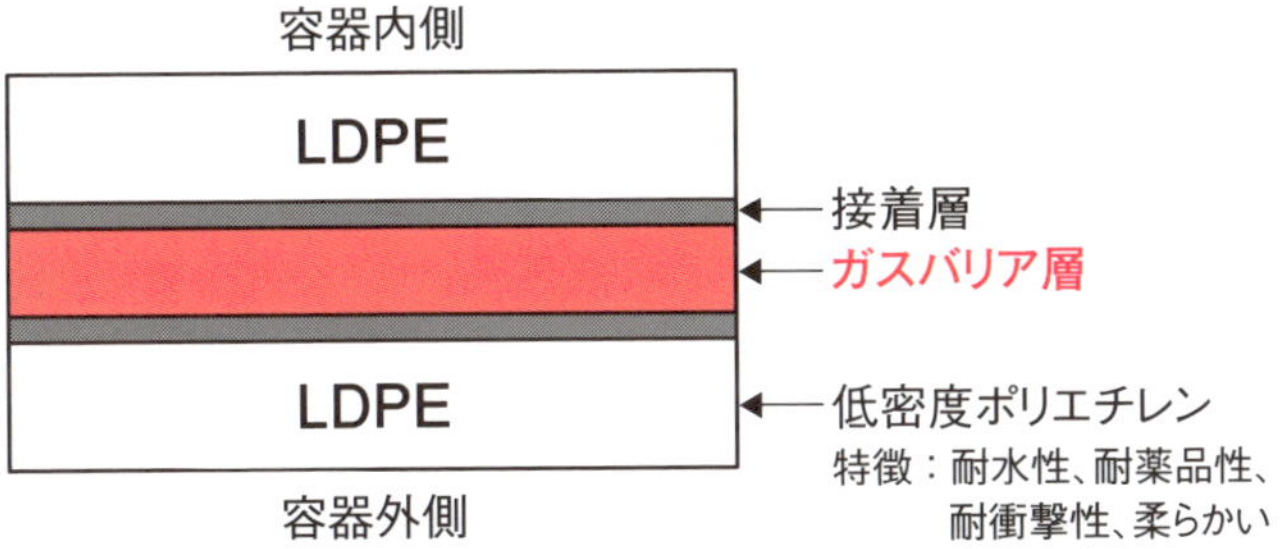

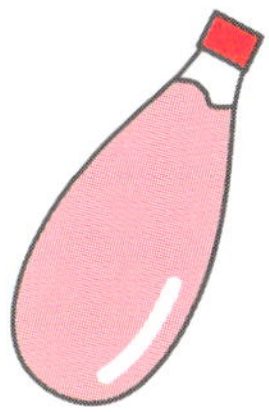

45 溶質と溶媒を分離する高分子膜

RO膜・UF膜・MF膜

工業、医療など様々な分野において膜を使った分離が行われています。基本的に溶質と溶媒を膜を使って分けます。主として溶質を透過させるものを「透析膜」と呼び、腎臓機能が低下した人に行われる血液透析に使われるものが有名です。これに対して、溶媒を主として透過させるものを「浸透膜」と呼びます。溶媒を透過させますが、膜が有する細孔の大きさによって、溶質である様々なものをふるい分けて分離します。これらを行うための駆動力として、電気力学、化学エネルギー(濃度差)といったものがあります。

力学的エネルギー、例えば圧力差を用いる膜として、逆浸透膜(Reverse Osmosis Membrane：RO膜)、限外ろ過膜(Ultrafiltration Membrane：UF膜)、精密ろ過膜(Microfiltration Membrane：MF膜)があります。最近では、ナノろ過膜(Nanofiltration Membrane：NF膜)という分類もなされ、細孔の大きさによって分類されています。

RO膜は、海水に圧力をかけて真水を得る海水淡水化や果汁の濃縮や排水処理に使われています。

UF膜は、超純水製造・排水処理・有価成分の回収といった工業分野やタンパク質・酵素などの分離・濃縮を行う食品分野、ウィルス・細菌・コロイドなどの分離を行う医療分野など多岐にわたって使われています。

MF膜は、細菌や微粒子などの異物を効率的に除去したり、精製・分離するのに使われます。家庭用浄水器では、このMF膜が使われており、コンパクトなサイズにするため、ほとんどが中空糸膜です。素材は、ポリエチレンやポリスルホンといった高分子が用いられています。

このような膜の細孔を作製する方法として、フィルムや中空糸を作った後に延伸して孔を開ける方法や、高分子溶液をその高分子が溶けない溶媒に漬けて相分離によって作製する方法があります。

要点BOX

- ●分離膜は孔の大きさでふるい分け
- ●分離膜は多分野で活躍
- ●中空糸膜は表面積を増やした分離膜

膜と細孔

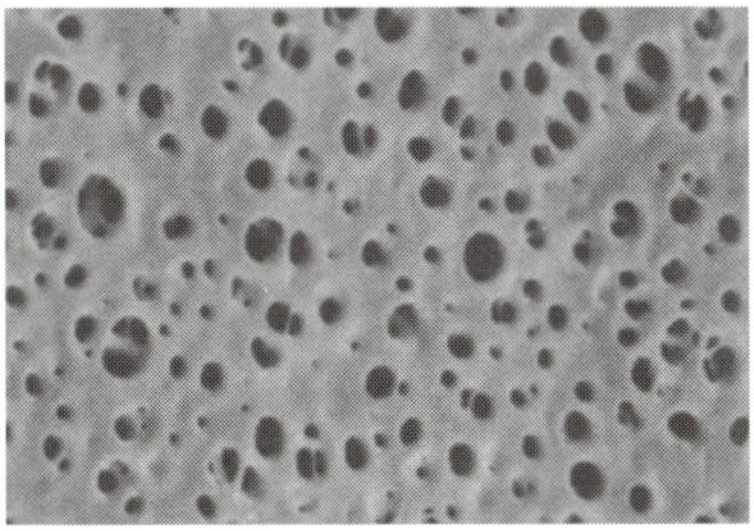

分離膜の種類

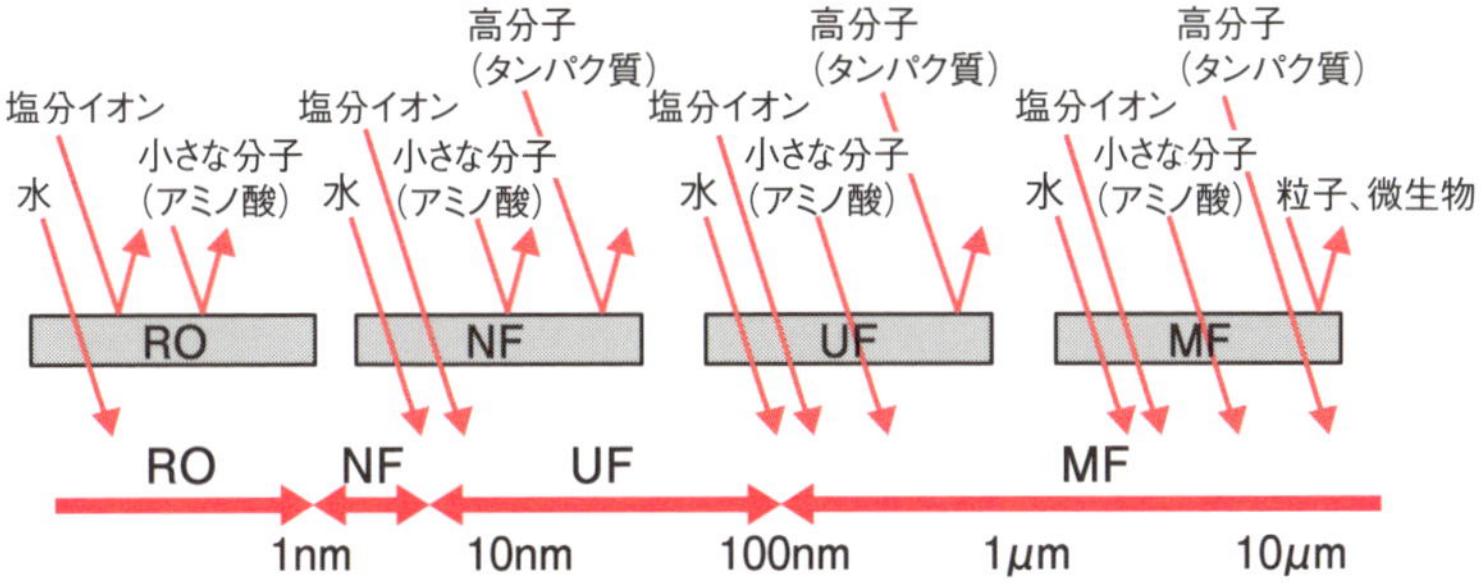

家庭用浄水器に使われているMF膜

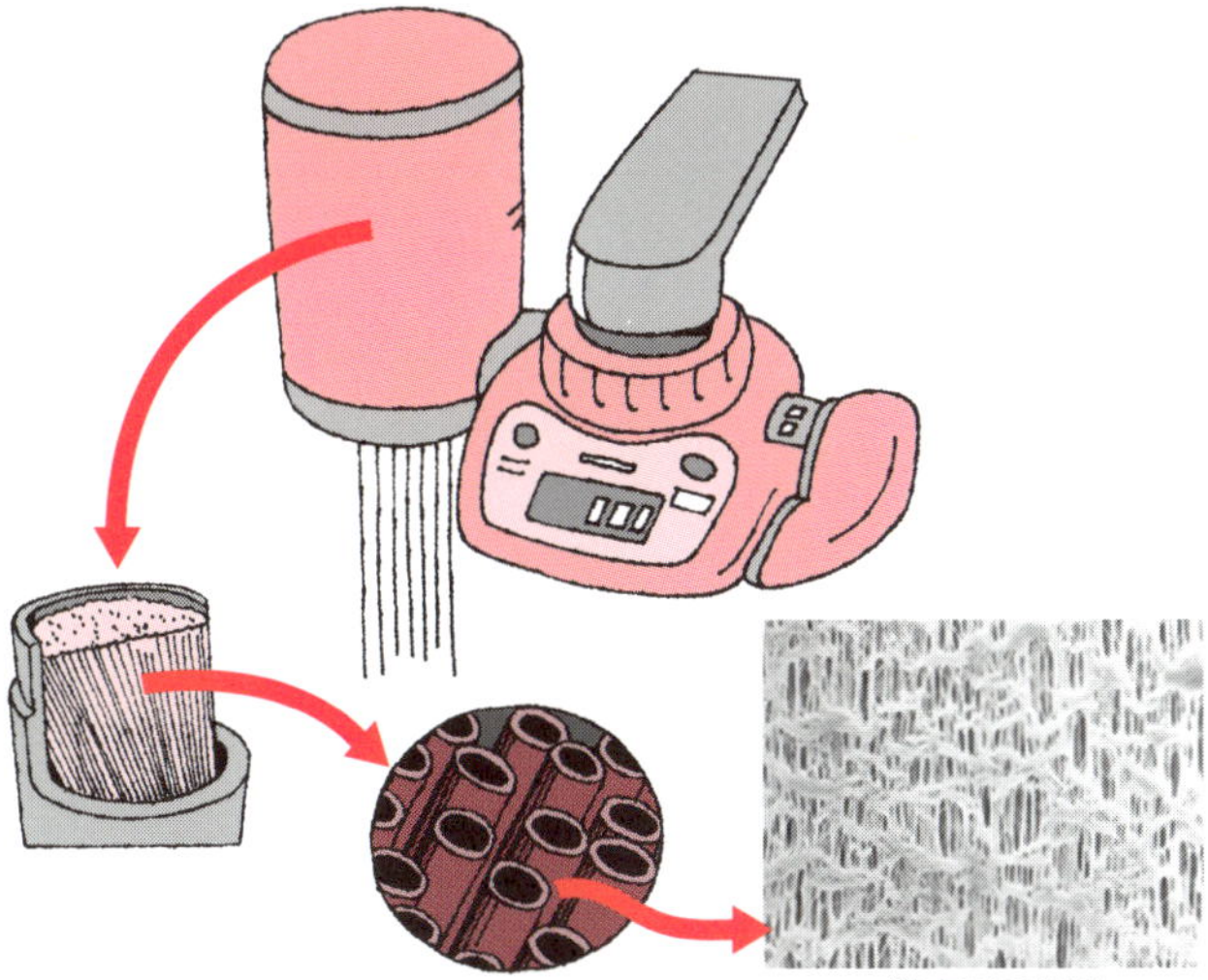

中空糸膜

膜表面の細孔

46

光と酸素で高分子は劣化する

電子部品や自動車部品は劣化しにくい高分子が使われる

輪ゴムで紙束を束ねておいて2、3カ月すると、輪ゴムが切れてしまったり、溶けるような状態になって紙についてしまったりした経験があると思います。このように高分子が使い物にならなくなる現象を「劣化」と呼んでいます。このような短時間で劣化してしまう輪ゴムは製品として情けない話ですが、高分子の中では抜群の伸縮性とその低価格で日常に使用されています。

輪ゴムの劣化も含めて、劣化の原因は光と酸素です。太陽光の当たる庭やベランダに出しっぱなしにしておいたスーパーのレジ袋がボロボロになるのも同じ劣化のメカニズムです。レジ袋はポリエチレンですが、その劣化は、太陽光によってラジカルが発生し、それと酸素が結合して過酸化物となるというルートです。芳香族ポリアミドやベンゾオキザゾールの繊維は非常に強い繊維として知られていますが、耐候性が弱いことが欠点となっています。半年間屋外に置いておくと、その強度は約30%になってしまいます。これは、これらの高分子の化学構造が、π電子の共役が長いために太陽光のかなりの部分を吸収してしまうためです。

このように通常の環境で使用する場合には光と酸素が原因となって高分子は劣化していきますが、はんだ付けにさらされる電子部品や自動車のエンジンの周りの部品などは、高温での安定性が重要となります。

ここでまず重要なのは、高分子を構成している化学結合の安定性（結合エネルギー）です。表を見てわかるように、炭素-炭素単結合よりも二重結合の方が安定です。

例えば、ナイロン66は炭素–炭素単結合の鎖（脂肪族鎖）で構成されており、空気中では300℃で分解が始まりますが、芳香族ポリアミドの炭素は全てベンゼン環で構成されているため、その分解温度は500℃と大きく異なります。

要点BOX

- 暗い所に置いておけば輪ゴムも長持ちすることができる
- 耐熱性の高分子にはベンゼン環がある

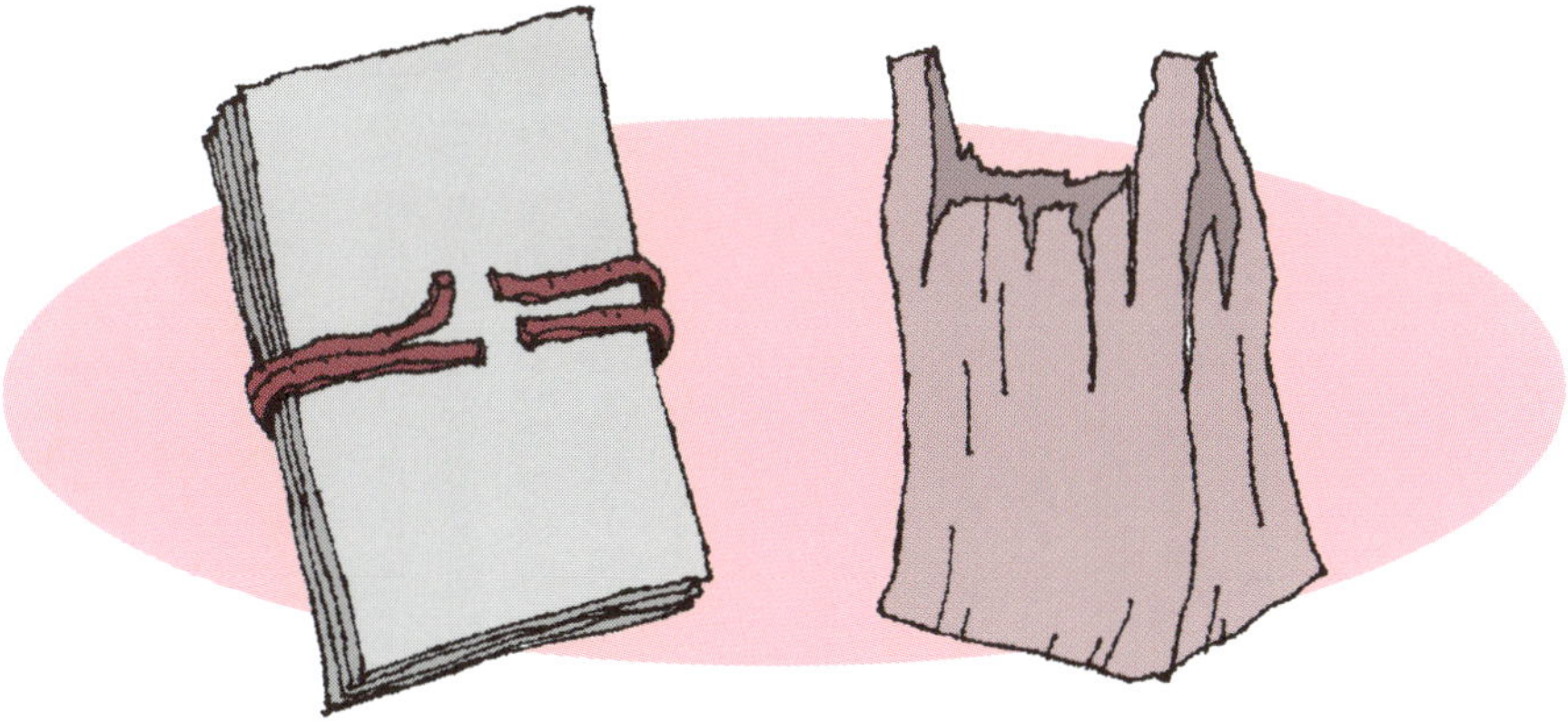

ポリエチレンの劣化

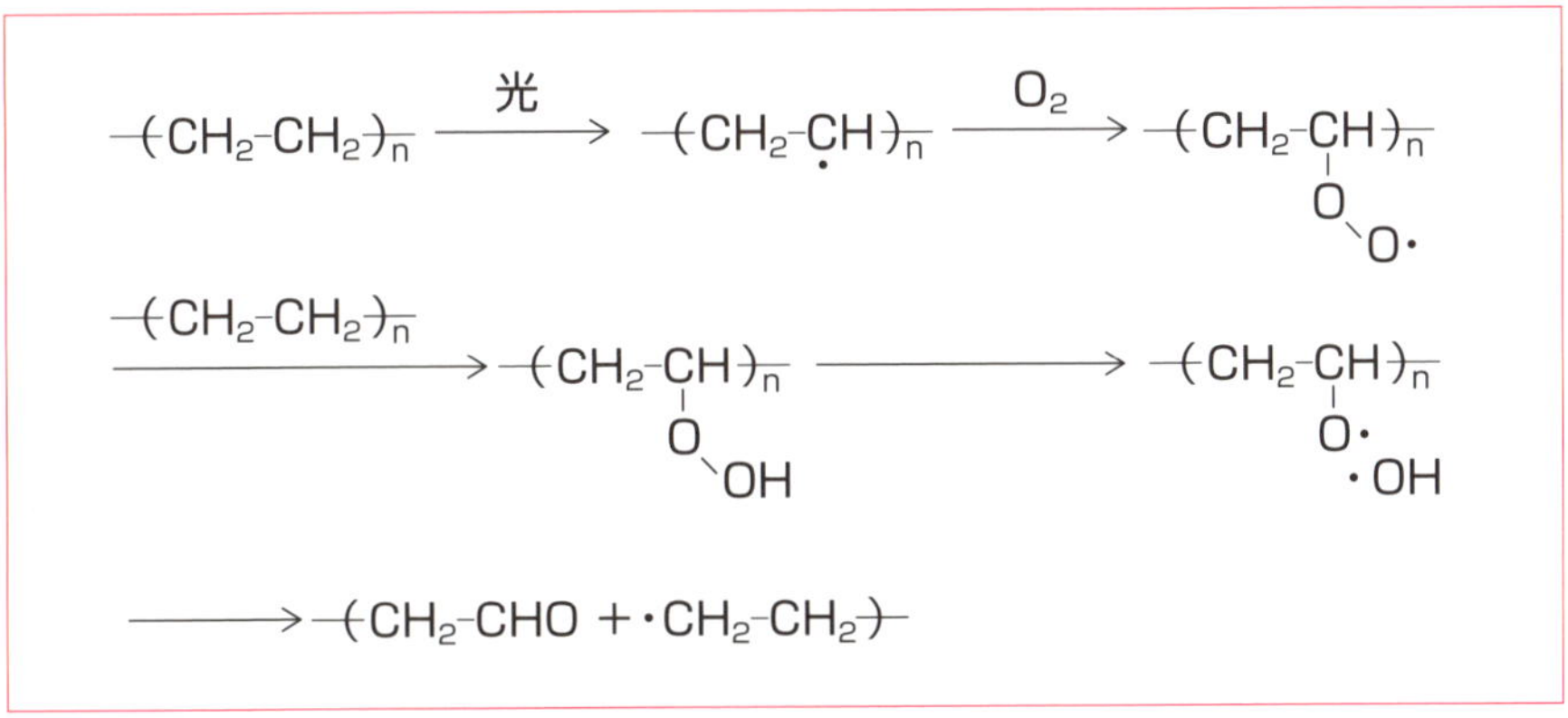

化学結合エネルギー

C−C 83kcal/mol (1)	C=C 145kcal/mol (1.75)
C−N 89kcal/mol (1.07)	C=N 147kcal/mol (1.77)

47 水を吸収する高分子

高吸水性高分子（SAP）

紙おむつや生理用品は1980年代に革命を迎えました。それまでの紙やパルプを積層したものと比べて薄くなり、その使い心地が格段に改善されましたこの革命の立役者が「高吸水性高分子（SAP：Superabsorbent Polymer）」です。

その能力はというと、1gのSAPが純水を1ℓも吸収できます。尿や血液ではそこまでは吸収できませんが、自重の50倍くらいは吸収できます。原理的には新聞紙のような紙1枚とSAPで紙おむつはできますが、これでははき心地が良くないので、快適なはき心地になるように設計されています。

SAPは、基本的な構造は架橋したポリアクリル酸を部分的にナトリウム塩とした構造をしています。その製造方法は、アクリル酸、アクリル酸ナトリウム、さらに架橋剤を共重合させるものです。

SAPには三つの重要な要素が必要です。

まず、水となじみが良いこと。SAPはカルボキシル基という水となじみの良い基を多く含んでいて、さらにナトリウム塩として解離構造も含んでいるので、水との親和性は大変に良いのです。

第二に水の吸収力が強いこと。SAPは浸透圧により水を吸収します。SAPのビーズの中には遊離のナトリウムイオンが存在するので、イオン濃度が低いビーズの外側からビーズ内側へ水が移動するのです。ビーズの内外のイオン濃度差が大きいほどたくさん水を吸収します。SAPが尿を純水ほど吸収しないのは、尿はすでにイオンを含んでいて純水の場合ほどイオン濃度差が生じないからです。

第三の重要な要素はビーズの強度です。水を吸収したビーズに圧力がかかって、水が染み出してこないようにビーズの表面の架橋密度を上げて強度を大きくする工夫がなされています。

世の中が高齢化するに従ってSAPの需要は伸びています。

要点BOX
- ●SAPは純水なら1000倍、尿や血液で50倍吸収する
- ●SAPは構造中にイオンを含み水と親和性が高い

SAPのビーズが乾燥状態で入っているビーカーに水を注ぐと水を吸収する

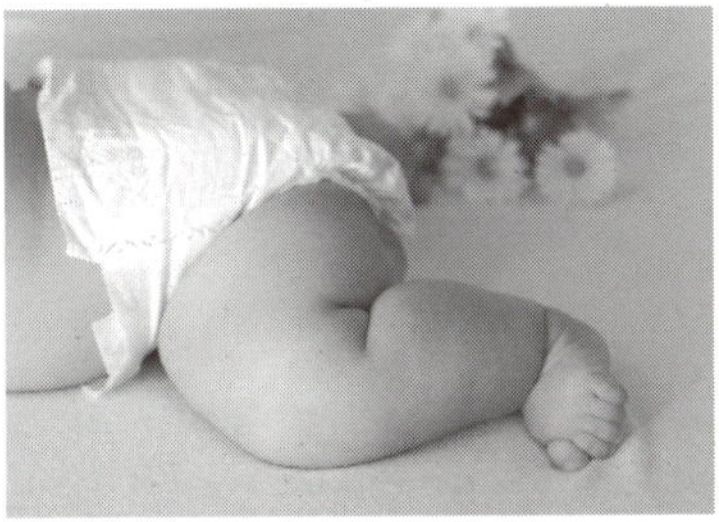

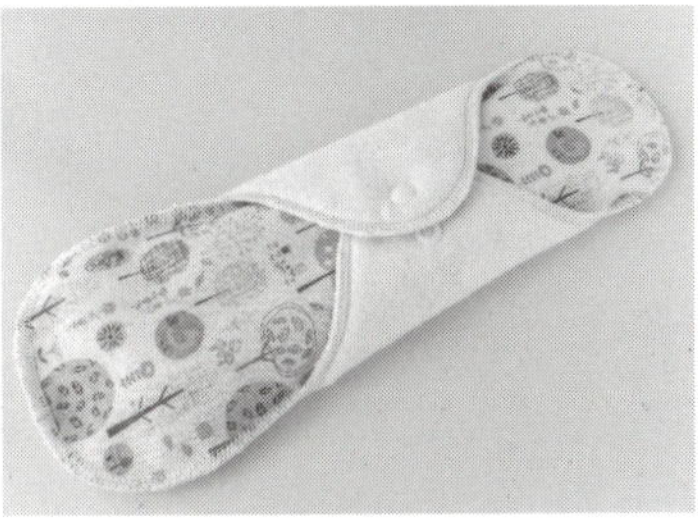

ポリアクリル酸ナトリウム系SAPの合成法

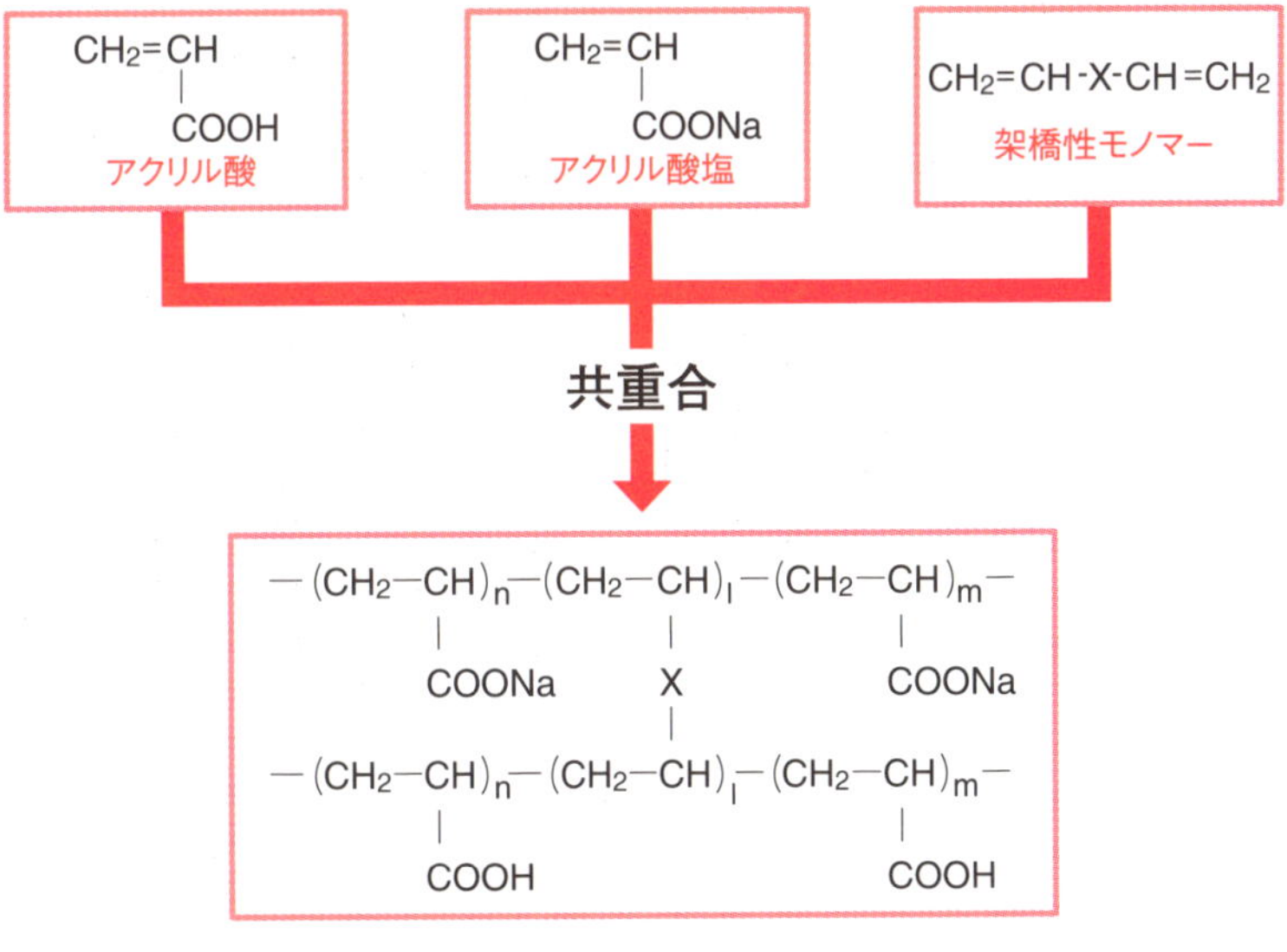

Column

ヤモリの秘密

異なる物質を強く接着でき、しかも簡単に剥がすことができれば、省エネルギーで工業的にもたいへん有用となります。しかも、接着物質が残らなければ言うことなしです。これをこともなげにやってのけているのがヤモリです。

ヤモリは、垂直などんな壁にもくっつき、そして素早く逃げる。壁には痕跡は残っていない。自重を足先の指の粘着力だけで支え、しかも簡単に指を壁から剥がして逃げる。忍者も真っ青な芸当であり、本当に不思議です。

それゆえ、ヤモリを詳しく調べて、その接着・剥離機構を解明し応用しようとする研究が盛んです。電子顕微鏡で見ると、ヤモリの指先はβケラチンでできた無数の毛（セータ）で覆われており、その先にスパチュラと呼ばれる平らなものがついています。これと壁には、弱いファンデルワールス力のみしか働いていません。しかし、指の動きで数多くのスパチュラを壁と接触させ、接触面積をかせいで接着するのです。ヤモリの指は伸縮自在なうえ内側にも外側にも曲がります。しかも、セータは曲がっているため方向性があります。はがし方にも特徴があり、くっつける時と全く異なる動作を行っています。

接着の強さは、剥がす強さとして測定しますが、その剥がし方で大きく異なります。同じ粘着剤を使っていても引張せん断で剥がす場合に比べると、90度はく離の場合はかなり小さな力で剥がすことができます。これは、粘着剤の変形を受ける領域の大きさの違いが主な理由です。この違いは粘着剤付の付箋紙の剥がし方でやってみるとよくわかります。また、これらの接着強さは、界面の強度だけでなく粘着剤の粘弾性にも大きく依存します。引張せん断接着強さは粘着剤の弾性率に依存し、はく離強さはそれに加えて$\tan\delta$にも依存し熱として逃げていくエネルギーも含まれています。この場合、剥がす速度にも影響を受けます。

ヤモリは、スパチュラに働くファンデルワールス力をうまく粘着剤の代わりに使い、指を自由自在に動かして接着と剥離を巧みに行っています。すごい！

第 5 章

高分子製品の作り方

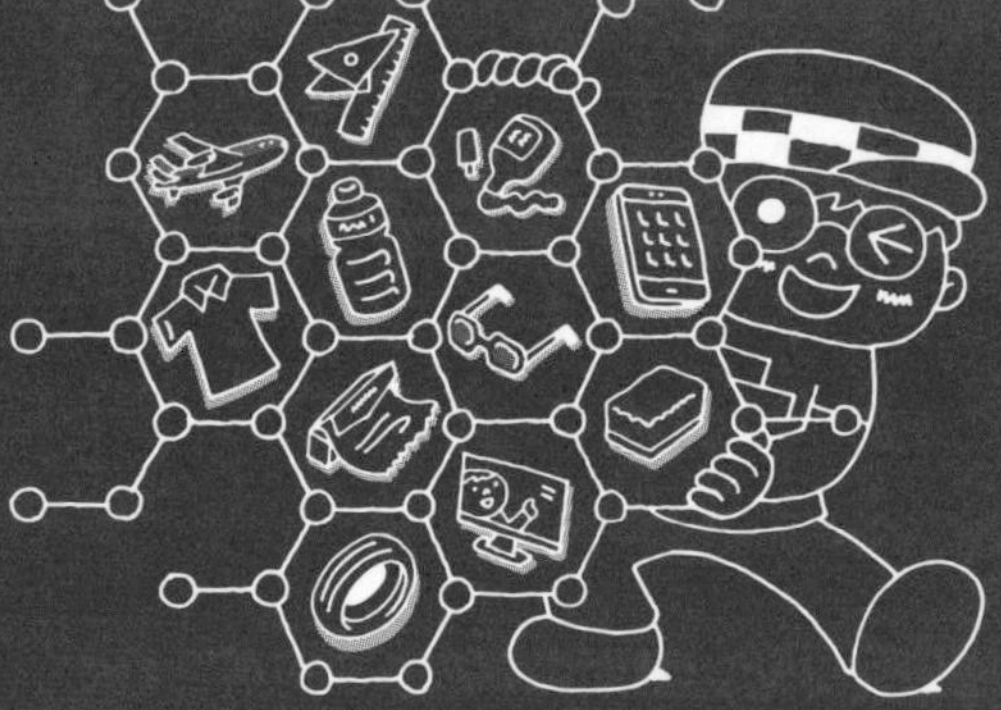

48 3次元形状の成形品の作り方

最も一般的な射出成形

さまざまな3次元形状の成形品を作る最も一般的な方法が射出成形法です。金型に溶融させた樹脂を流し込んだ後に冷却して固めることで複雑な形状の成形品を容易に加工することができます。射出成形で作られる成形品は、全体的には3次元的な形状をしていても、薄い壁面の集まりで構成されています。これは、射出成形で作られる製品は安価なものが多く、いかに早く作るかが重要だからです。成形に要する時間を支配するのが冷却工程であり、樹脂は熱伝導率が低いため、早く冷やすには肉厚を薄くする必要があります。また、樹脂は冷却して固まるときに体積が収縮するため、肉厚の部分は中に空洞が出来たり表面が凹んだりしがちなことも成形品を薄肉化する大きな理由です。

射出成形機は、樹脂を熱で溶かして押し出す装置と金型から構成されています。押出機のスクリューで樹脂を溶かしながら前方に送り、同時にスクリューを後退させて、先端に溶けた樹脂を溜めます。必要な量の樹脂が溜まったら、スクリューを前方に移動させて溶けた樹脂を押し出し、金型内に注入します。その後、金型内で樹脂が冷えて固まったら、金型を開けて成形品を取り出し、再び金型を閉じます。この成形品が冷えて固まるまでの間に次の射出のための溶融樹脂を蓄積するという手順になっています。

射出成形により、1辺の長さが2m近くあり成形品の重さが20kg以上に達する水産業で用いられる水槽のような巨大な成形品から、直径2㎜、厚み0・5㎜程度で質量が2㎎の歯車のような微小な成形品まで製造することができます。

複雑な形状の成形品の場合、金型から取り出すことが難しい場合もあります。ねじ状の溝がついたものが典型的な例として挙げられますが、このような場合は、金型の一部を動かしながら成形品を取り出すという工夫がなされています。

要点BOX

- 射出成形品は薄い壁面の集まりで構成されている
- 安価な製品が多いので成形時間の短縮が勝負

射出成形機の成形サイクル

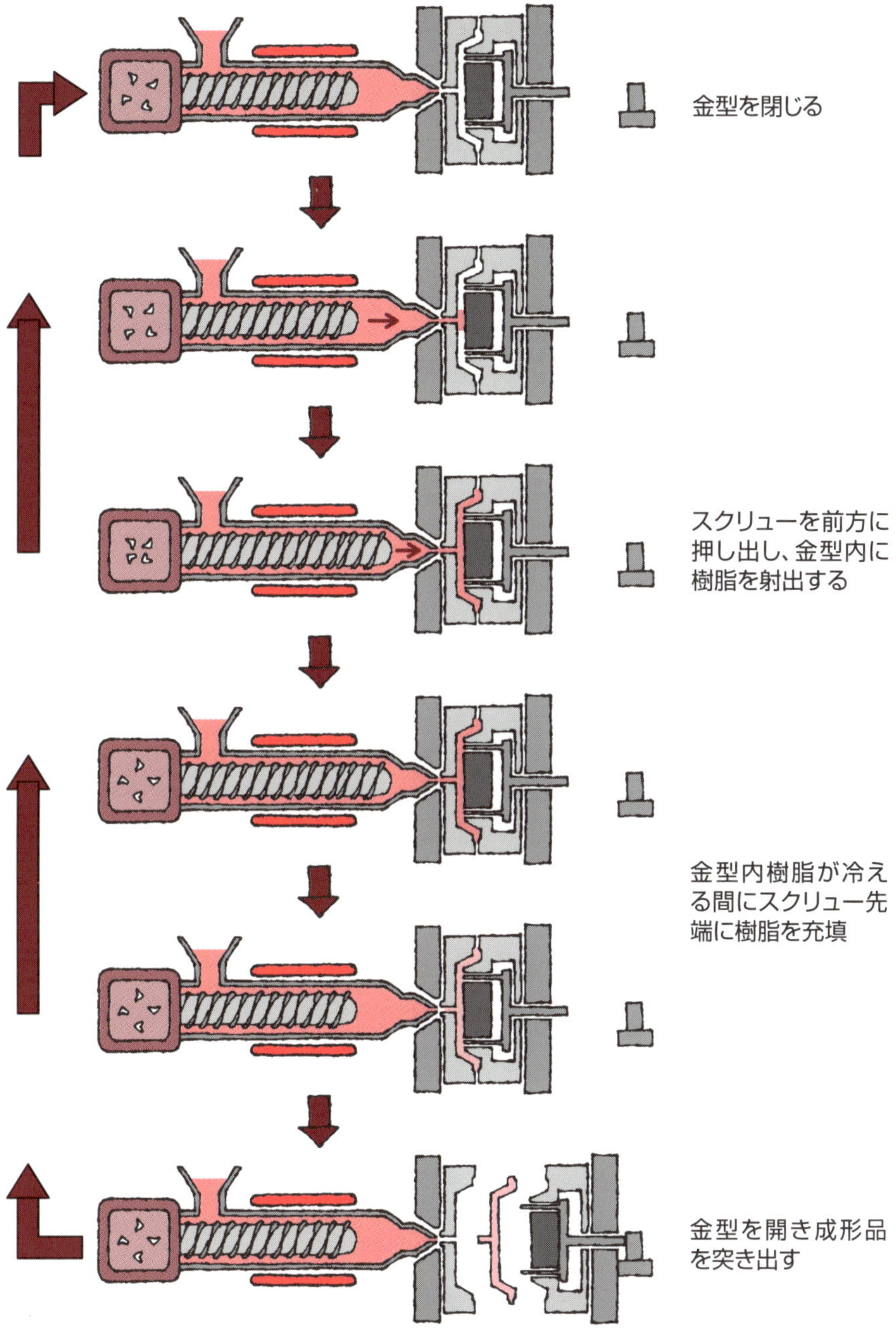
金型を閉じる
スクリューを前方に押し出し、金型内に樹脂を射出する
金型内樹脂が冷える間にスクリュー先端に樹脂を充填
金型を開き成形品を突き出す

49 中空成形品の作り方

ブロー成形法のいろいろ

飲料や化粧品のボトルなど、身の回りにはさまざまな中空の成形品がありますが、これらは空気を吹き込んで膨らませて金型に押し付ける「ブロー成形」という方法で作られています。押出機から押し出された溶融した中空の材料の上下を金型で直接挟んだ後に空気を吹き込む「押出ブロー成形法」は、自動車のガソリンタンクなどの大型の成形品の製造によく使われています。金属のタンクに比べて複雑な形状に加工しやすいため、空間の利用効率が高くなります。

化粧品のボトルなど、あまり強度を必要とせず、しかし意匠性が大事なボトルは、射出成形した筒状の成形品を金型内に移動させて空気を吹き込む「インジェクションブロー成形法」で作られます。

一方、ペットボトルのように軽さと強さが重要なボトルは、予め射出成形で作製した試験管のような形状のパリソンを加熱してから金型内に仕込み、棒で内部から突き伸ばした後に空気を吹き込む「ストレッチブロー成形法」で製造されています。ゴム風船を膨らませるのに圧力が一番必要なのは膨らみ始めの部分であり、棒で突き伸ばす操作には肉厚を減らし膨らみやすくする効果があります。また、突き伸ばしによる分子鎖のボトル高さ方向への配向と、ブローによるボトル周方向への配向のバランスを取る必要があります。なお、ブローによる周方向延伸の倍率はボトルの内壁側と外壁側で異なり、外壁側の方が延伸倍率が高いために、周方向への配向の程度が高くなります。

血管の狭窄部に挿入し風船を膨らませることによって血流を改善するカテーテルバルーンも同じ原理で製造されています。治療のときに高圧が加わるため強い風船にしなければなりませんが、万一壊れたとき、周方向に裂け目が入るとバルーンが分離して回収が難しくなるので、縦方向に裂け目が入るように分子鎖の並び方を制御するなどの工夫もなされています。

要点BOX
- ●中空成形品は空気を吹き込んで膨らませて作られる
- ●分子鎖の配向バランスが重要

ストレッチブロー成形プロセス

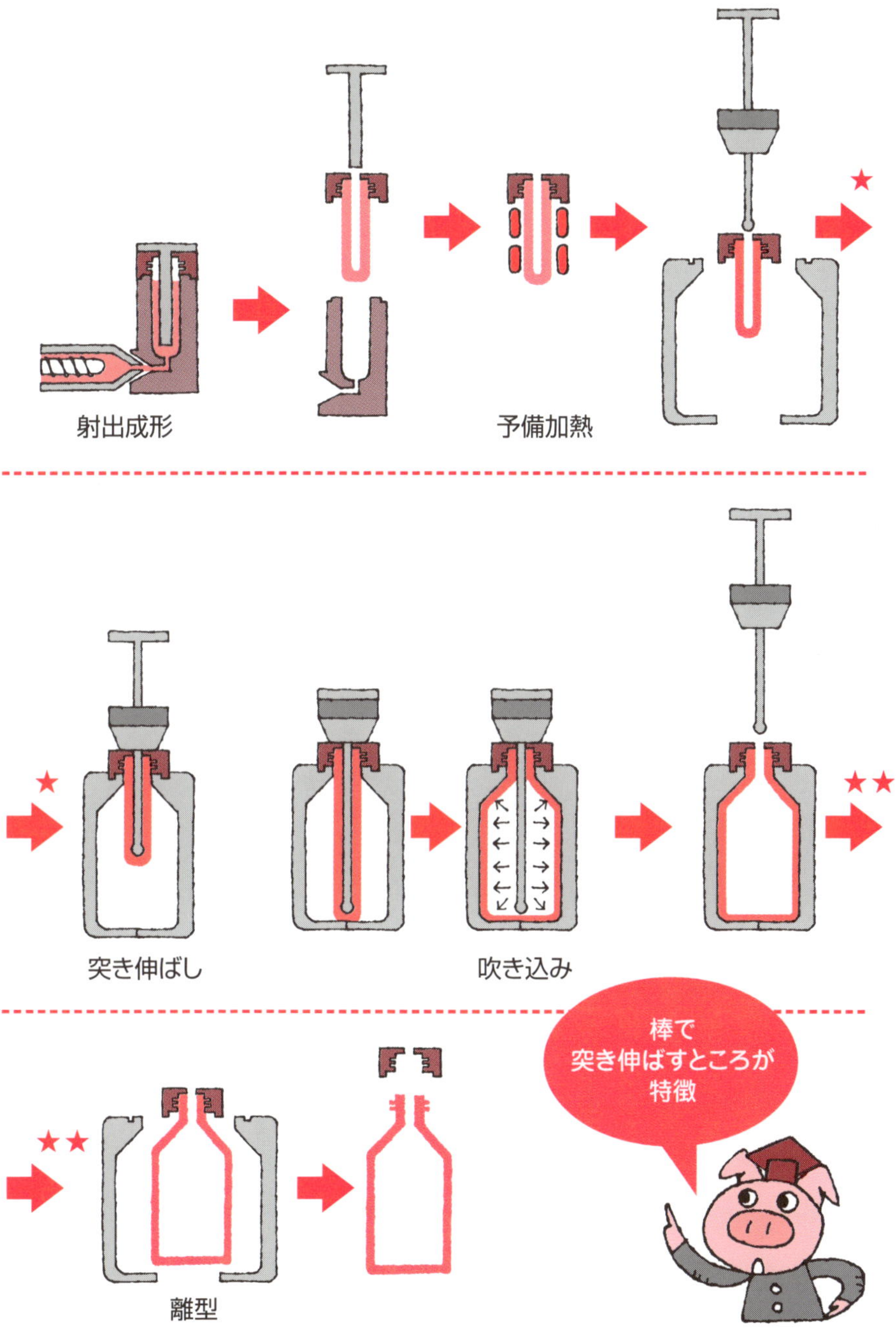

50 合成繊維の作り方

溶融紡糸法、溶液紡糸法

合成繊維を作るには、まず材料に流動性を与えて小さい孔から押し出し、これを引き伸ばして細長い形状にします。これを「紡糸工程」と呼びます。次に、さらにもう一度温度を上げて引き伸ばすことにより、分子鎖を繊維の長さ方向に配向させるとともに結晶化させ、強度や弾性率、そして耐熱性を向上させます。これを「延伸・熱処理工程」と呼びます。

紡糸工程で、材料の温度を高くして流動性を与えるのが「溶融紡糸法」、材料を溶媒に溶かして流動性を与えるのが「溶液紡糸法」です。溶融紡糸法では、材料の温度が冷却により下がることによって流動性が失われ繊維の形になります。一方、溶液紡糸法では、溶液を、材料を溶かさない浴中に押し出すことにより溶媒を除去して固める「湿式紡糸法」、溶液を空気中に押し出し溶媒の蒸発により固める「乾式紡糸法」、そして、溶液を空気中に押し出した後、すぐに浴中に導く「乾湿式紡糸法」があります。近年開発された高性能繊維の多くは、この乾湿式紡糸法で製造されています。延伸・熱処理工程では繊維の構造を発達させますが、これに加えて繊維を縮れた形にする「捲縮工程」を通過させる場合もあります。延伸・熱処理と捲縮の付与を同時に行うプロセスもあります。

合成繊維を作る方法にも多くの技術革新があります。繊維の断面形態を円形から様々な形に変える技術、2種類の材料を1本の繊維の断面に仕込んで捲縮や熱融着性を付与する技術、音速の半分以上の速い速度で紡糸を行い、繊維の形を作る工程と構造を作る工程を統合する技術、極めて太い繊維を作る技術、さらには、直径がナノメートルオーダーに至る細い繊維を作る技術、繊維の表面に凹凸を形成させる技術などが代表的です。

得られた繊維は、一般には織機や編機により布状にして利用することになります。

要点BOX

●紡糸工程で材料を引き伸ばす

●延伸・熱処理工程で結晶化させ強度や弾性率を高める

溶融紡糸装置

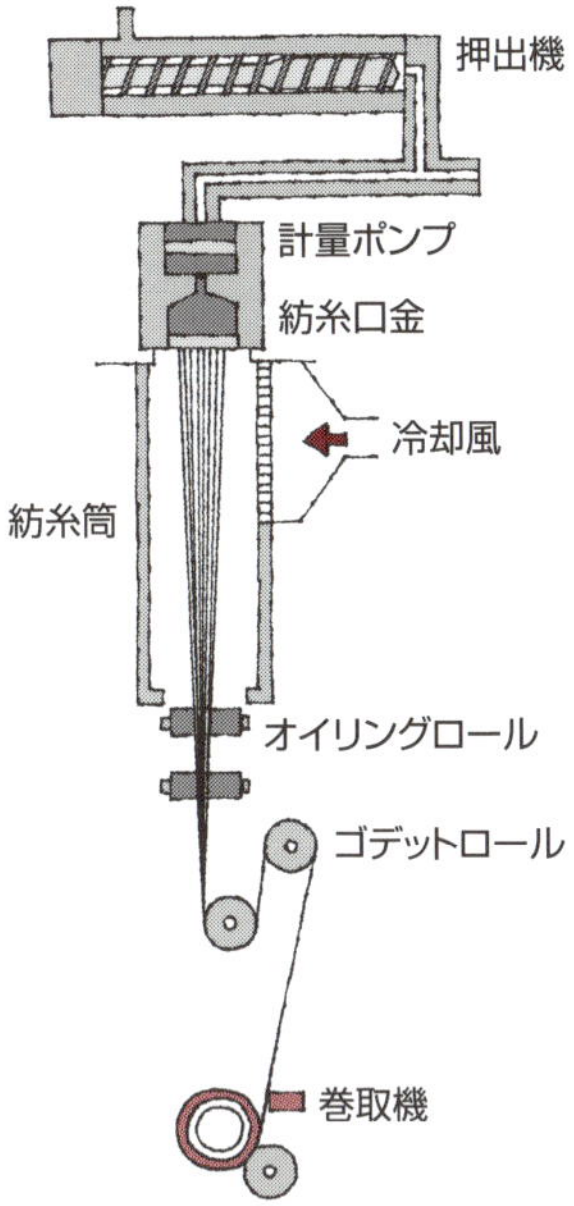

延伸・熱処理装置

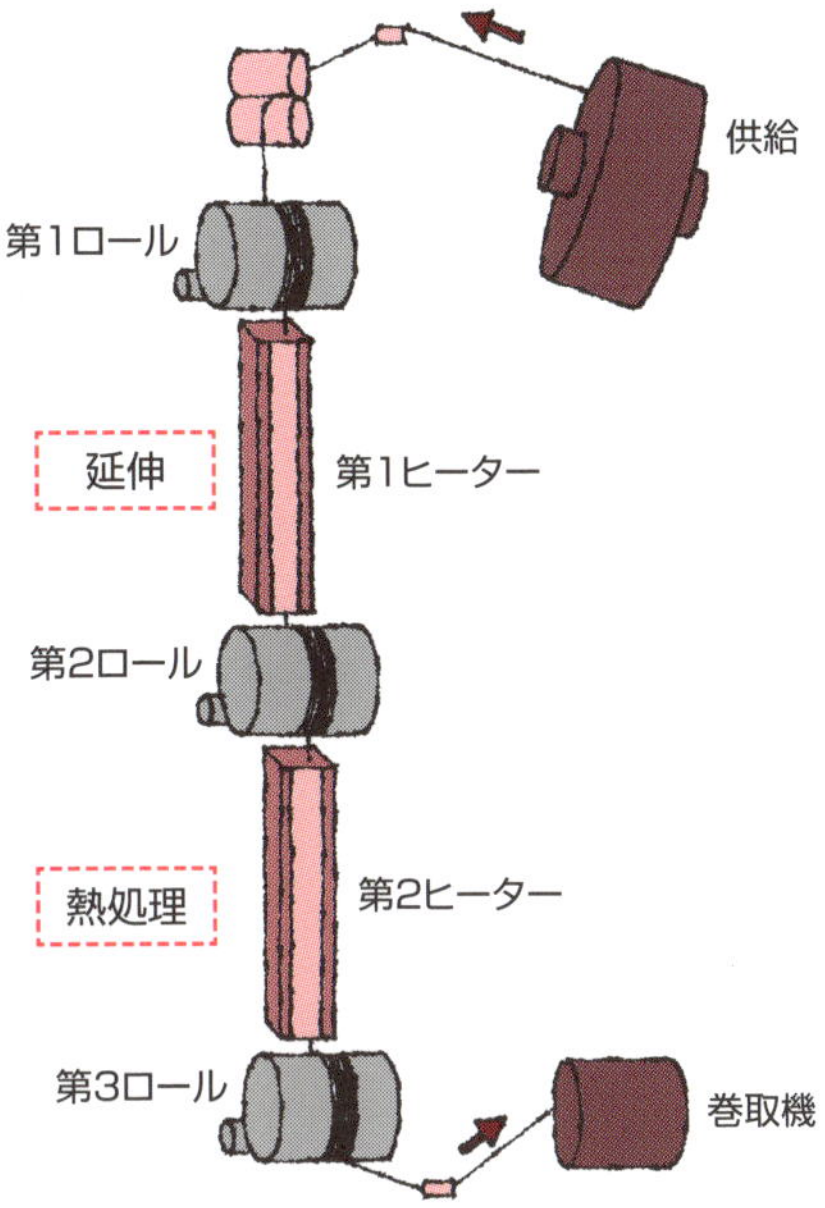

乾湿式紡糸装置

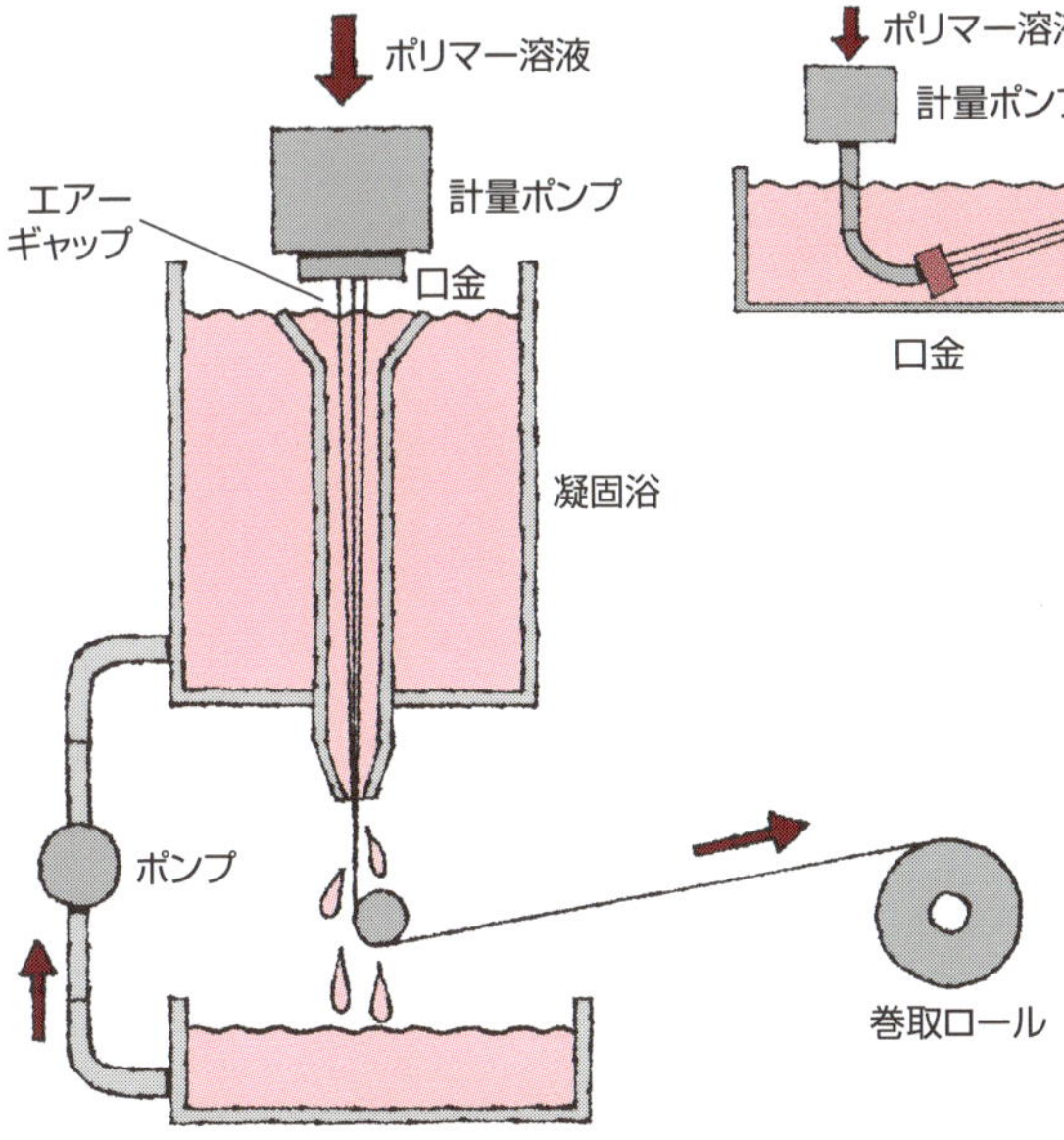

湿式紡糸装置

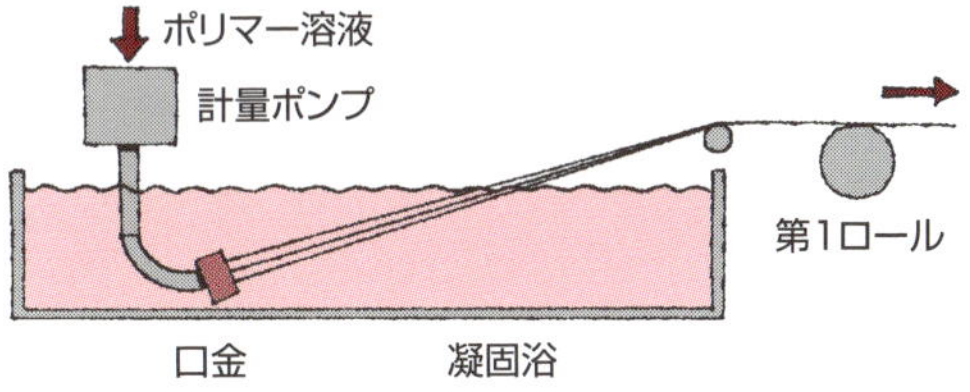

51 炭素繊維の作り方

ポリアクリルニトリル繊維を高温処理

炭素繊維はほぼ炭素原子だけからなる直径が数㎛の黒い繊維で、電気や熱を通し、繊維軸方向の熱膨張係数が負の値を示します。密度が約2g／㎤と軽量でありながらも高い強度と弾性率を発揮するので、樹脂で固めた複合材料として人工衛星や航空機、スポーツ用品、機械部品などに用いられています。変わった利用方法として、炭素繊維を水中に浸しておくと微生物が固着してそれらが汚濁物質を分解するので、エネルギーを消費せずに河川や湖沼の水質浄化ができます。

炭素だけからなる物質には、炭素原子が3次元的に結合したダイヤモンド、炭素原子が2次元的に結合した網面が球、円筒、平面になったフラーレン、カーボンナノチューブ、グラフェン、そしてグラフェンが積み重なったグラファイト（黒鉛）などがあります。このうち炭素繊維はグラファイトと類似した結晶からできています。グラファイトは溶ける溶剤がなく、加熱しても融解しないため（約3700℃の温度で昇華します）、グラファイトを紡糸して炭素繊維を作ることはできません。そこでまず、有機物の繊維を作り、次に1000～3000℃に加熱して炭素以外の原子を除去することによって炭素繊維が作られます。有機物から繊維を作る段階では溶媒に溶かしたり加熱することによって流動性を与えますが、高温で処理するときには流動したり分解して消失することがないようにしなければなりません。このため高温で処理する前に200～300℃の空気中で熱処理します。また、製造工程の途中で繊維を延伸することによってグラファイトの網面が繊維軸と平行に配列した炭素繊維が得られるような有機物からでないと高性能な炭素繊維が得られません。

これらの理由により炭素繊維の原料となる有機物は種類が限られ、現在市販されている炭素繊維にはポリアクリロニトリルやピッチなどが用いられています。

要点BOX
- ●炭素繊維は軽量ながら強度と弾性率が高い
- ●炭素繊維は有機物の繊維を1,000～3,000℃に加熱して作られている

様々な炭素の構造

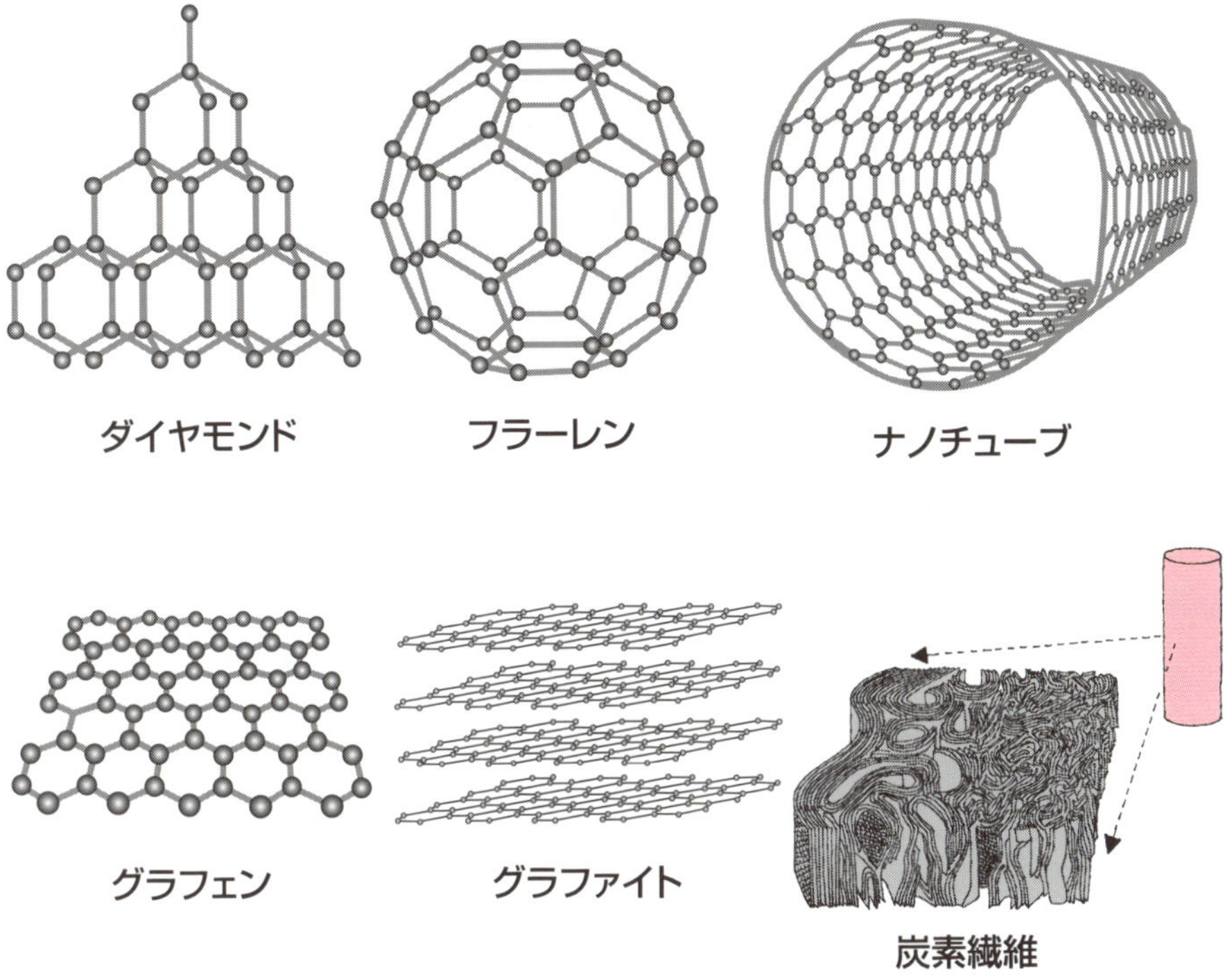

炭素繊維の製造工程

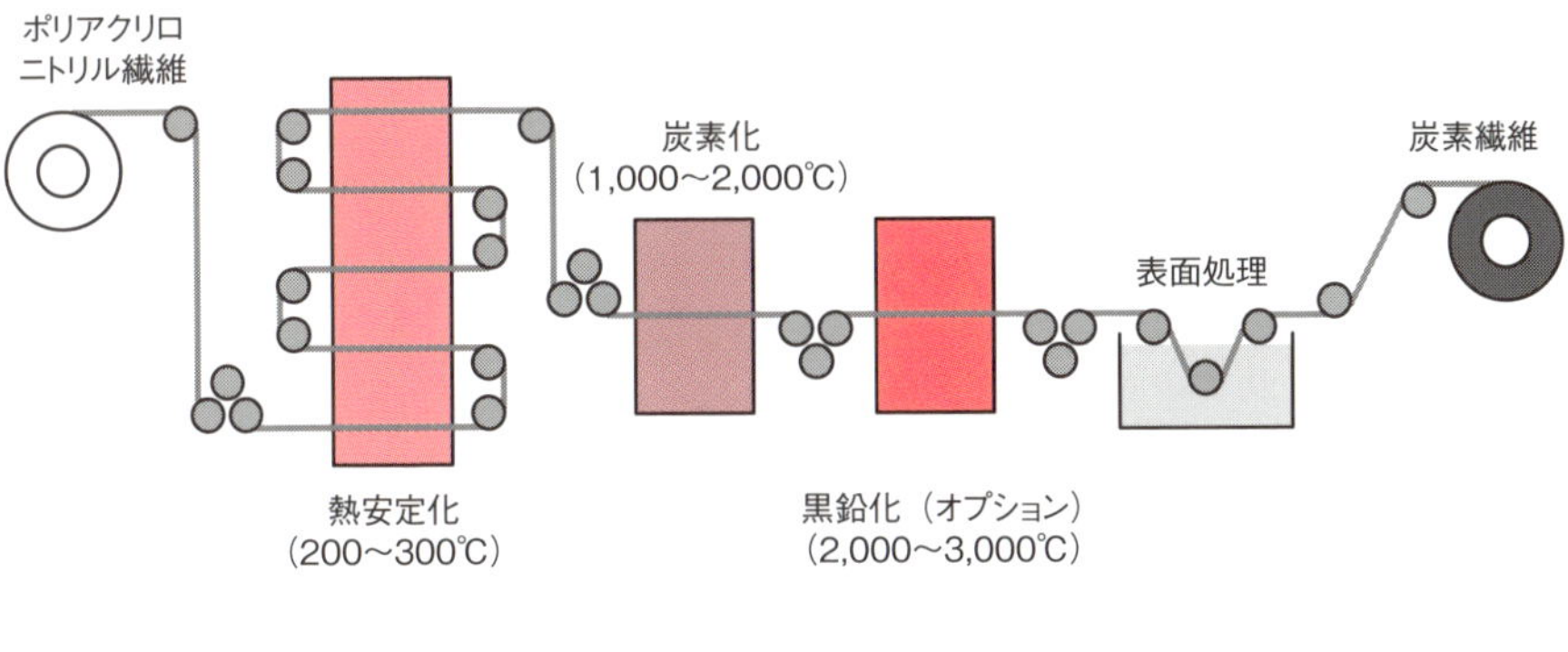

52 不織布の作り方

織らずに作れる繊維製品

不織布とは、文字通り織ったり編んだりせずに作り出される布のことです。不織布の製造技術は、すでに出来上がっている繊維をシート状に展開する方法と、繊維を製造しながら直接シート状に展開する方法に大別できます。

出来上がっている繊維を展開するには、原料繊維の塊を梳ったり空気流で飛ばしたりして展開する乾式法と、水中に分散させて抄き上げる湿式法があります。

繊維を製造しながら作る主な方法として、溶融紡糸と同じように溶けた樹脂を小さい孔から押し出して繊維状にした後、空気力で引き伸ばし捕集ネットの上に展開させる「スパンボンド法」、溶けた樹脂を小さい孔から押し出した後に孔の周囲から噴き出す高温の空気流で吹き伸ばした後、ネットで捕集する「メルトブローン法」があります。

単に繊維をシート状に拡げただけでは布にすることはできず、なんらかの方法で繊維同士をつなぎ合わせる必要があります。その方法として、バインダーとよばれる接着剤を使う技術、繊維同士をシートの厚み方向に通過する水流や針などを使って絡ませる技術、熱で一部を溶かして接着する技術に大別できます。

不織布は、マスクや紙おむつなどの衛生用品、ワイパーなどの生活資材、医療用のディスポーザブル衣料、農業資材など、身の回りで幅広く用いられています。また、不織布の大事な用途としてフィルターがありますが、細かい粒子を取り除くためのフィルターの性能は繊維が細いほど高くなります。したがって、最近のフィルター用不織布の製造技術として重要視されているのが構成繊維を細くすることで、繊維の太さが1㎛より細いものを製造するさまざまな技術も開発されています。その代表的なものが上で述べたメルトブローン法と静電気力を使う電界紡糸法です。

要点BOX

- 出来上がっている繊維をシート状にするか、繊維を製造しながらシート状にする
- シート状の繊維を接着剤などでつなぎ合わせる

不織布製造方法の分類

繊維を原料とする不織布の製造法

- 乾式法
  - 機械的に梳る
  - 空気流で飛ばす
- 湿式法
  - 水で抄く

繊維を形成しながら作る不織布の製造法

- スパンボンド法
- メルトブローン法
- フラッシュ紡糸
- 電界紡糸法

代表的な不織布の製造方法

メルトブローン法

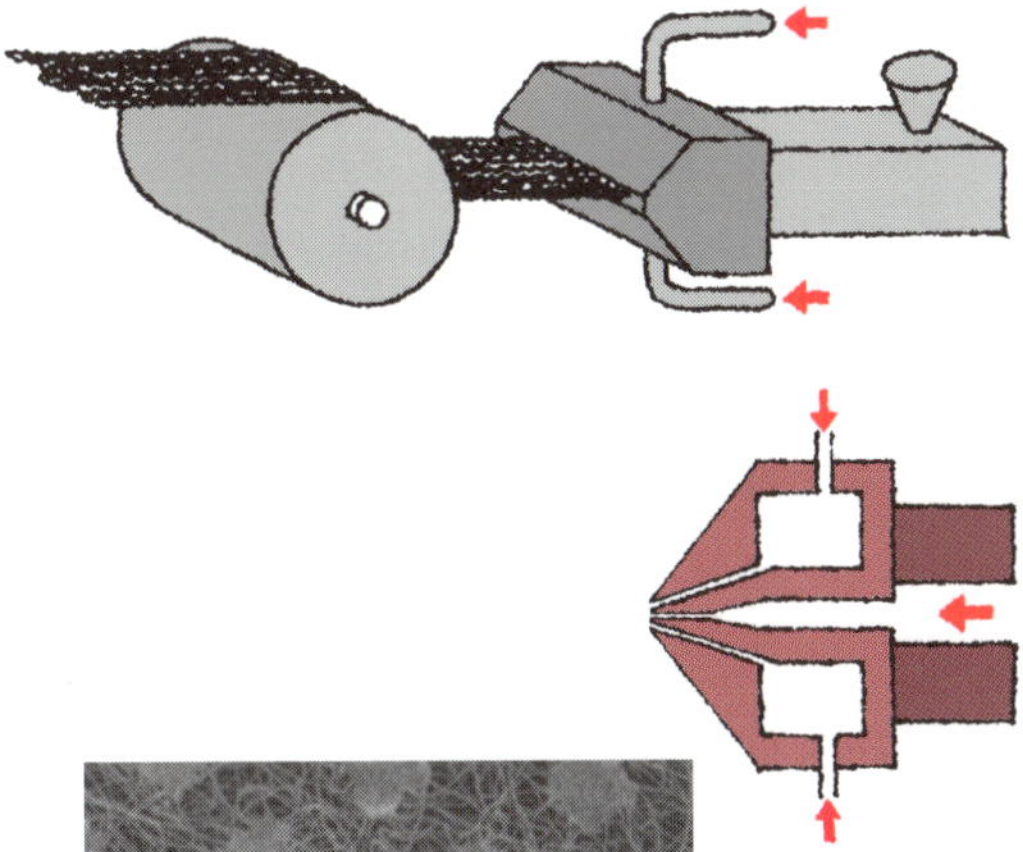

スパンボンド法

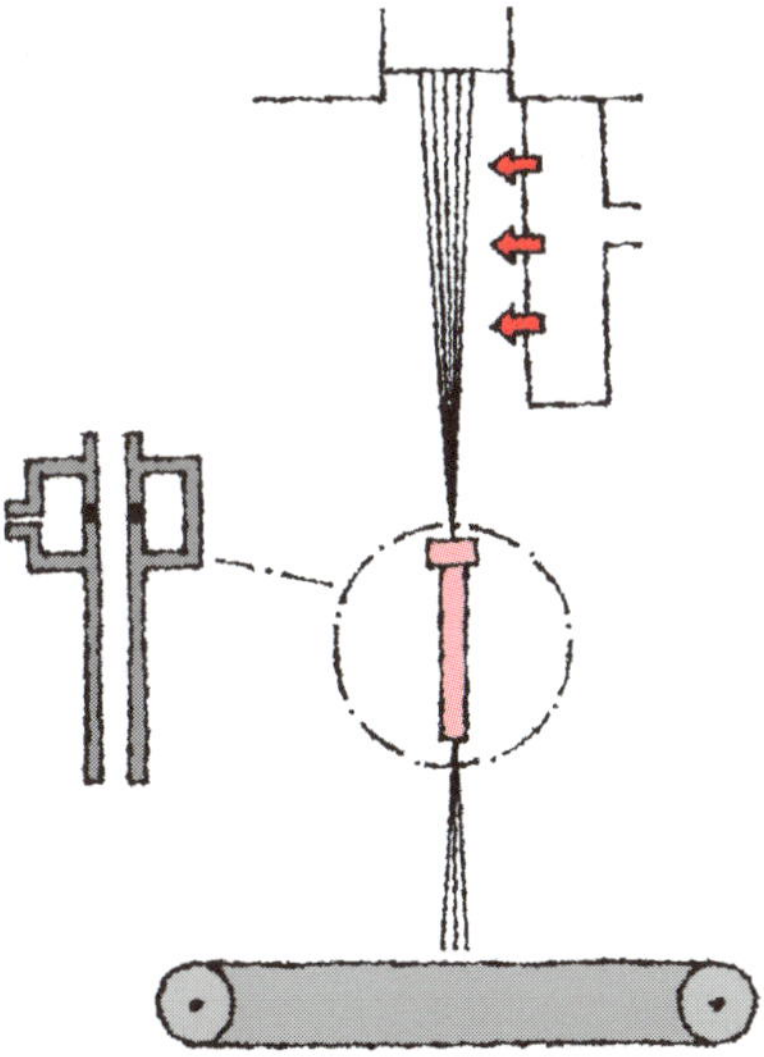

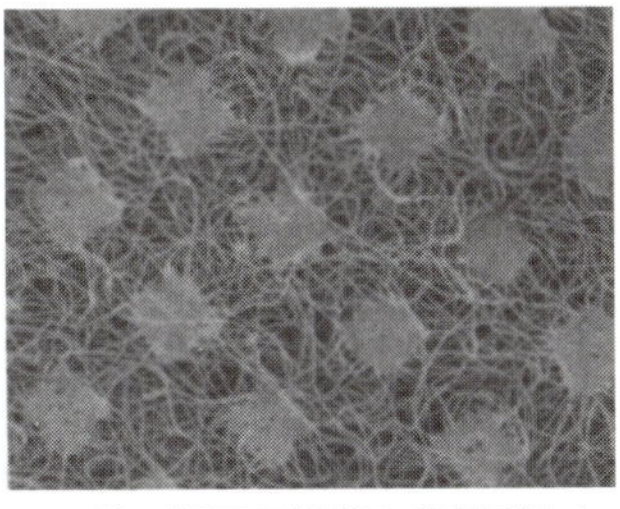

エンボス加工で繊維を熱融着した不織布

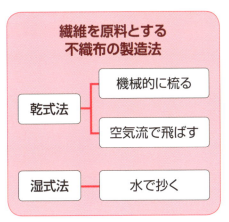

53 フィルムの作り方

フィルムブロー法、テンター法

フィルムを作る場合も繊維の場合と同様に、流動性を与えるのに高温で溶融させる技術と溶媒を利用する技術があります。溶媒を使う方法はコストが高く、溶媒回収など環境面で不利な面もあるため、厚みを高度に制御する必要のあるフィルム、光学的に均質なフィルムなど、限られた分野で用いられています。

一方、溶融法でフィルムを製造する技術は、筒状に材料を押し出す方法と、平面上に材料を押し出す方法に大別されます。いずれの場合も、フィルムの形状を作る操作に加え、フィルムの平面内に分子鎖を並べるという構造を作る操作を行う必要があります。

前者の方法は、「フィルムブロー法」、あるいは「インフレーションフィルム成形法」と呼ばれ、押し出されたフィルムを縦方向に引っ張るのと同時に、筒状のフィルム内に閉じ込められた気体の圧力を利用して周方向に引き伸ばします。スーパーのレジ袋、ゴミ袋など、袋の周方向に継ぎ目がないことが特徴の多くの製品がこの方法で作られています。

これに対し、後者の方法は「テンター法」と呼ばれ、平面状のフィルムをローラーで冷やした後、まず、複数のローラー間で製品の長さ方向に延伸し、次にテンターと呼ばれる装置を用い、クリップでフィルムの端を掴んで幅方向に引き伸ばします。この方法は「逐次二軸延伸」と呼ばれます。ローラーによる縦方向の延伸を行わずにクリップで掴んで縦・横両方向に同時に引き伸ばす「同時二軸延伸」技術も開発されています。

筒状フィルム、平面状フィルムのいずれの場合も、用途に応じて縦方向と横方向への分子鎖の配向のバランスを最適化する必要があります。

フィルム分野では、シュリンクフィルム、多孔性フィルム、多層フィルムなど様々な技術革新が行われ、最近ではテンター法で斜め方向に延伸を加えて45度方向に分子鎖を配向させたフィルムの製造技術も開発されました。

要点BOX

●溶融法と溶媒を使う方法がある
●縦方向と横方向に引き伸ばす両方向のバランスが重要

インフレーション法フィルム成形装置

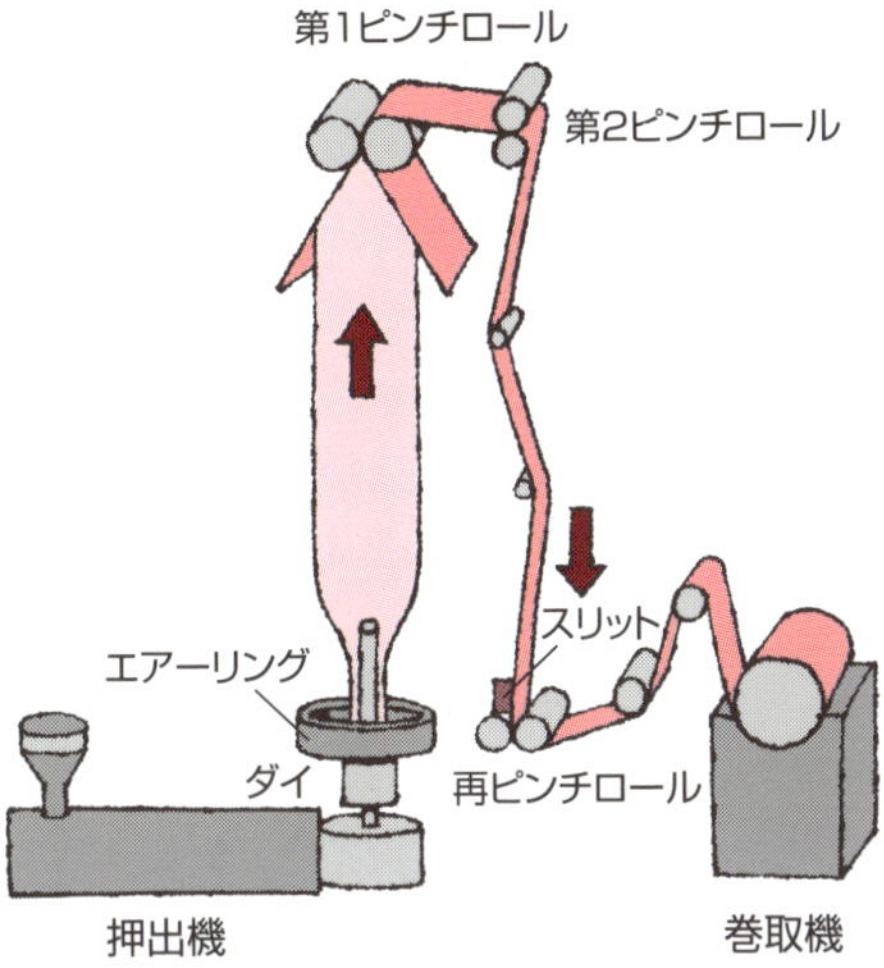

縦延伸ロール、横延伸テンターからなるフィルム逐次二軸延伸装置

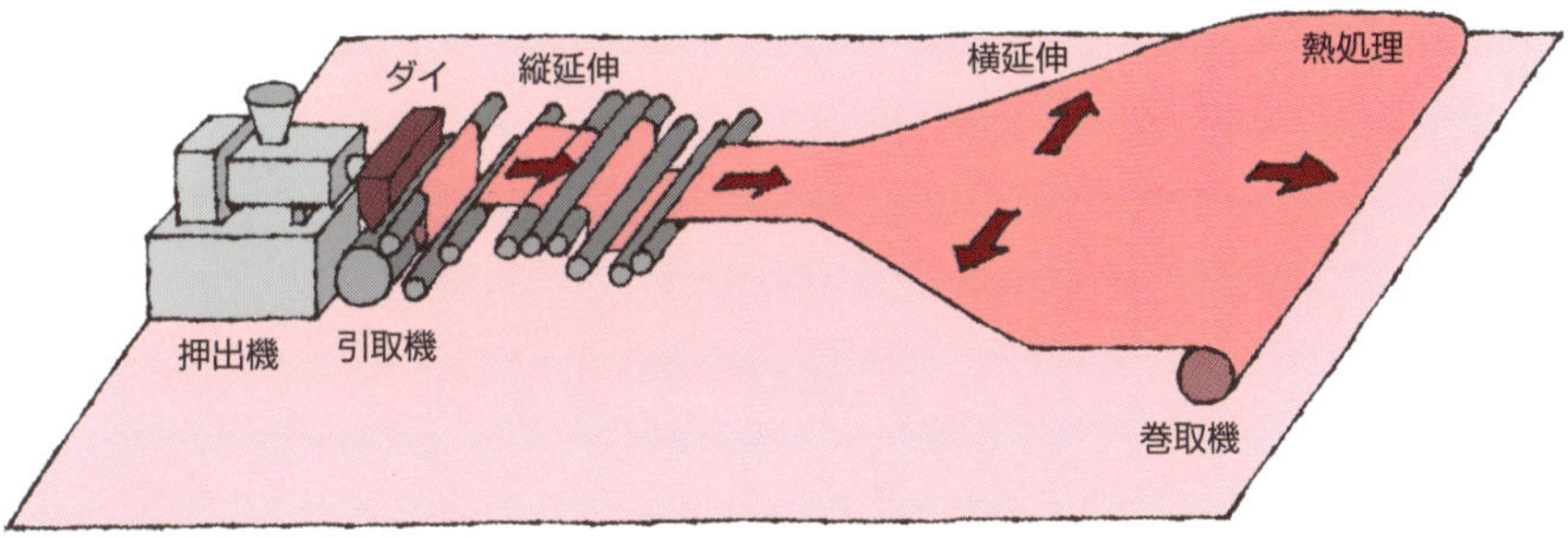

パンタグラフ式同時二軸延伸機構

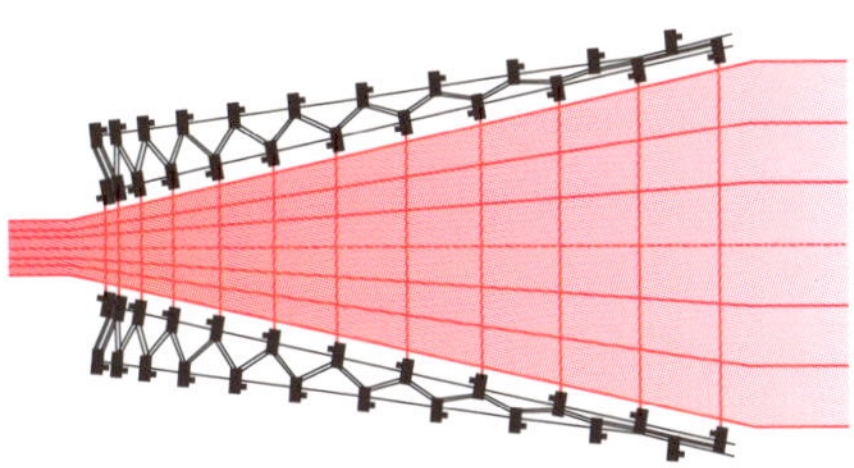

54 3次元データを基に樹脂を3次元造形

3Dプリンター

3Dプリンター（3次元データを基に3次元造形物を作る機器の総称）が注目を集めています。主な方法としては、光造形法、材料噴射（インクジェット）法、熱溶解積層法、粉末焼結積層法などがあり、液体の樹脂を光によって硬化させるか高分子を熱によって溶融・固化させる方法が取られています。

光造形法は、3Dプリンターの中では最も古くからあり、光硬化型の樹脂を使って（紫外線）レーザを当てたところだけ硬化させ、その層を幾重にも積層することによって造形します。精度は良いが装置が高価です。

材料噴射法は、光硬化型の樹脂をインクジェットプリンターのように吹き付け、紫外線を当てることで硬化させ、それを積層させることで造形します。

これらの方法は、用いる樹脂に制約があり、主に試作品を作製するのに用いられています。3Dプリンターという名前を広く普及させたのは熱溶解積層法であり、現在家庭用としても用いられています。これは、ノズルの先端から溶融した樹脂を押し出し冷却し、それを積層することにより成形します。装置がシンプルで価格が安く、成形温度も低くできますが、デメリットとしては低強度・低耐熱性などがあります。個人用途ではホビー・DIY用に、製造分野では試作品（モックアップ）などに使われています。

レーザ粉末焼結積層法は、高分子を数十μmの粉にして、高分子の融点以下、結晶化温度以上にした状態でレーザを当てて溶融させ下部と溶着させ、その上にまた粉を敷きレーザを当てることを繰り返すことで積層します。試作品だけでなく部品の製造に最も利用されています。この方法は金属材料にも用いることができ、ジェット・ロケットエンジンの機能部品の製作にも使われています。最近では、細胞をノズルから噴射することで立体組織を作製する方法が研究されており、臓器を3Dプリンターで作り出す研究につながるものと期待されています。

要点BOX
- ●積層法は様々だけど基本的に液体を固化
- ●熱溶解積層法は家庭用としても用いられる
- ●試作品だけでなく部品の製造にも

光造形法

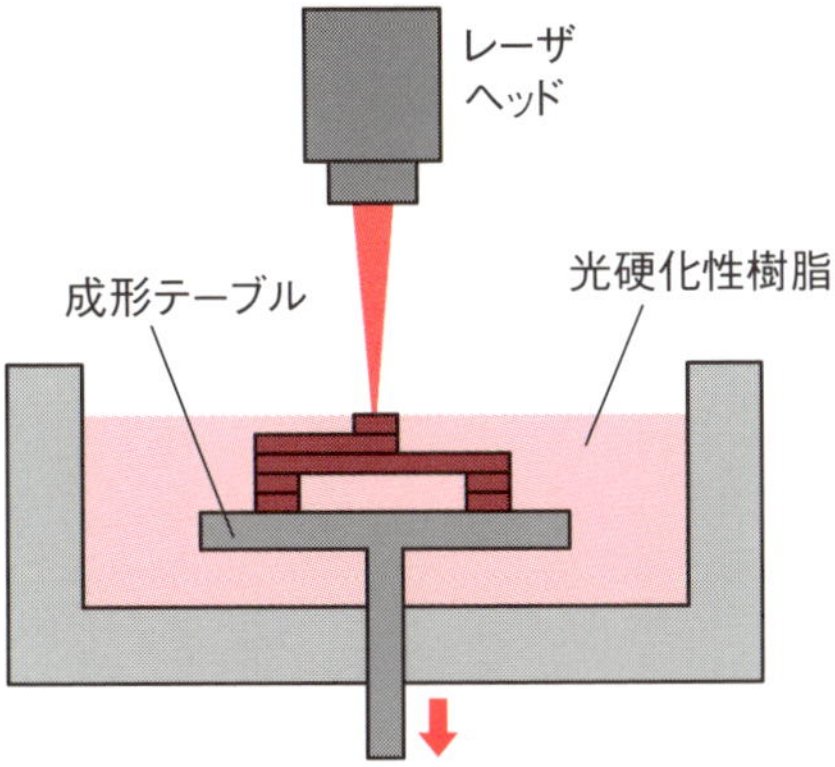

材料噴射（インクジェット）法

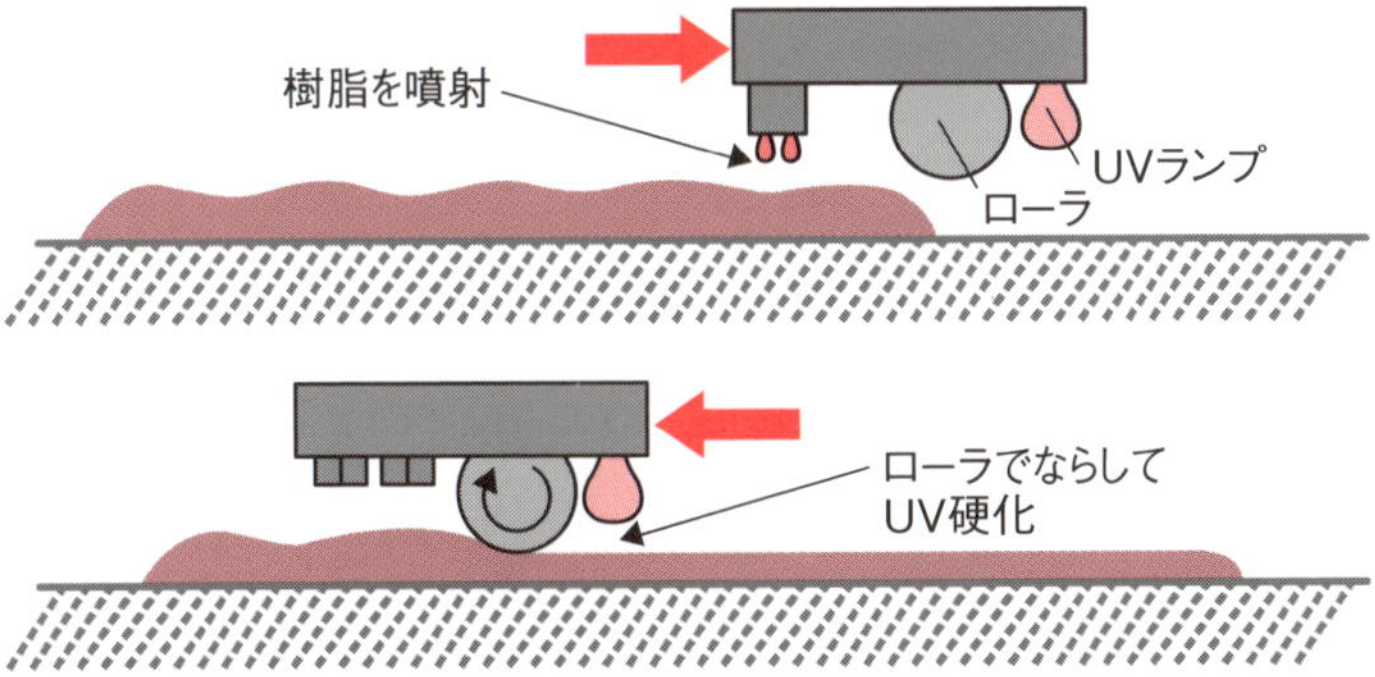

レーザ粉末焼結積層法

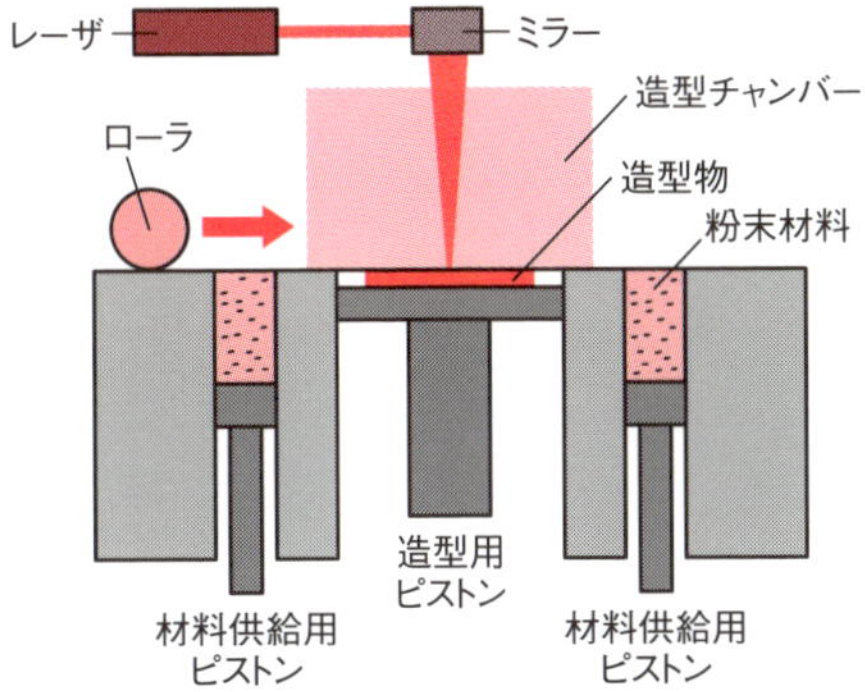

熱溶解積層法

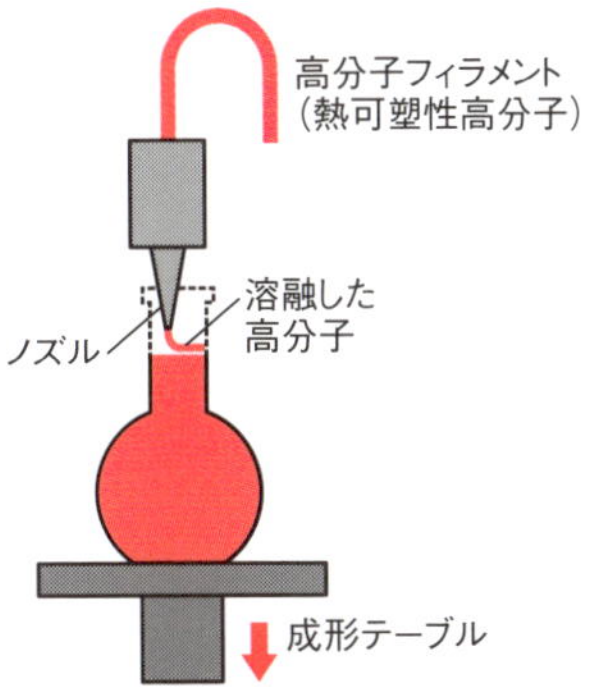

55 違う種類の高分子をブレンド

既存の材料を混ぜ合わせて弱点を克服

異なる高分子同士を混ぜ合わせた材料を「高分子ブレンド」と呼びます。材料に要求される性能・機能は1つでないことから、1つの高分子だけでそれらを満足させるのは難しく、また新しい高分子を開発するのは大変なため、ブレンドはとても有用な方法です。もちろん、材料として用いる場合、少なくとも混ぜ合わせるという1行程が多くなるので、それ以上に何らかのメリットがある場合に限られます。例えば、高価な高分子に安い高分子を混ぜてコストを下げる、1つの高分子では出せない性能を出す、両方の高分子のいいとこ取りをするといったことが考えられますが、使いたい高分子の弱点を克服する場合が多いようです。

その例として、ポリスチレンの脆性を克服するためにゴムが加えられたものがあり、それを発展させたものにABS樹脂があります。電化製品の筐体などに用いられており、電子顕微鏡で構造を見てみると、サラミソーセージのように2つの高分子が混ぜ合わされており、この構造が衝撃強度を向上させています。

もちろん、単純に混ぜるだけで性能が上がるというように簡単にはいきません。ブレンドの場合、どのレベル（構造の大きさ）で両者が混ざり合っているかというのは、物性の制御の観点から非常に重要です。高分子ブレンドでは分子レベルで混ざるのは稀なケースなので、ほとんどの場合、相分離している構造（分散している相のサイズや形など）を制御することにより高性能化が図られています。

例えば、最近の自動車のバンパーは電子レンジ用容器（タッパー）で使われているポリプロピレンを中心にゴムを混ぜた高分子ブレンドからできていますが、衝撃強度を上げるだけでなく熱膨張を抑えるために特殊な相分離構造となっています。使われる高分子自身の性能を高めるとともに、バンパーに成形加工する時の流れや結晶化をうまく利用して高度な制御を行って製品にしています。

要点BOX
- ●異なるポリマー同士は相分離するものがほとんど
- ●物性は相分離構造に大きく依存するので構造制御が重要

ABS樹脂の透過型電子顕微鏡写真と
それが使われている液晶テレビの筐体

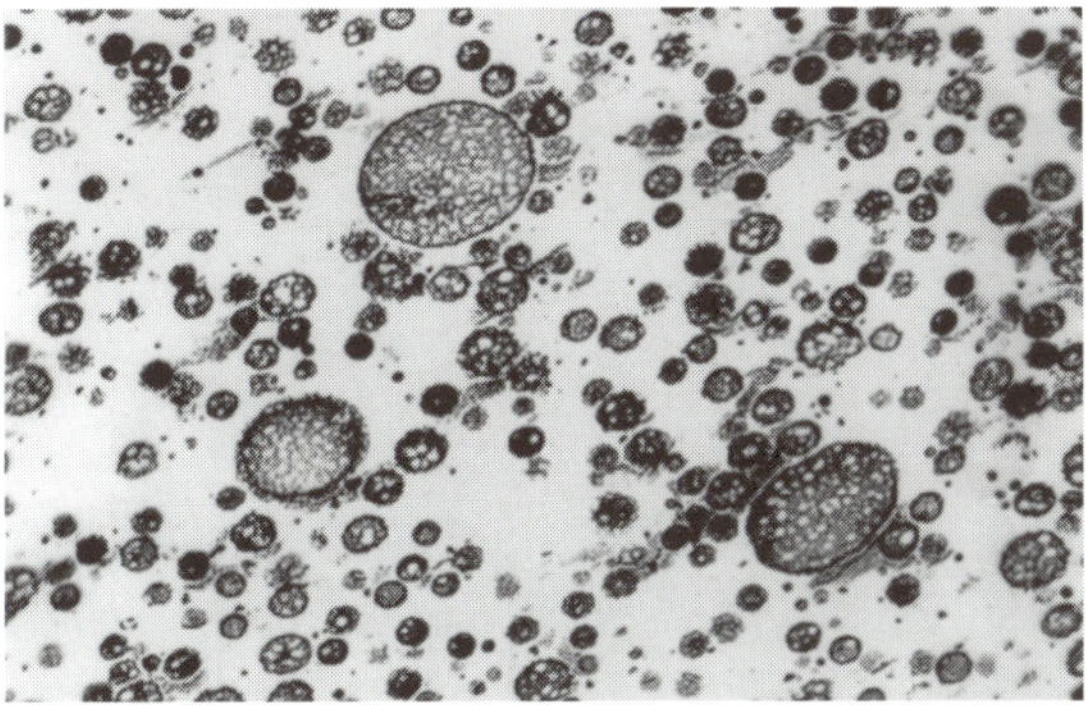

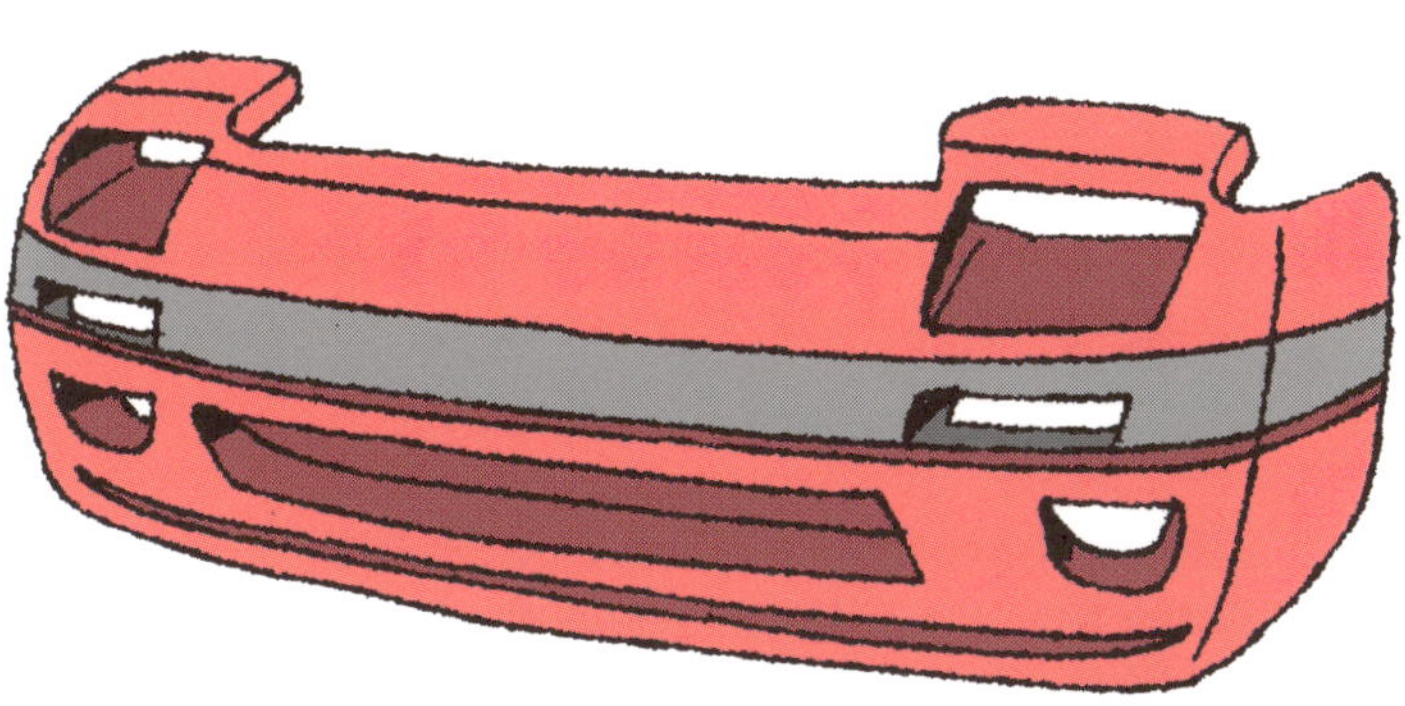

56 強くて軽い高分子系複合材料

航空機やスポーツ用品にCFRPの用途が拡大

複合材料はマトリックス（母材）中に粒子や繊維（強化材）を混ぜることによって単独の材料にはない特性をもたせた材料です。熱特性、電気特性、機械的特性、製造コスト、生産性などについての様々な要求に応じて強化材やマトリックスの種類、形状、配置などが最適化されています。

高分子は金属やセラミックスに比べて軽いために、これをマトリックスとすることによって強くて軽い複合材料が得られます。その代表例である炭素繊維強化プラスチック（CFRP）は、旅客機の機体やスポーツ用品などを始めとする様々な用途に利用されています。

強さが要求される用途では、強化材に長い繊維を用いると効果的です（繊維強化複合材料）。この材料は、物質を一旦、繊維状に加工し、再びそれらを結合して作られるので、1段階で最終製品の形状に成形する場合に比べると手間が掛かりますが、物質のもつ優れた機械的特性を最大限に引き出すことができる極めて合理的な材料の利用形態です。その理由として、まず、物質を繊維状にすると、単に形が細くて長くなるだけではなく、分子の方向が引きそろったり結晶の量が増えるなど、構造の形成に極めて大きな効果をもたらします。同じ構造の材料であっても、直径を小さくするほど強度が高くなる寸法効果も発揮できます。

また、丈夫な材料は加工し難い材料でもありますが、繊維状にするとたわみやすくなり、所定の形状にしてから結合することによって自由な形に成形できます。複合材料中の繊維の配列方向によって、方向による強度の違いをもたせたり（異方性）、変形挙動を制御したりすることができます。さらに、繊維と高分子の界面の特性を制御して亀裂が進展し難くすることもできます。複合材料独特の変形挙動を利用して、それまでの金属材料では実現できなかった主翼が前方に突き出した前進翼をもつ飛行機が作られています。

要点BOX

- ●長繊維による強化が強さを高めるのに効果的
- ●繊維の配置によって異方性を制御することも可能である

繊維強化複合材料

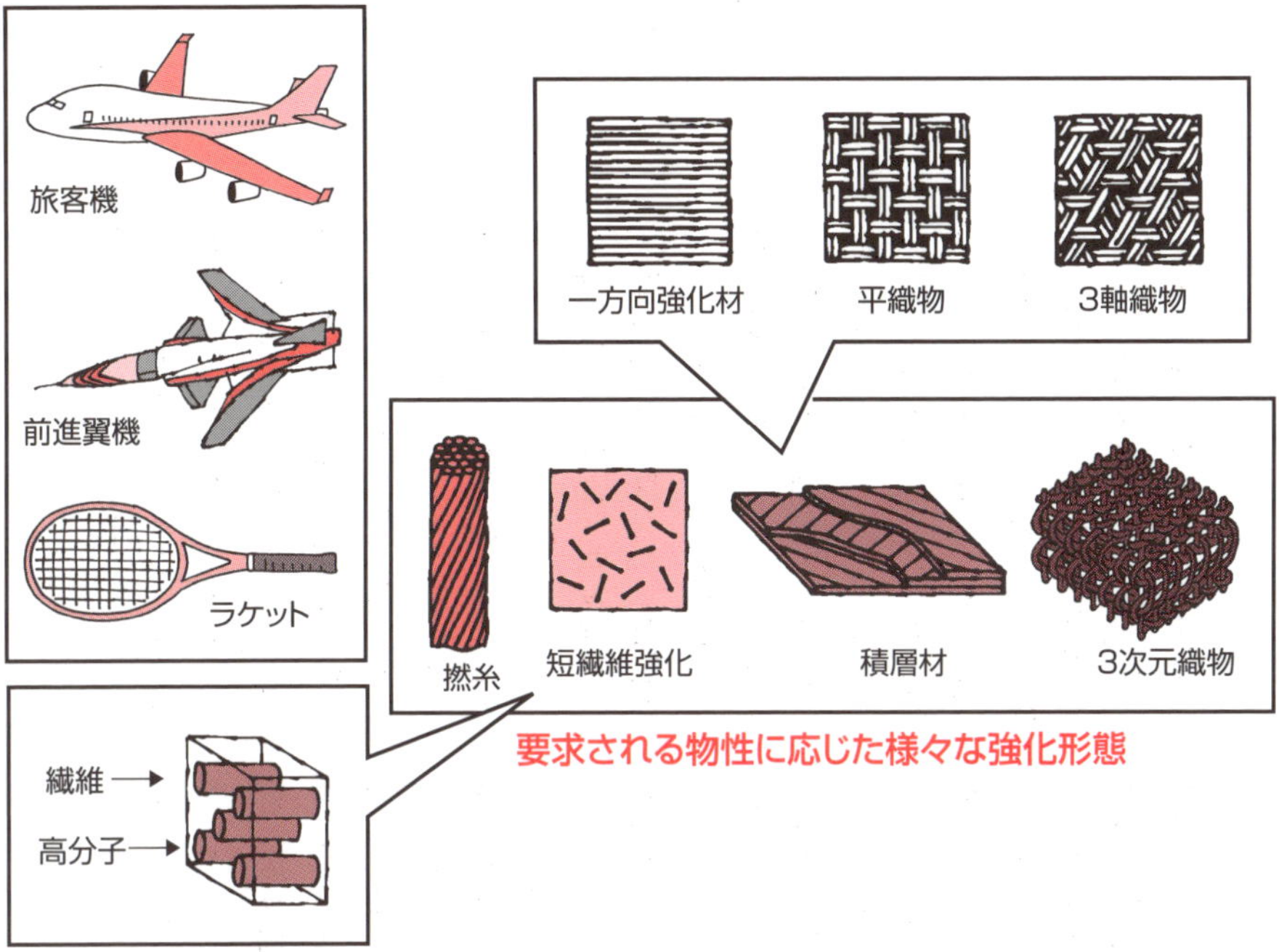

要求される物性に応じた様々な強化形態

繊維強化複合材料の強度の異方性と独特な変形

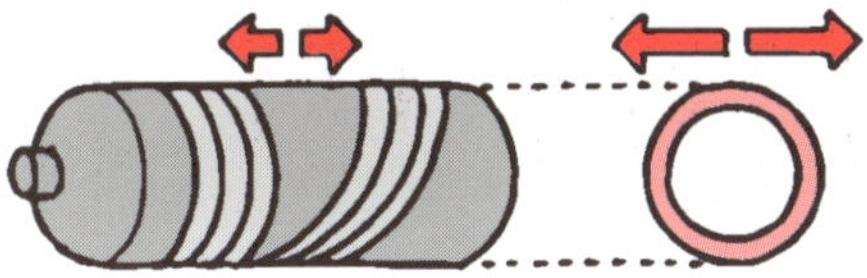

高圧タンクの円周方向には長手方向の2倍の力が掛かる。繊維を巻く方向によっては、円周方向が長手方向の2倍の強度にできる。

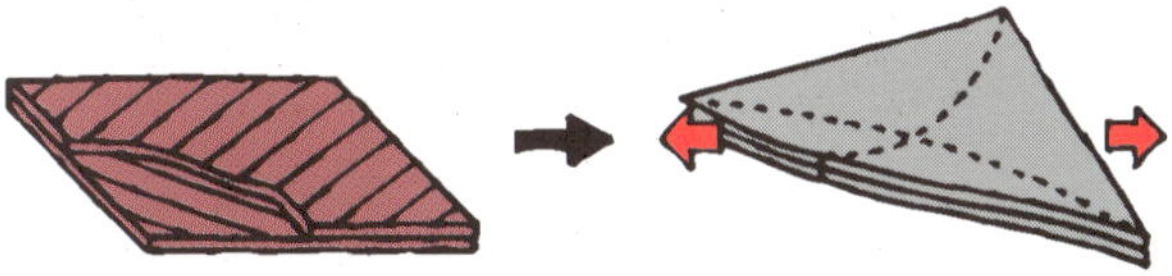

繊維の向きが板厚方向に非対称な積層板では引張るとそりが生じる。

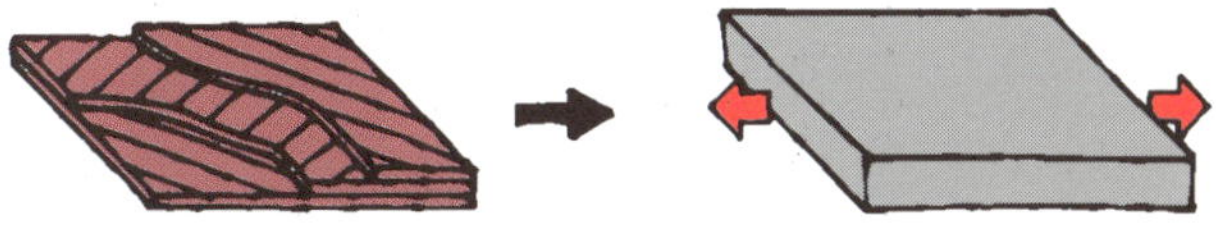

繊維の向きが板厚方向に対称な積層板では、そりを防止できる。

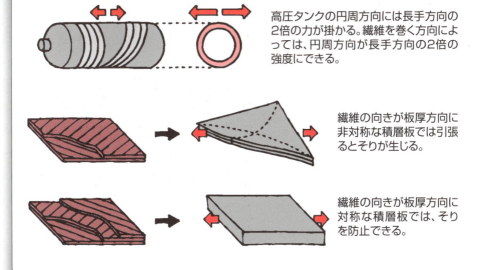

Column

紙は繊維でできた多機能材料

紙は植物の繊維や合成繊維を平らに絡み合わせたものであり、繊維でできていることがレジ袋のようなプラスチック製のフィルムと異なる点です。紙の上にペンで模様を書くことができるのは繊維間の空隙にインクが浸み込むためであり、鉛筆で書くことができるのは表面の繊維の凹凸によって鉛筆の芯が削られるためです。

紙には記録媒体や包装材としての用途だけではなく、機能性や装飾性を活かした様々な用途があります。例えば障子やふすまには室内の湿度を調整する機能があります。また、ランプシェードに和紙を用いると温もりのある灯りになります。通気性や光を散乱する性質なども繊維間に空隙があるために生じる紙の性質です。

コピー用紙や新聞紙を洋紙と呼びますが、これらは樹木に含まれる繊維で作られています。針葉樹の繊維は長いために強固に絡み合って丈夫な紙となるので、穀物やセメントの袋に用いられます。一方、広葉樹の繊維は短いためにキメが細かく平滑な紙となるので、コピー用紙に用いられます。

和紙は木の皮に含まれる繊維から作られていますが、繊維が長いために洋紙と比べてより丈夫で折り畳みに強い紙です。このため古くから襖、障子、屏風、傘、提灯、扇子、カルタなどに用いられてきました。

日本の紙幣は落葉低木のミツマタ、木綿、麻などを原料としてていねいに作られたとても高級な和紙です。紙幣を水でぬらしても、折り畳んでも、自動販売機やATMに掛けても破れないようにするために和紙が用いられています。触った時の風合いが独特で、「透かし」を入れることができるなど、偽札が作りにくいことも和紙が用いられる理由です。

樹木の中では繊維同士がリグニンという物質で接着されています。新聞紙や週刊誌などの紙は木材を機械的に削った繊維で作られており、リグニンが残っているために長時間日光にさらすと黄ばみが生じます。一方、コピー用紙はリグニンを化学的に溶かして取り除いた繊維で作られているために黄ばみが生じません。

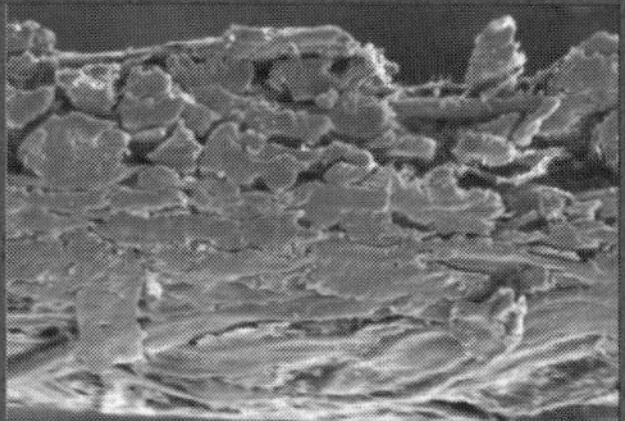

コピー用紙断面の電子顕微鏡写真

第6章

生体・環境に関連する高分子

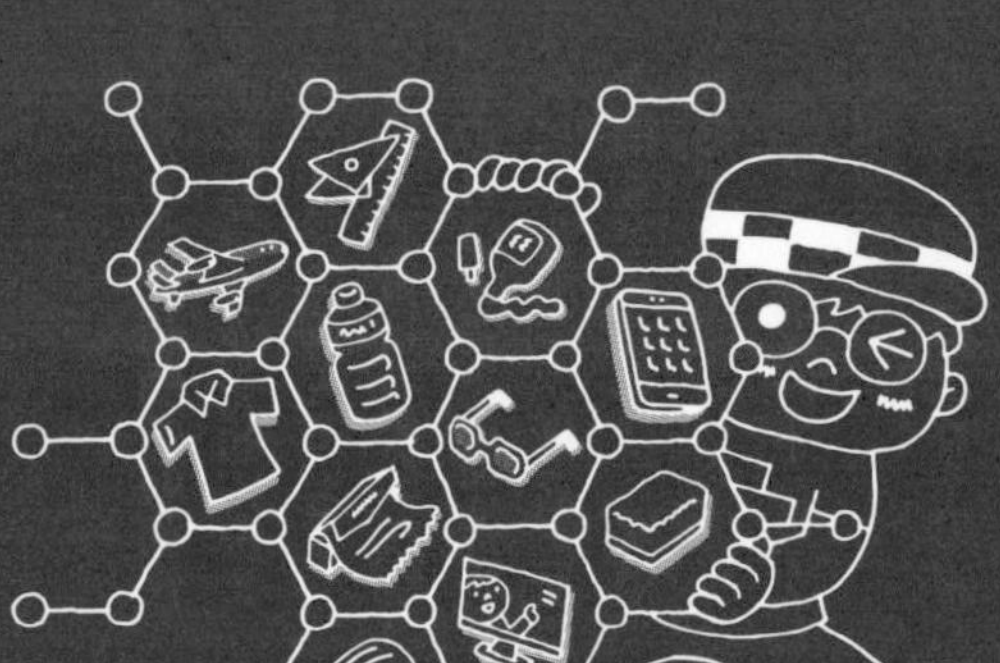

57 人体を構成する高分子

タンパク質は炭水化物と脂質と並んで三大栄養素の一つです。

Lアミノ酸は20種類ありますが、これらには必ずアミノ基とカルボキシル基があり、お互いに脱水縮合するとアミド結合（ペプチド結合）で連結されます。このようにしてアミノ酸が多数連結されて生成するのがタンパク質です。

構成するアミノ酸の種類や数は、生体では遺伝子情報で制御され、分子量数千から数千万までいろいろなものが存在します。そして、連結しているアミノ酸の少ないものは「ペプチド」と呼ばれています。

タンパク質においてアミノ酸がどのような順で並んでいるかを指して、「一次構造」と呼んでいます。アミノ酸にはチオール基やアミノ基のような、互いに親和性のある側鎖をもっていたり、ペプチド結合自身が水素結合でお互い引き合うことから、αヘリックス構造とβシート構造をとることができ、これを「二次構造」と呼んでいます。

さらに、二次構造を維持したまま側鎖間の親和性や疎水部同士が集まるなどの影響で3次元的に決まった形をとります。これを「三次構造」と呼んでいます。酵素の場合には三次構造によって基質に特異的な空間が作られ、決まった基質を取り込んで反応が進行していきます。三次構造はタンパク質の一次構造が反映されたものですから、一次構造が異なれば三次構造も異なってきます。卵を加熱すると固まりますが、これはタンパク質の熱変性と呼ばれ、加熱により三次構造が変化するために起こる現象です。

タンパク質は生体内でプロテアーゼと呼ばれる酵素により造られます。人工的にアミノ酸を重合させることもできます。通常は縮合剤を使用してアミノ基とカルボキシル基を連結させていきますが、ポリアラニンのような単一アミノ酸の重合物はNCA法と呼ばれる環状モノマーの開環重合で合成されます。

要点BOX
- タンパク質は三大栄養素の一つ
- L-アミノ酸が多数連結してタンパク質は生成される

いくつかのアミノ酸

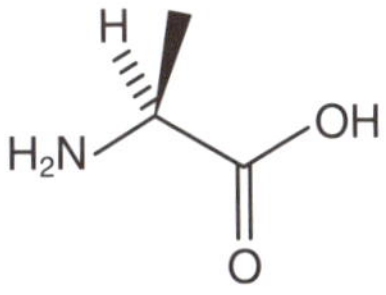

アラニン

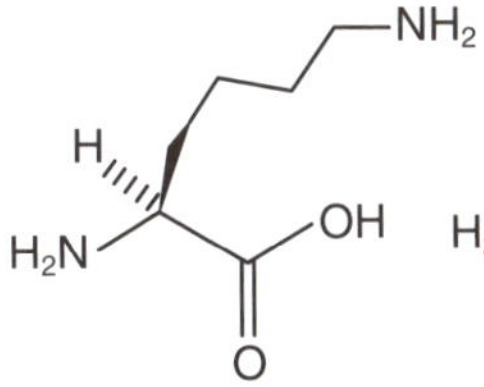

リシン

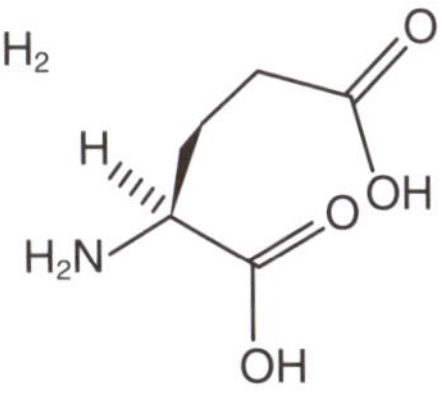

グルタミン酸

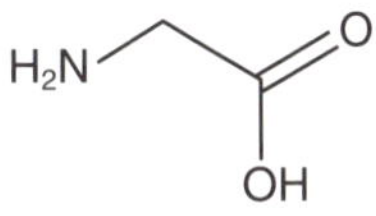

グリシン

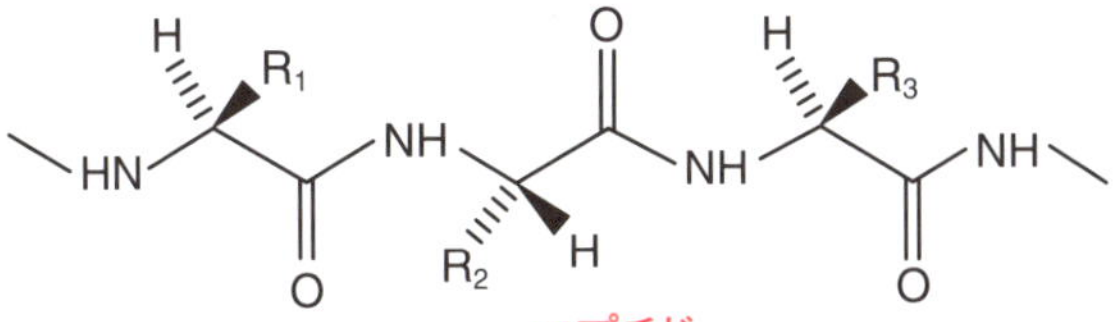

ペプチド

タンパク質の三次構造

58 人間が消化できる高分子、消化できない高分子

でんぷんとセルロース

でんぷんは米、麦、芋などに含まれている人間に必須の栄養素です。一方、セルロースは植物を構成するもっとも主たる成分ですが、人間は食べても消化することができません。ところが、でんぷんとセルロースはともに単糖類であるグルコースをモノマーとする高分子です。

グルコースにはアルファ型とベータ型の平衡状態にある2種の異性体がありますが、でんぷんはα-グルコースが重合したもので、セルロースはβ-セルロースが重合したものです。その結果、分子レベルででんぷんはらせん構造をとりますが、セルロースはシート状の高結晶性構造です。そのため、でんぷんはヨウ素分子を取り込んで紫色になる性質がありますが、セルロースはヨウ素を取り込むことはありませんし、水や有機溶媒に溶解しません。

でんぷんは直鎖状のアミロース（20～30％）と枝分かれ構造をもつアミロペクチンの混合物となっています。でんぷんを水に分散させて加熱すると糊状になりますが、これは水がでんぷんの結晶構造を破壊するためです。

人間はでんぷんの消化酵素であるアミラーゼを消化器系にもっているので、でんぷんを消化できますが、セルロースを消化することはできません。一方、牛が草（セルロース）を消化できるのは、胃の中にセルロース分解酵素であるセルラーゼをもっている微生物がいるからです。

植物においてセルロースは、いわば柱の役割を果たしていて、壁となります。リグニンとよばれる高分子がセメントの役割として働きます。セルロースを分解すればグルコースが得られるので、食糧問題解決を目指してセルロースからグルコースを生成させる反応が研究されていますが、商業ベースに乗るような方法はなかなか難しく、いまだに解決されていません。

要点BOX

- でんぷんは三大栄養素の一つ
- でんぷんとセルロースのモノマーは共にグルコース

でんぷん

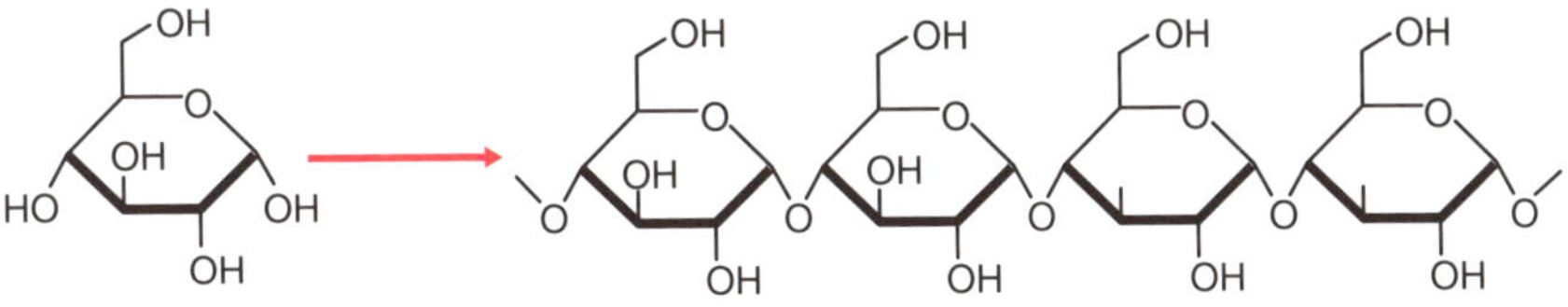

α-グルコース

セルロース

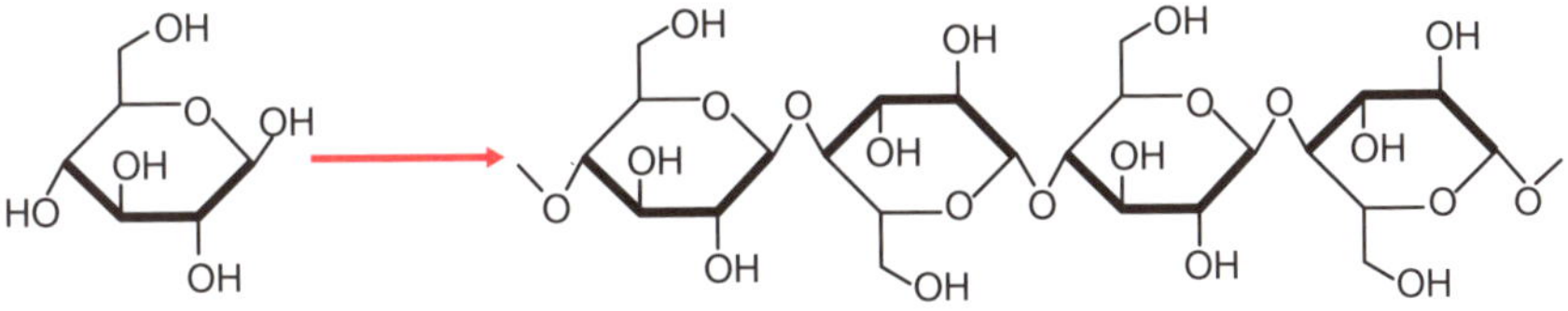

β-グルコース

59 遺伝情報を伝える高分子

DNA、RNA

核酸は生体が生産する高分子化合物で、デオキシリボ核酸（DNA）とリボ核酸（RNA）の2種類があります。そして、全ての生物の遺伝情報とそれに基づくタンパク合成を担っています。

DNAは遺伝情報が格納されている、いわゆる遺伝子で、そこから必要なタンパクの情報を写し取ってタンパク合成をするのがRNAです。人間を構成している全ての細胞には同じDNAが格納されています。

DNAとRNAではモノマーの構造が少し異なります。その化学構造は、5員環の糖であるリボース（RNA）あるいはデオキシリボース（DNA）、核酸塩基（アデノシン（A）、グアノシン（G）、チミジン（T）、シチジン（C）、ウリジン（U））およびリン酸で構成されます。

DNAとRNAを比較すると、5員環の糖に水酸基があるかないかという違いで、水酸基があるRNAの方が加水分解を受けやすくなります。ここで、DNAではウリジンが、RNAではチミジンが使われません。

つまり、DNAとRNAそれぞれ4種類のモノマーがあることになります。そして、これらモノマーがリン酸エステルを形成しながら重合すると、例えばDNAとなります。重合といっても、ポリエチレンの重合のように単純に連結するのではなく、4種のモノマー1つ1つの並び方が完全に制御されながら連結されていきます。そして、その並び方が遺伝情報となります。

すなわち、核酸塩基3個の組合せ（コドンと呼ばれます）で対応するアミノ酸を表現しており、これは例外はあるものの全ての生物に共通の言語であるといえます。DNAでは核酸塩基のAとT、GとCが、RNAではAとU、GとCが特異的に水素結合を形成することが知られています。この水素結合の働きで、DNAは右巻き二重らせん構造をとります。この二重らせんは1953年にワトソンとクックにより発見され、その後の生物学の進歩に大いに貢献しました。

要点BOX
- ●核酸は生物の設計図
- ●DNAモノマー3つで1つのアミノ酸を表現することができる

核酸のモノマー

DNA

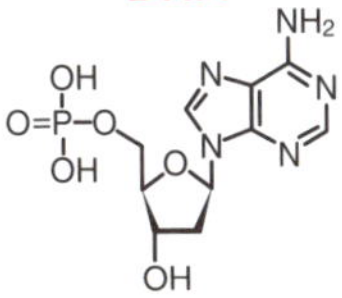

dA

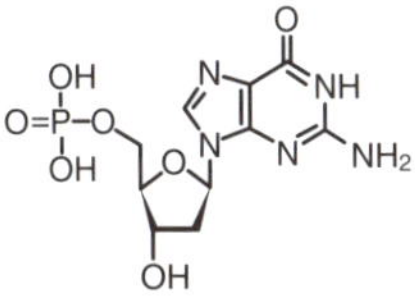

dG

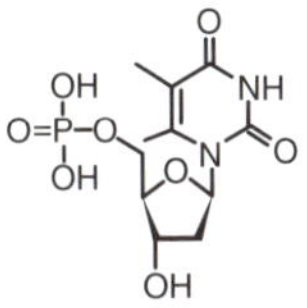

dT

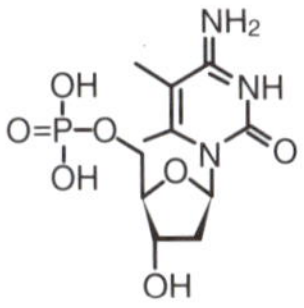

dC

※dは「デオキシ」の意味

RNA

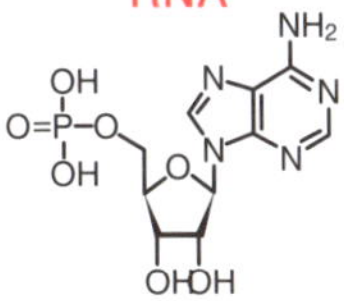

A

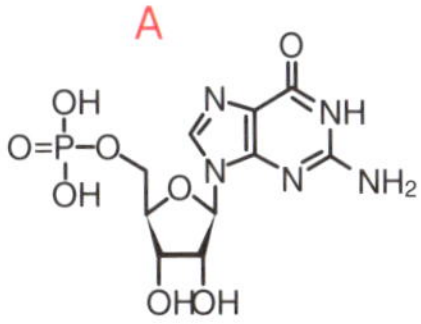

G

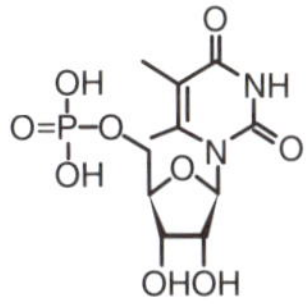

U

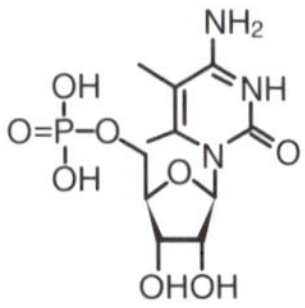

C

DNA

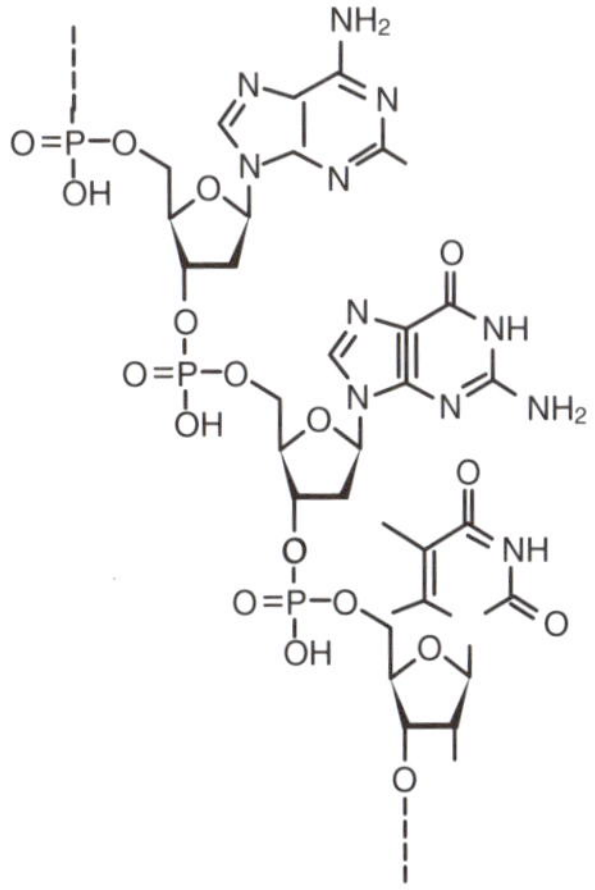

DNAの二重らせん構造

60 医療に使われる高分子材料

輸液バッグ・縫合糸・人工血管

医療材料用高分子といっても、視力矯正用コンタクトレンズや包帯・絆創膏から体内埋め込み型の人工臓器に使われるものまでかなり幅広く、手術用具や検査・診断用具まで含めるとさらに広がります。単に無菌性が重視されるものから、生体適合性や感染抵抗性が必要とされるものまで要求性能・レベルも様々です。

輸液バッグに使われる高分子は、直に生体と接触しないことから、滅菌処理耐性や残量がわかること（透明性）、可塑剤の流出がないこと、ヒートシール性などが要求されます。

手術に使われる縫合糸は、ほとんどが高分子製の糸が使われ、縫いやすさや生体吸収性の有無といったことが必要になります。手術で縫合しにくい部位での傷開口部の閉鎖や止血に優れた材料（接着剤）が望まれていますが、現在性能はどれも不十分です。このように開発を早急に進める必要がある材料が多くあります。

人工血管では、人工透析用のように体外で用いるものと体内埋め込み用があり、動脈瘤ができた場所などを人工血管で置き換えることが行われています。体内埋め込み型で現在使われているのは、延伸ポリテトラフルオロエチレン（ePTFE）やポリエステル繊維を使ったものがほとんどです。これらは単なるチューブ形状をしているだけではなく、ePTFEでは延伸によって、ポリエステル繊維では織りや編みで隙間を作っています。血管に柔軟性を付与するだけではなく、血管内皮細胞が付着しやすくするためです。もちろん、隙間から血液が漏れては困りますし、生体適合性を上げるためにコラーゲンなどを塗布したりします。しかし、脳内などに使う内径が小さいもの（6㎜未満）は実用化されていません。これは詰まりやすいためです。血栓ができないためには、実際の血管と同じように表面に血管内皮細胞が付着し血小板などが付着しないようにすることが重要であり、表面処理により開存率を上げる研究が行われています。

要点BOX

- 医療用に使われる高分子には多くの場合、生体適合性が必要
- 人工血管は詰まらないようにすることが大事

高分子手術用具

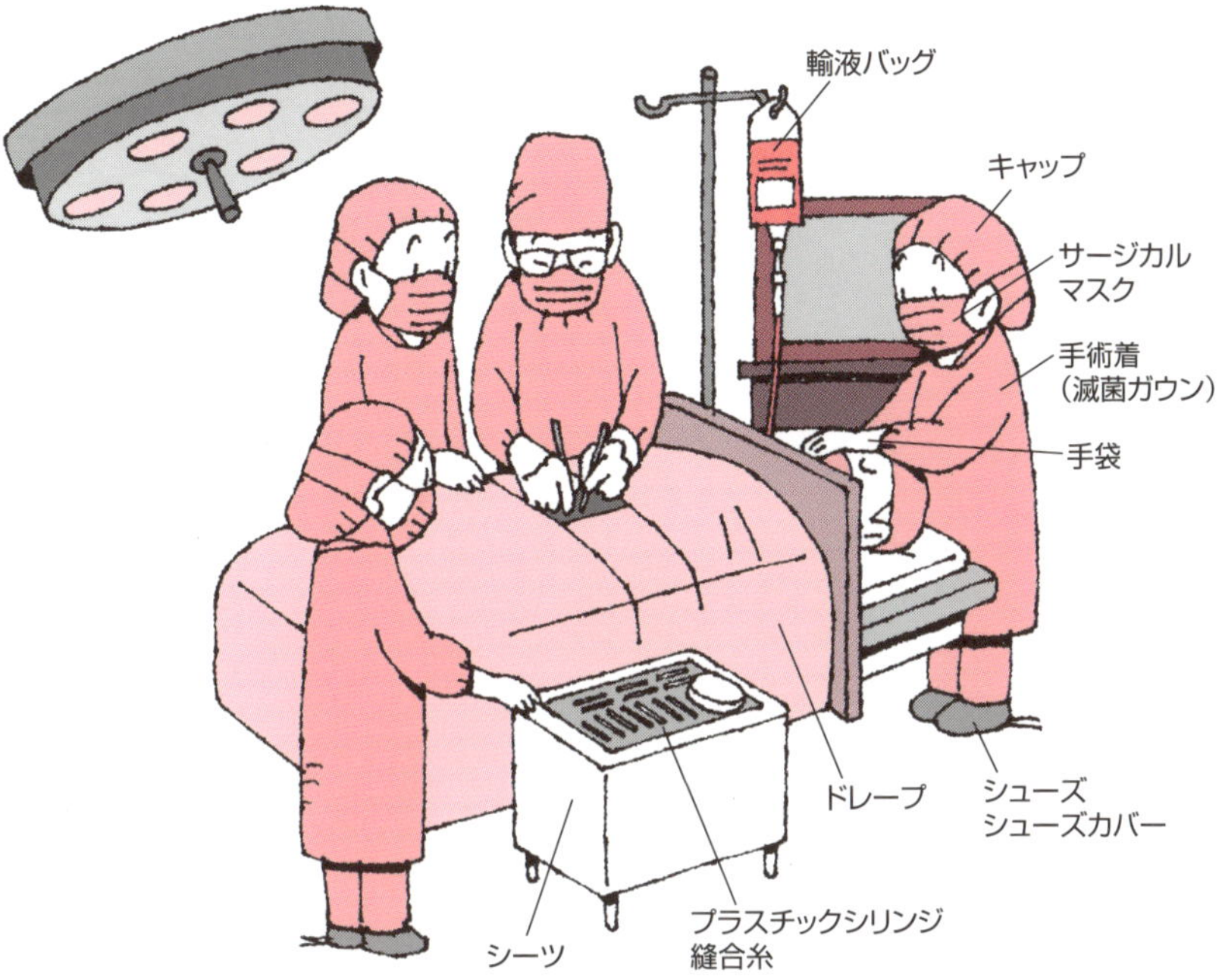

血管に縫合した人工血管とその表面

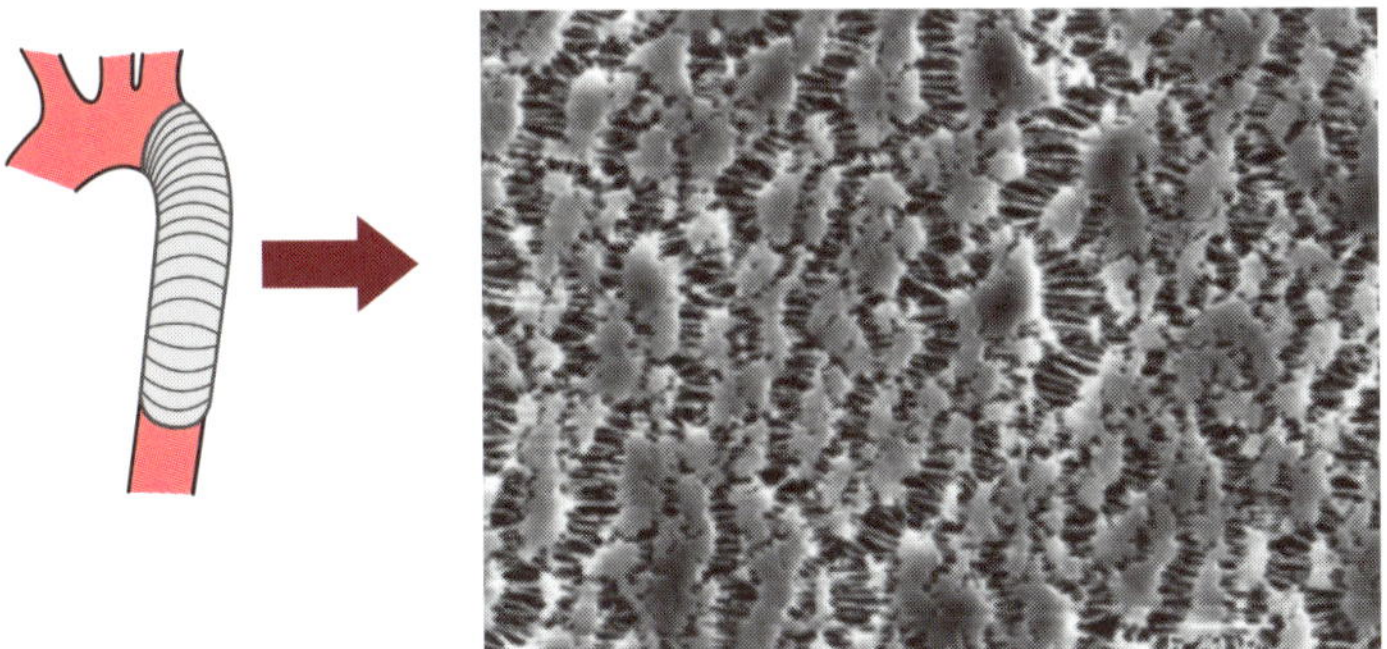

61 温度で性質が変化する高分子

再生医療で注目される細胞シート作製で活躍

　ある高分子溶液の温度を下げていくと、高分子の溶解性が下がり、やがて溶液が濁ってきます。この点を「曇点」と呼んでいます。逆に温度を上げていくと、曇点がある場合もあります。これらの曇点を迎える温度を「臨界点温度」と呼び、前者の場合はUCST（upper critical solution temperature）、また後者の場合をLCST（lower critical solution temperature）と呼んでいます。

　ポリ（N-イソプロピルアクリルアミド）（PNIPAM）は水に溶解し、LCSTを32℃にもっています。水溶性の高分子がある温度で水に溶けなくなるということは、この高分子が親水性から疎水性に変化したということで説明できます。この性質を利用して再生医療で活躍する画期的な材料が開発されました。

　細胞をシャーレの上で培養すると、増え続けた細胞がシャーレを埋め尽くします。そしてそれをシャーレから剥がすと細胞シートが取り出せます。これは、深刻な火傷を負った皮膚の再生や目の角膜の再生に利用できます。しかも、細胞シート作製の元細胞は患者自身の細胞を使用できるので、移植で問題となる拒否反応が起こらないという大きな利点があります。

　細胞シート作製には一つの問題があります。それは、シャーレから細胞シートを剥がす時にタンパク質を分解する酵素をシャーレと細胞の間に注入して行うために、どうしても細胞シートの表面が荒らされることです。

　そこでPNAIPAMであらかじめ表面を加工したシャーレが開発されました。一般に細胞は疎水的な表面を好みます。PNAIPAMは32℃より高温で疎水性、低温で親水性なので、37℃で細胞を培養して20℃に冷却すると親水表面が嫌いな細胞シートは簡単に剥離するのです。

要点BOX
- ●分子溶液の温度を下げていくと溶けなくなる高分子と上げていくと溶けなくなる高分子がある
- ●高分子の温度変化を利用して細胞シートを剥離

PNIPAMは32℃が臨界点温度

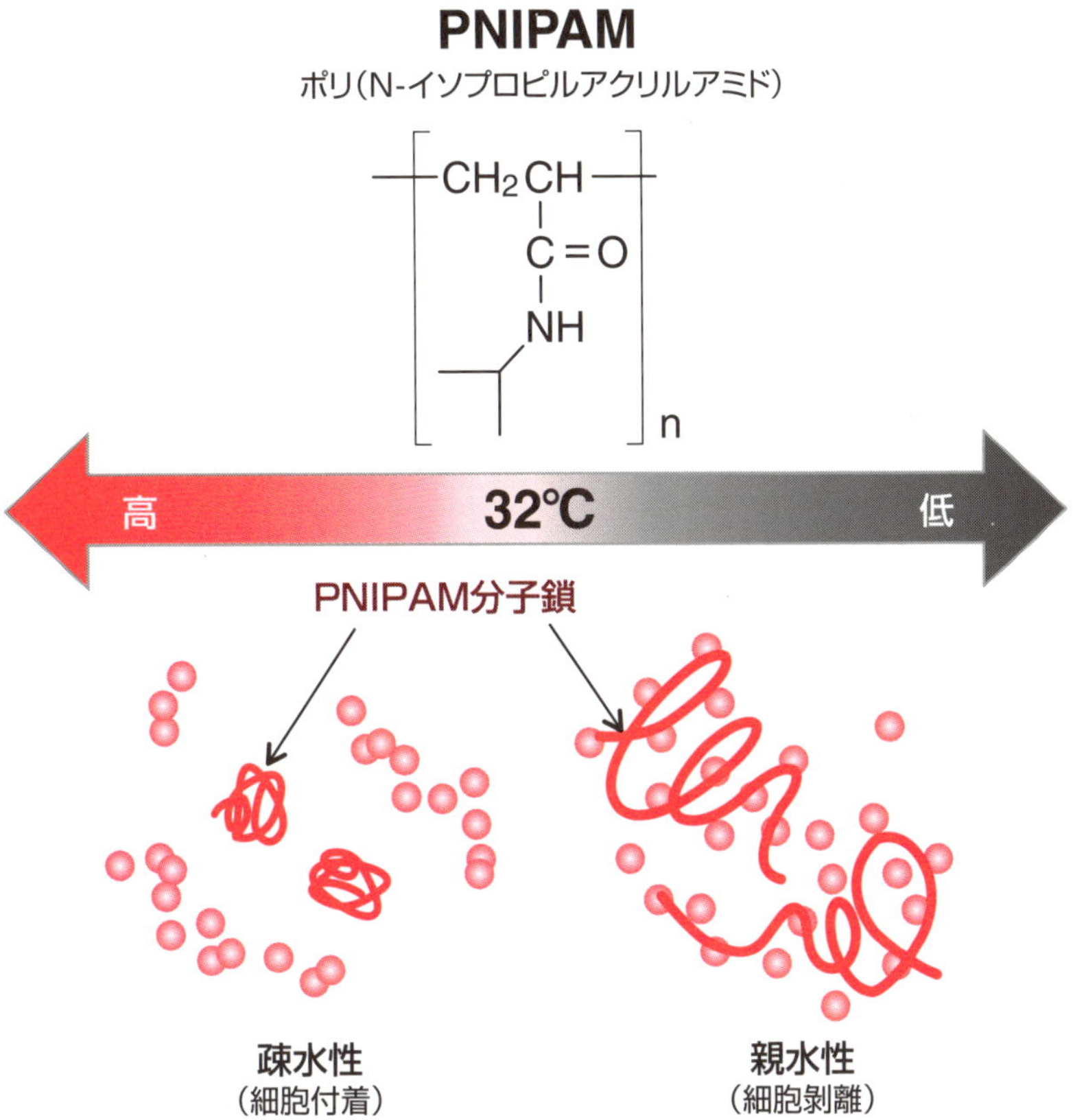

細胞シートの作製

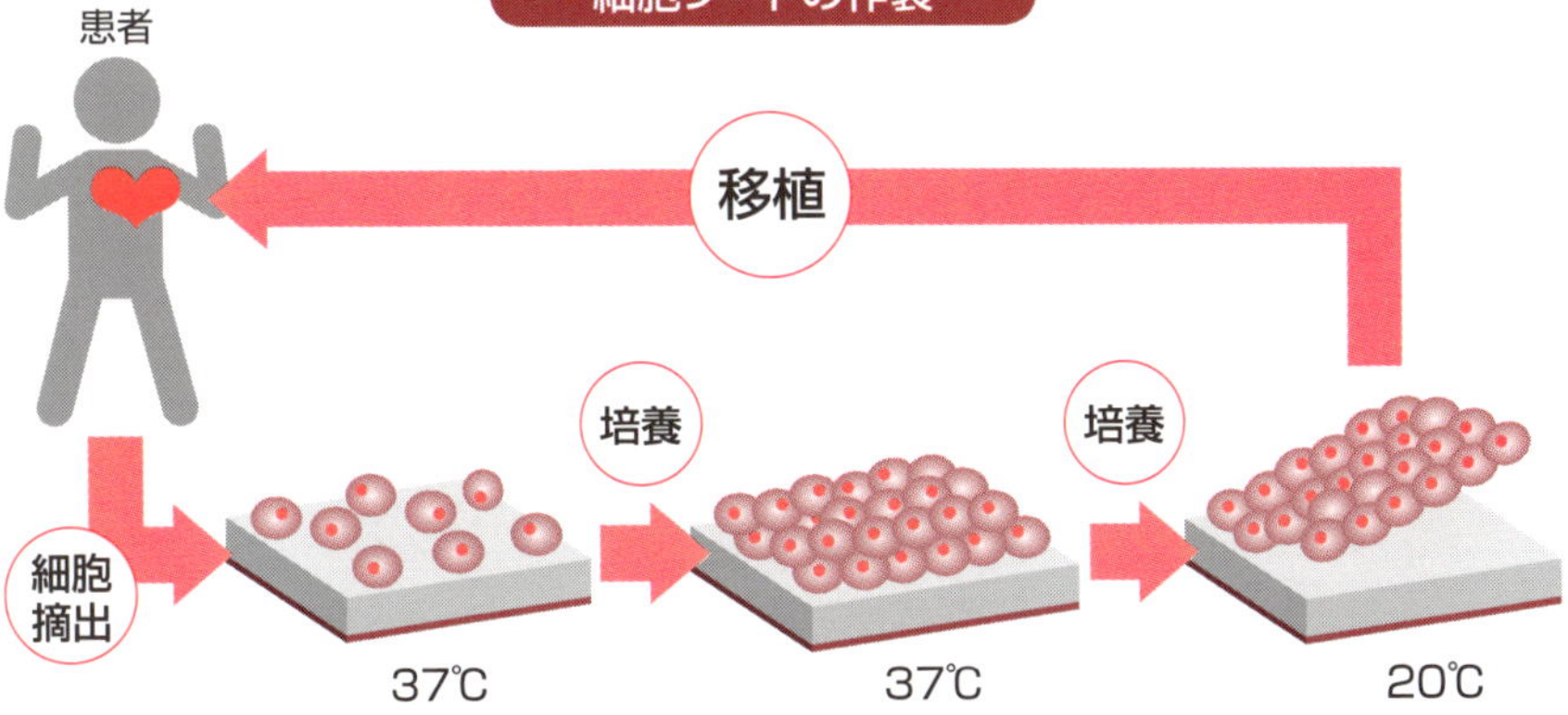

62 微生物が分解してくれる高分子

生分解性高分子

廃棄された高分子を焼却して排出される二酸化炭素の増加が環境に与える影響が危惧されています。また、分解しにくい高分子は、放置されると魚や鳥などの生態系に影響を及ぼします。それゆえ、環境への影響を少なくするために生分解性高分子の使用が増えています。生分解性高分子は、微生物によって完全に消費され、二酸化炭素や水などだけになってしまいます。生物資源由来のものばかりと思われるかもしれませんが、石油由来のものでも生分解するものがあります。例えば、洗濯のりなどに使われていたポリビニルアルコールや容器などに使われているポリブチレンサクシネートなどは石油由来ですが生分解します。最近では、石油由来とはいえ、その原料の一部を生物資源由来に代えて作られるものが増えています。逆に、完全に生物資源由来のバイオプラスチックでもすべてが生分解性を示すとは限りません。

原料からの分類では、微生物系、天然物系、化学合成系があります。微生物系では、バクテリアなどの微生物が代謝の過程で体内に高分子を蓄積することなどによって作られ、バイオポリエステルなどがあります。天然物系では、キトサン、セルロースなどがありますが、変性して熱可塑性をもたせて加工性を上げたりしています。化学合成系では、化学的・生物学的に合成されたモノマーを重合して作られます。生分解性高分子の代表例であるポリ乳酸も、トウモロコシなどから作られるでんぷんを原料とした乳酸から重合するため化学合成系に分類されます。

生分解性高分子だからといって通常の環境下ですぐに生分解を始めるわけではありません。例えば、ポリ乳酸は水中や土中では数年間安定ですが、湿度と温度が高いコンポスト（堆肥）の中では製品の表面積などに大きく依存しますが1週間程度で分解されたりします。これは、温度が高い状態での加水分解が先行し、それに微生物による分解が続くためです。

要点BOX

- ●微生物の働きで二酸化炭素や水だけとなり環境への影響が少ない
- ●石油原料由来の生分解性高分子もある

土中で分解するプラスチック

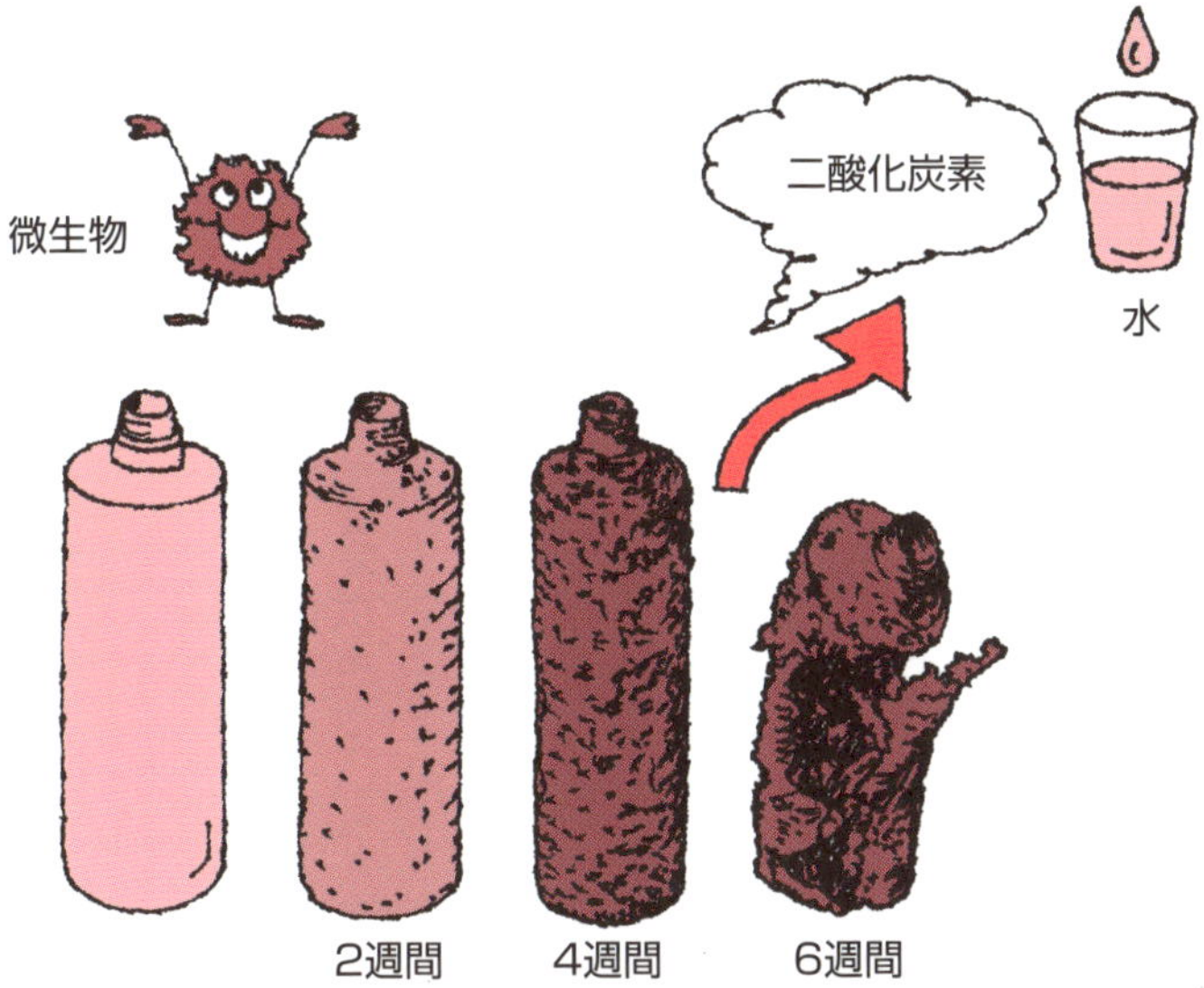

植物由来高分子(ポリ乳酸)の炭素循環システム

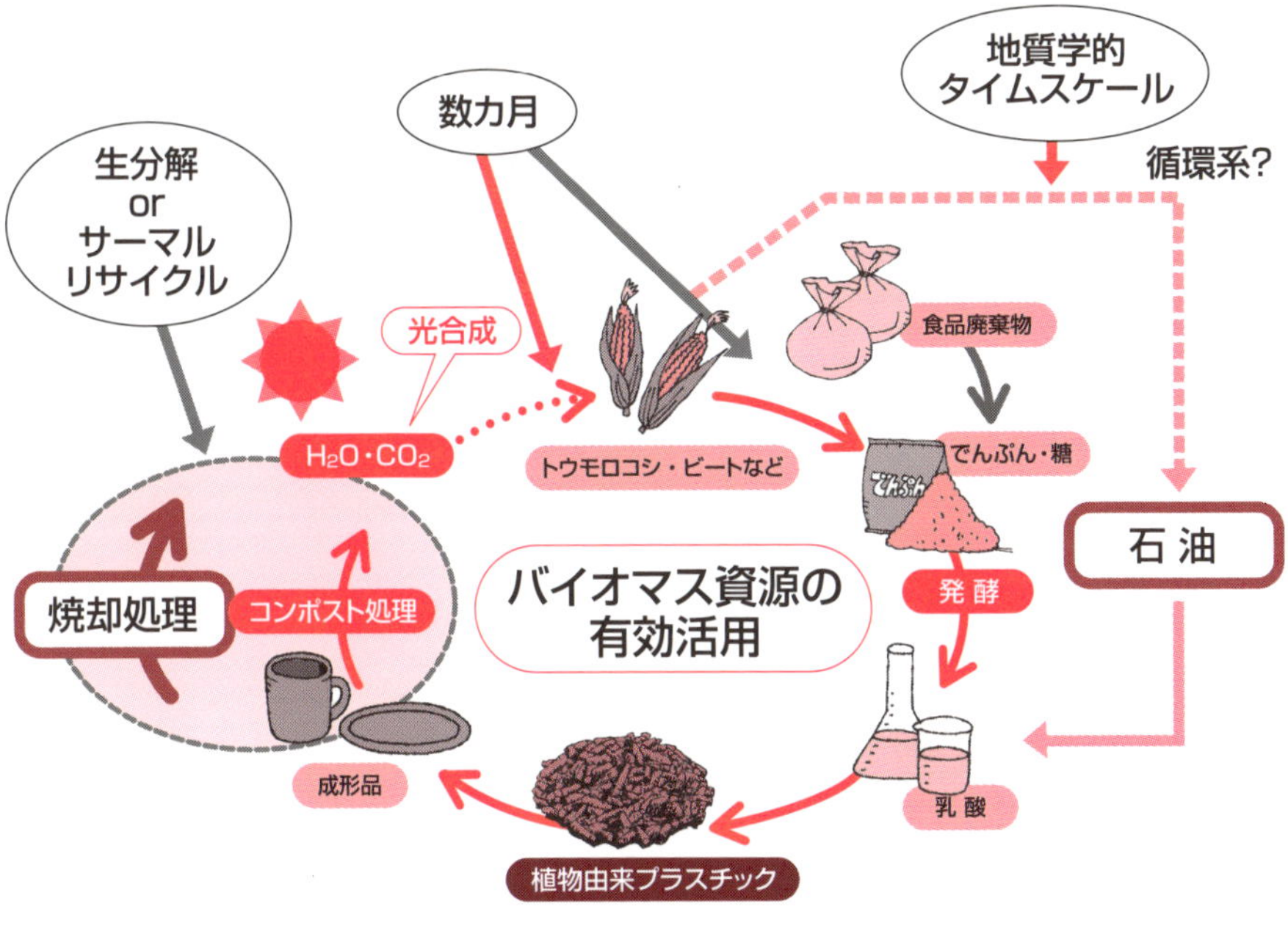

63 土木・建築に用いられる繊維製品

ジオテキスタイル

「ジオテキスタイル」とは、土・地盤を意味する「ジオ」と繊維・織物・編物を意味する「テキスタイル」を組み合わせた言葉で、土木・建築用途に用いられる繊維製品のことです。

その一例として、鉄筋に代わるコンクリート補強用複合材料があります。これは、ガラス繊維、アラミド繊維、炭素繊維などの繊維に樹脂を浸み込ませてメッシュ状に成形したものです。鉄筋より強く、鉄筋と異なり錆びないので海水などによる劣化が少なく、軽くて運搬や施工がしやすいといった利点があり、トンネル、柱、橋桁に用いられています。また、炭素繊維を撚り合わせて樹脂で固めた炭素繊維複合材ケーブルも海洋コンクリート構造物の補強材や吊橋などに利用されています。

ポリビニルアルコール（PVA）は水溶性の高分子として液状糊や切手の裏面の糊として用いられていますが、極めて丈夫な繊維にすることもできます。この繊維はセメントとの接着性が良く、強いアルカリ性を示すコンクリート中でも劣化し難く、紫外線に対する耐候性も高いといった性質があり、これらを活かしてコンクリートの補強材として用いられます。

左頁の上の写真は、PVA繊維を混ぜていない鉄筋コンクリートの柱と混ぜた柱について、地震の揺れを与えたときに生じたひび割れを比較したものです。繊維を混ぜていない柱では大きなひび割れが生じますが、繊維を混ぜると細かなひび割れが生じるに留まり、その結果、繊維を混ぜていない場合に比べて10倍の揺れ幅まで荷重を支える力を保てるようになります。

また、広島県の三高ダムでは、長さ1㎝程度のPVA繊維を混ぜたセメントを吹き付けることにより補修工事がなされました。メッシュ状にしたPVAをコンクリートに埋め込むと表面の剥落を防止する効果があり、群馬県の高崎白衣大観音ではこの方法による補修工事がなされました。

要点BOX

- 強いだけでなく、軽くて錆びないコンクリートの補強材として鉄筋よりも優れている
- PVA繊維は耐アルカリ性、耐候性が高い

ビニロン(PVA)繊維による鉄筋コンクリートの補強効果

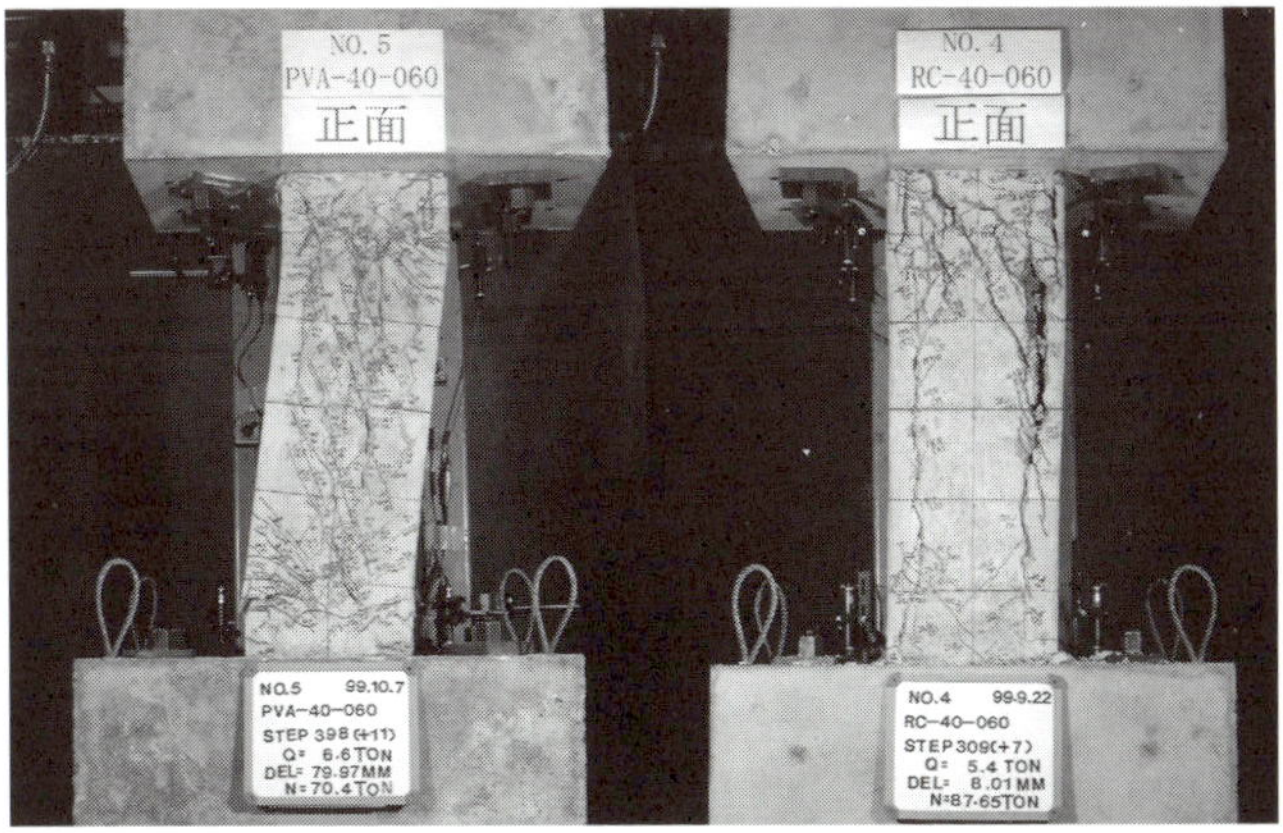

ビニロン繊維を混ぜていない鉄筋コンクリートの柱(左)と混ぜた柱(右)に地震(実験)の揺れで生じたひび割れ。混ぜていない柱には大きなひび割れが生じている。

〔写真提供:㈱クラレ、実験:笠原ら:コンクリート工学年次論文集、Vol.22、p.385(2000)〕

三高ダム

(写真提供:広島県)

高崎白衣大観音

(写真提供:慈眼院)

64 生物資源から作られる高分子材料

バイオマスプラスチック

石油などの化石資源の枯渇に対応するため、再生可能な生物資源由来の高分子を開発し、持続性（サステイナビリティー）のある社会を実現しようとする動きがあります。これら一連の高分子材料を「バイオマスプラスチック」と呼びます。

バイオマスプラスチックの第Ⅰ世代は、ポリ乳酸（PLA）、ポリヒドロキシ酪酸（PHB）などの脂肪族ポリエステルで、PLAはトウモロコシなどの植物資源から、PHBはバクテリアの体内に蓄えられたエネルギー貯蔵物質として得ることができます。PHBについては、様々な共重合体も開発されています。ただ、これら一連の脂肪族ポリエステルは、融点やガラス転移点が低い、結晶化が遅いなどの欠点があり、今のところ限られた用途にしか適用することができません。

これに対しバイオマスプラスチックの第Ⅱ世代は、現在、世の中で広く使われているプラスチック、あるいはこれと類似の化学構造をもつプラスチックを重合するための原料をバイオマス化する方針で開発されています。例えば、サトウキビを原料としてバイオエタノールを製造し、これを原料として重合したポリエチレンやポリプロピレンがすでに市場に出回るようになってきました。

一方、合成繊維市場の8割以上を占め、ボトル原料としても重要なポリエステルについては、二つの重縮合用原料の一つであるエチレングリコールをサトウキビから製造する技術は早くから開発されましたが、もう一つの原料であるテレフタル酸については、バイオマス由来のパラキシレンから製造する技術はすでに開発されているものの、まだコスト面で課題があるといわれています。一方、テレフタル酸の代わりに、これとよく似た化学構造をもつフランジカルボン酸を原料とするポリエステルの開発も進められています。このポリマーは、密度が高く、ガスバリア性が高いことから、ボトル用の材料として注目されています。

要点BOX
- ●第Ⅰ世代は新規バイオマスプラスチック
- ●第Ⅱ世代は汎用プラスチック原料のバイオマス化

バイオマスプラスチックの基本概念

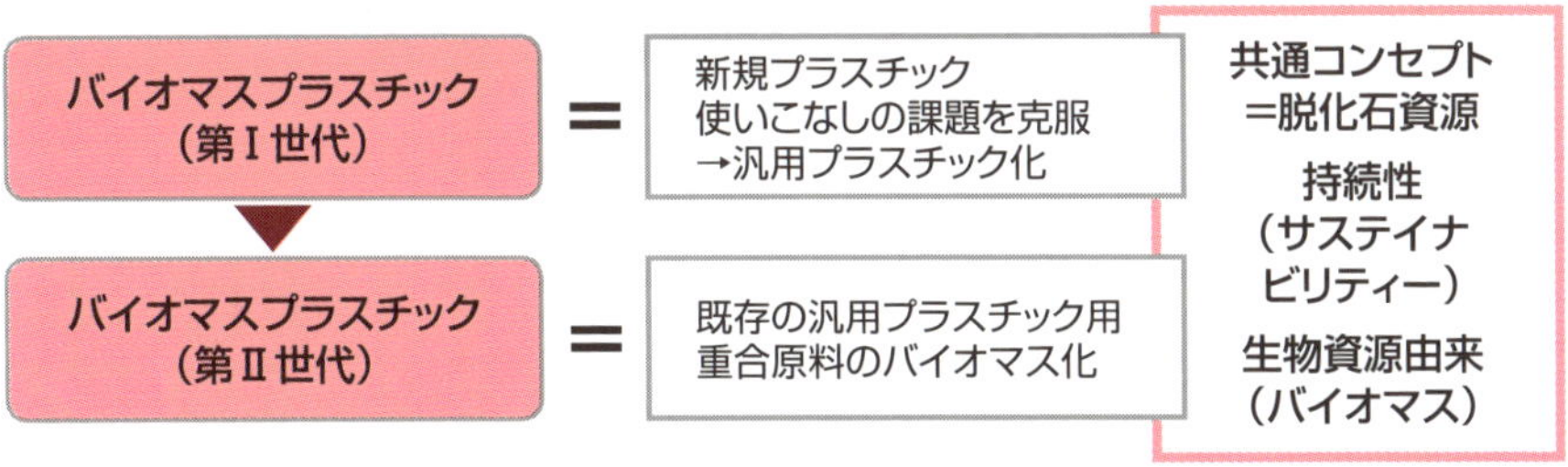

代表的な生物資源由来プラスチック

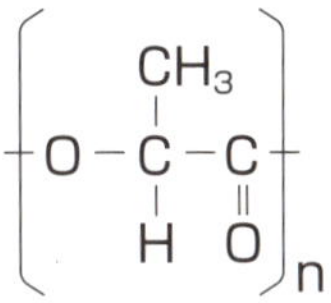

ポリ乳酸（PLA）

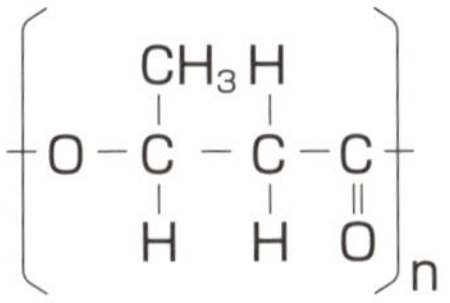

ポリヒドロキシ酪酸（PHB）

プラスチック重合原料のバイオマス化

エチレングリコール　　テレフタル酸

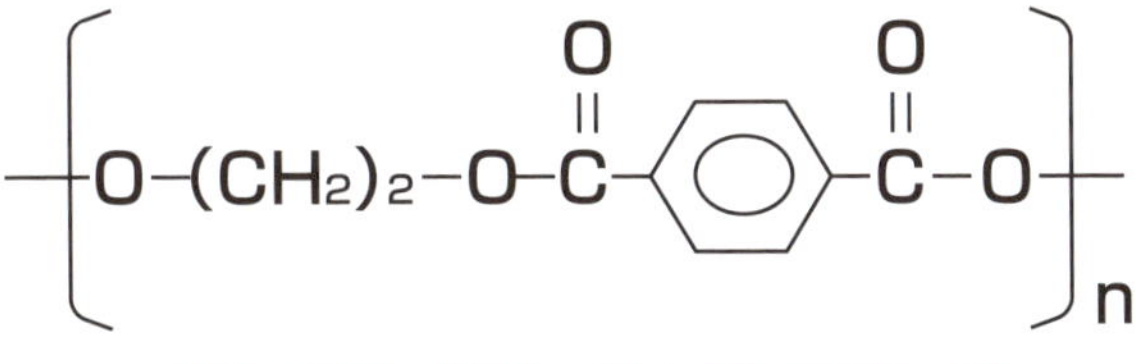

ポリエステル（ポリエチレンテレフタラート）

テレフタル酸　　フランジカルボン酸

65 エネルギー分野への応用

軽量化・風力発電・燃料電池・浸透圧発電

プラスチックは軽いので、飛行機や自動車などに利用することによって省エネルギー化に役立っています。このようなエネルギーを消費する分野のみならず、エネルギーを生み出す（変換する）分野でもプラスチックが役立っています。

風力発電のブレードは、限られた土地で効率的に発電するために大型化が進み、長さが50mを超えるものも作られるようになりました。これまではガラス繊維で強化した複合材料のブレードが用いられていましたが、ブレードが大型になると風の力で大きくたわんで支柱と衝突するので、剛性が高い炭素繊維強化プラスチック（CFRP）製のブレードが用いられるようになりました。

火力発電やガソリンエンジンは、燃料が酸素と反応して燃焼するときに生じる熱を電気や動力に変換する仕組みです。これに対して、燃料が酸素と反応するときの電子の移動を直接電気として取り出す仕組みが燃料電池です。燃料電池は火力発電などと比べて効率が非常に良い発電方法です。この発電にはイオンを通す高分子（高分子電解質）が利用され、また、水素を燃料とする場合の高圧水素タンクにはCFRPが使われます。

溶液中の溶質（例えば海水中の塩分）は通さないが溶媒（水）は通す高分子の膜（半透膜）を仕切りにして濃度が異なる溶液を接触させると、濃度が低い側から高い側に溶媒が移動しようとする圧力（浸透圧）が生じます。この圧力を利用すると、河川などの淡水と海水から発電することができます（浸透圧発電）。半透膜の性質をもつ中空繊維を束ねた数m程度の大きさの装置を用いると、落差250mのダムに相当する発電を行なうことができます。この発電方法は二酸化炭素削減効果に優れ、天候や昼夜の影響を受けず、都市の近郊に立地できるといった利点があり、研究が進められています。

要点BOX
- ●風力発電の大型ブレードにCFRP
- ●燃料電池に高分子電解質膜
- ●浸透圧発電の半透膜に中空繊維

燃料電池

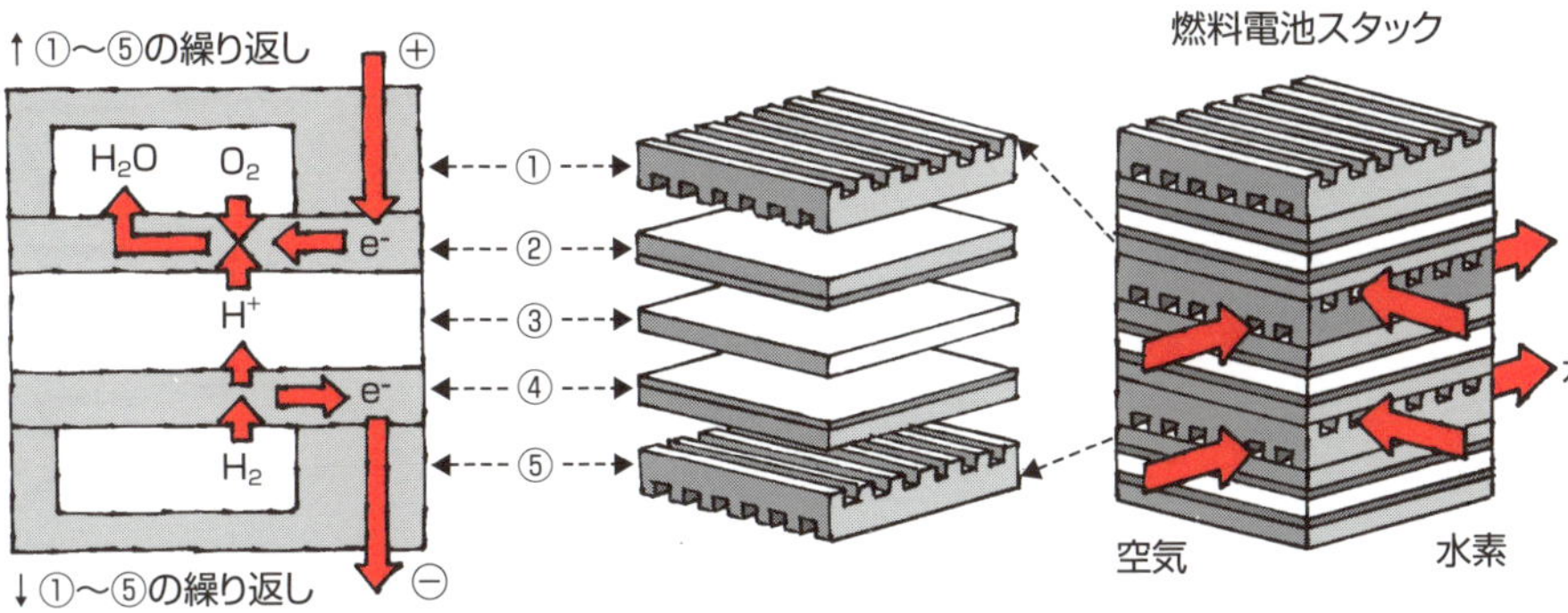

①、⑤（セパレーター）：電子は通し、ガスは通さない。溝の中をガスが流れる。
①、⑤はセパレーターの下半分、上半分を示す。
②、④（電極）：ガスと電子を通す。白金触媒が付着した層がある。
③（高分子電解質膜）：H^+を通し、ガスと電子は通さない。

浸透圧発電

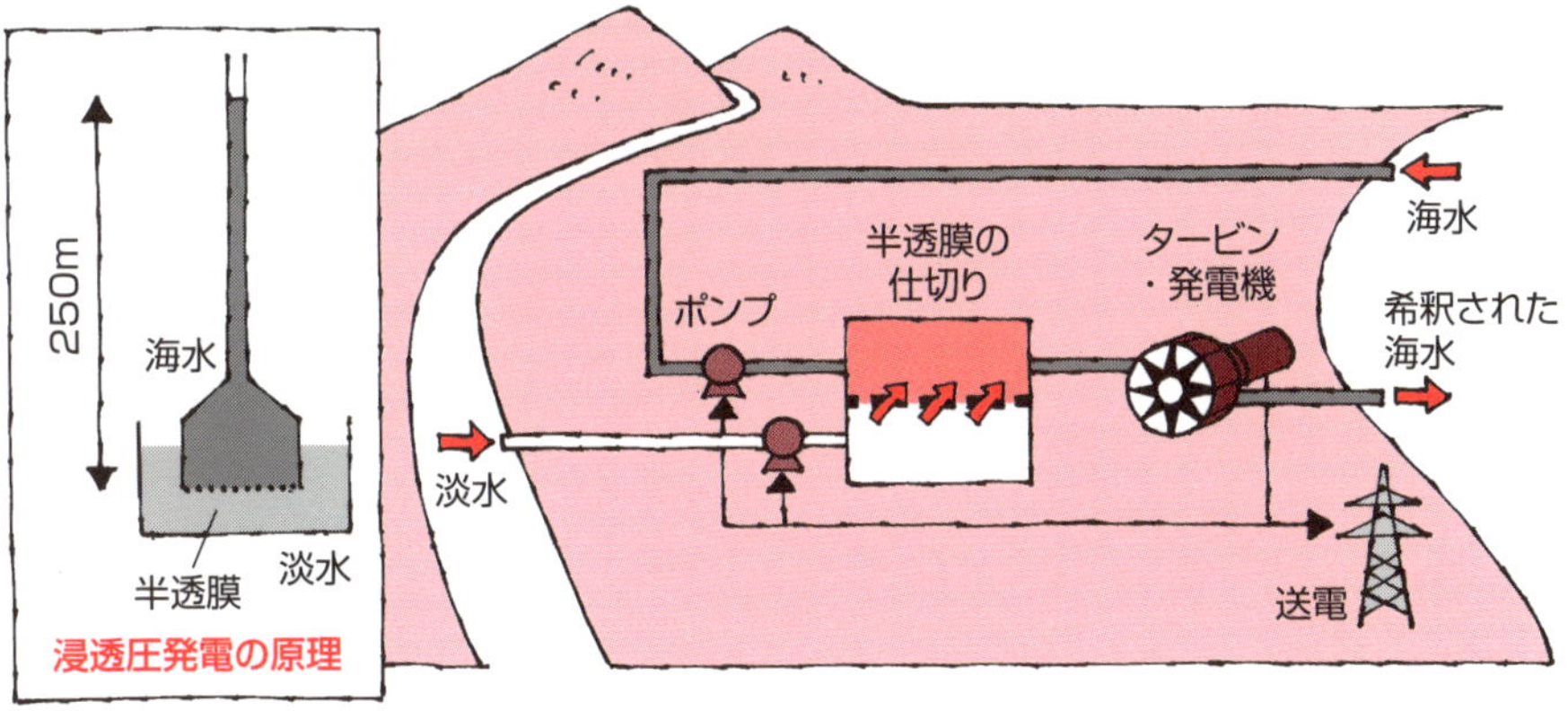

66 プラスチックは再生・再利用しよう

リサイクルの問題点

日本で出る廃プラスチックは年間950万トンですが、そのうちの約80%がリサイクルされています。プラスチックのリサイクルはマテリアルリサイクル、ケミカルリサイクル、サーマルリサイクルの3つに分類されます。リサイクルされたプラスチックのうち、マテリアルリサイクルが30%、ケミカルリサイクルが5%、サーマルリサイクルが65%という内訳になっています。

マテリアルリサイクルは、プラスチックを再度溶融成形し、新しい製品として再利用するものです。

私たちはポリエチレン、ポリプロピレン、PET（ポリエチレンテレフタラート）などのいろいろ々な種類のプラスチックを使用しています。ところが、2種類以上のプラスチックを混ぜて溶融成形すると、元のプラスチックと比べて強度が劣るものになってしまいます。このような混ざり合ったプラスチックの成形品は見た目もきれいではないので、公園で使用される杭や使い捨ての植木鉢などに利用されています。一方、1種類のプラスチックが汚れもなく再利用されれば、かなり良い製品をリサイクル品として製造できます。使用済みのペットボトルはリサイクル用に回収されて良質な製品に生まれ変わっています。

次にケミカルリサイクルですが、コストがかかることからあまり進んでいないのが現状です。

サーマルリサイクルは廃プラスチックを燃やして、エネルギーを熱として回収しようとするものです。日本政府は、今まで埋め立てていた廃プラスチックを燃焼させて発電や給湯に使うことを奨励しています。

リサイクルで一番労力が必要なのは同じプラスチックを分別回収することです。これには消費者の皆さんの高い意識と協力が必要です。プラスチックの容器や包装には識別マークが付いています。皆さん、使用したプラスチック容器は洗浄してマークの番号が同じものをまとめて、決められた方法で捨てましょう。

要点BOX
- ●日本ではサーマルリサイクルが一番多く、ケミカルサイクルはあまり進んでいない
- ●プラスチック容器の識別マークに注意

プラスチックのリサイクル

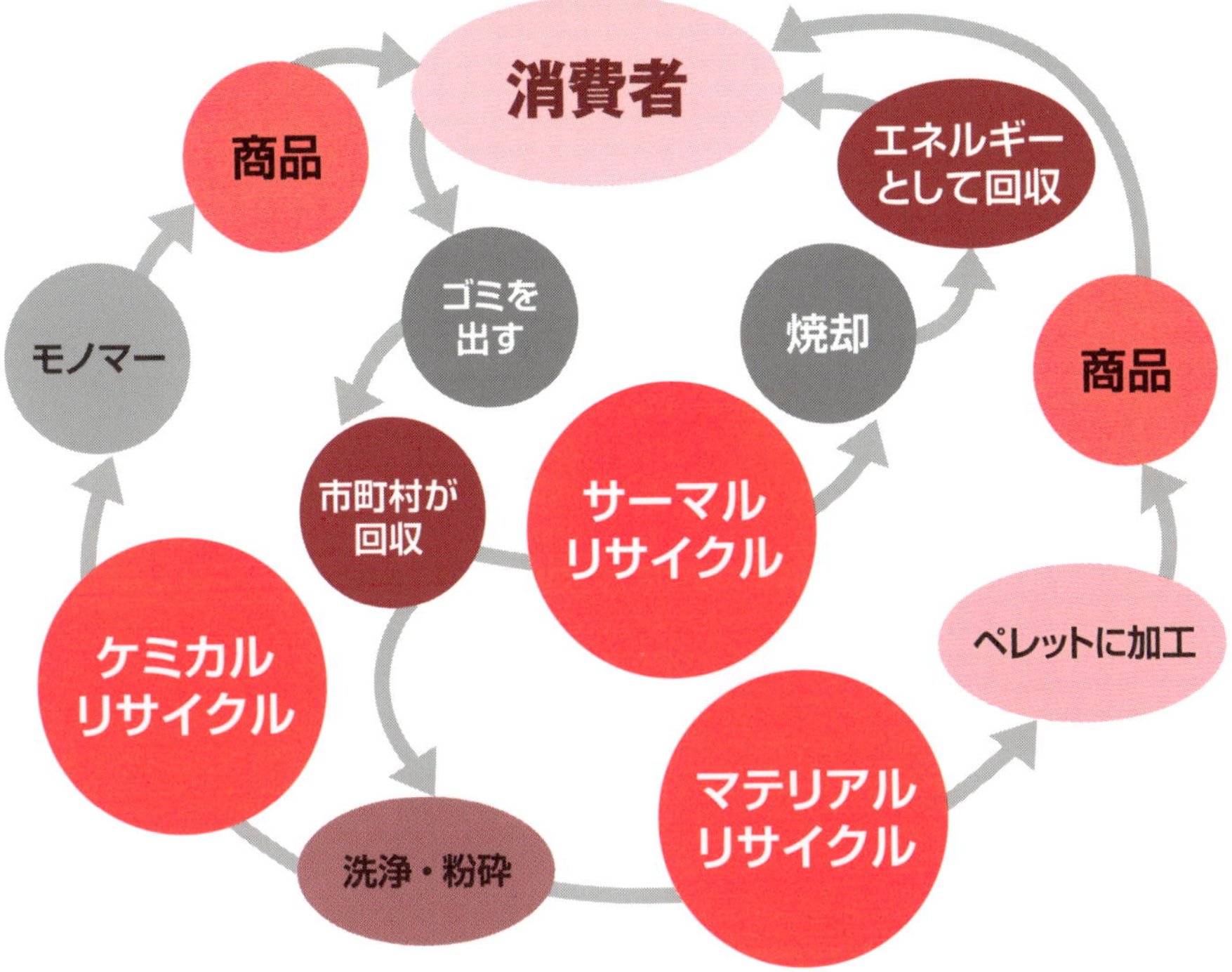

SPIコードに準じた識別マーク

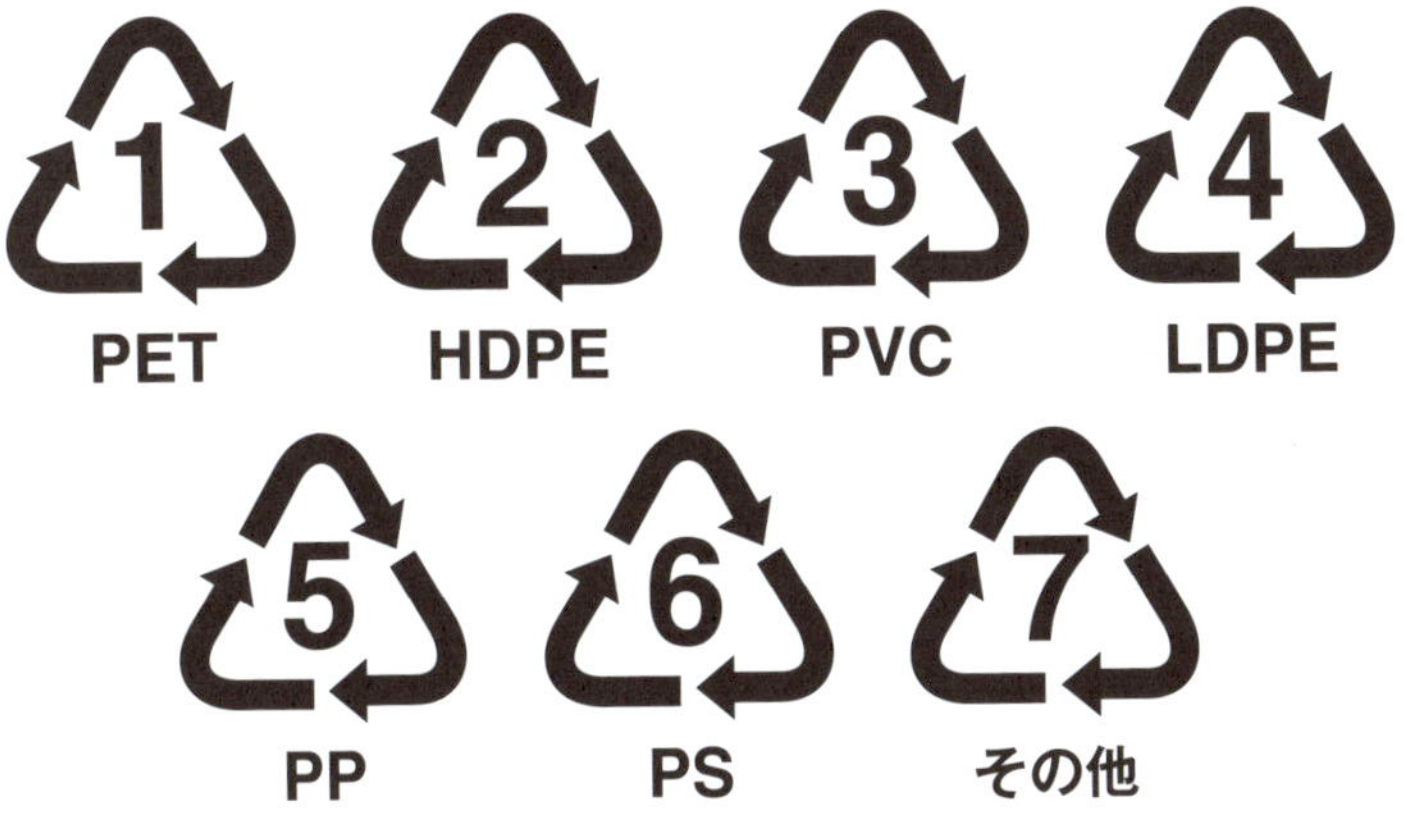

分子鎖 64
分子量分布 56
平均分子量 56
偏光 90
縫合糸 138
紡糸 116
星形高分子 32
ホモポリマー 36
ポリアクリルニトリル 118
ポリアセタール 24
ポリアミド 24
ポリイミド 24
ポリウレタン 50
ポリ塩化ビニル 82
ポリエチレン 24、36
ポリエチレンテレフタラート 50
ポリカーボネート 24
ポリテトラフルオロエチレン 98
ポリ乳酸 142、146
ポリパラフェニレンテレフタルアミド 30
ポリヒドロキシ酪酸 146
ポリビニルアルコール 144
ポリプロピレン 24
ポリマー 36
ポリ(N−イソプロピルアクリルアミド) 140

マ

摩擦係数 86
摩擦力 86
摩耗 86
マテリアルリサイクル 150
メルトブローン法 120
モノマー 12、36

ヤ

有機材料 16
誘電体 96
溶液重合法 38
溶液紡糸 116
溶融紡糸 116

ラ

ラジカル重合 42、44
ラメラ晶 68
ランダム共重合体 36、58
ランダムコイル 60
リサイクル 150
リボ核酸 136
臨界点温度 140
レオロジー 88
レーザ粉末焼結積層法 124
劣化 106
連鎖重合 40、42

炭素繊維強化プラスチック―128、148
単独重合体―36
タンパク質―132
単量体―36
チキソトロピー―88
逐次重合―40
逐次二軸延伸―122
チーグラー・ナッタ触媒―48
中空糸膜―104
低密度ポリエチレン―48
デオキシリボ核酸―136
テフロン―98
テンター法―122
デンドリティック高分子―32
デンドリマー―32
天然高分子―36
でんぷん―134
透過性―102
同時二軸延伸―122
透析膜―104
透明性―90
曇点―140

ナ

ナイロン66―10
ナノろ過膜―104
ナフサ―18
難燃剤―82
難燃性―82
乳化重合法―38
熱可塑性エラストマー―28
熱可塑性高分子―22
熱硬化性高分子―22
熱伝導率―80
熱膨張係数―80
熱溶解積層法―124
粘着剤―100
燃料電池―148

ハ

配位重合―48
バイオマスプラスチック―146
配向―66
ハイパーブランチポリマー―32
破壊靭性―84
汎用プラスチック―24
光造形法―124
比強度―84
微結晶―68
非晶―68、78、90
比熱―80
表面張力―98
フィルム―122
フィルムブロー法―122
フェノール樹脂―52
フォトレジスト―94
複屈折―92
複合材料―128
不織布―120
フッ素樹脂―98
プラスチック―12、18、22
ブロー成形―114
ブロック共重合体―36、58
プロピレン―18

環状高分子 32
慣性半径 60
幾何異性 62
逆浸透膜 104
球晶 68
共重合 36
凝着摩耗 86
屈折 90
グラフト共重合体 58
グルコース 134
結晶 68、78、90
ケブラー 30
ケミカルリサイクル 150
ゲル 74
ゲル浸透クロマトグラフィ 56
限外ろ過膜 104
捲縮 116
懸濁重合法 38
高吸水性高分子 108
交互共重合体 58
合成高分子 36
合成繊維 116
高分子ガラス 72
高分子電解質 148
高分子ブレンド 126
高分子溶液 70
高密度ポリエチレン 48
ゴム 26
コンフィギュレーション 62

サ

材料噴射法 124
サーマルリサイクル 150
散乱 90
ジオテキスタイル 144
シシカバブ構造 68
湿式紡糸 116
射出成形 112
重合 20、36、38
重縮合 50
重付加 50
重量平均分子量 56
縮合 50
シュタウディンガー 10
人工血管 138
シンジオタクチック 62
浸透圧発電 148
浸透膜 104
数平均分子量 56
ストレッチブロー成形 114
スーパーエンジニアリングプラスチック 24
スパンボンド法 120
3Dプリンター 124
生分解性高分子 142
精密ろ過膜 104
接着剤 100
絶縁体 96
セルロース 134
繊維強化プラスチック 22
相溶性 70

タ

帯電 96
タクチシチー 62
単位胞 68
炭素繊維 118

索引

英

ABS樹脂 ―― 36、126
CFRP ―― 125、148
DNA ―― 136
ePTFE ―― 138
FRP ―― 22
GPC ―― 56
LCST ―― 140
MF膜 ―― 104
NF膜 ―― 104
PA ―― 24
PC ―― 24
PE ―― 24
PET ―― 36、50
PHB ―― 146
PNIPAM ―― 140
POM ―― 24
PP ―― 24
PPTA ―― 30
PTFE ―― 98
PLA ―― 146
PVA ―― 144
RNA ―― 136
RO膜 ―― 104
SAP ―― 108
UCST ―― 140
UF膜 ―― 104
UV硬化塗料 ―― 94

ア

アクリル樹脂 ―― 72
アタクチック ―― 62
アニオン重合 ―― 46
アブレシブ摩耗 ―― 86
アミノ酸 ―― 132
アルファゲル ―― 74
イオン重合 ―― 42、46
イソタクチック ―― 62
異方性 ―― 66
インジェクションブロー成形 ―― 114
インフレーションフィルム成形法 ―― 122
液晶 ―― 30
エチレン ―― 18
エチレン-ビニルアルコール共重合体 ―― 102
エポキシ樹脂 ―― 52
エンジニアリングプラスチック ―― 24
延伸ポリテトラフルオロエチレン ―― 138
エントロピー弾性 ―― 26
押出ブロー成形 ―― 114

カ

塊状重合法 ―― 38
界面重合法 ―― 38
ガウス鎖 ―― 60
核酸 ―― 136
ガスバリア膜 ―― 102
カチオン重合 ―― 46
紙 ―― 130
カミンスキー触媒 ―― 48
ガラス転移 ―― 78
ガラス転移温度 ―― 24、72
カロザース ―― 10
感光性高分子 ―― 94
乾式紡糸 ―― 116
乾湿式紡糸 ―― 116

●著者略歴

扇澤 敏明(おうぎざわ としあき)

1983年東京工業大学卒業(工学部有機材料工学科)、1987年東京工業大学大学院博士後期課程修了(理工学研究科有機材料工学専攻)、1987年DuPont社Experimental Station客員研究員、1989年通産省工業技術院繊維高分子材料研究所研究員、1993年通産省工業技術院物質工学工業技術研究所主任研究官、1994年東京工業大学助教授(工学部有機材料工学科)、2011年東京工業大学大学院教授(理工学研究科物質科学専攻)。工学博士

著書:「高性能ポリマーアロイ」(共著)、「新高分子実験学1 高分子実験の基礎」(共著)、「ポリマー ABCハンドブック」(共著)、「光学用透明樹脂における材料設計と応用技術」(共著)、「高分子先端材料one point 高分子分析技術最前線」(共著)、「実践 高分子の構造・物性分析・測定」(共著)、「実用プラスチック分析」(共著)、「ここだけは押さえておきたい 高分子の基礎知識」(共著)、「身近なモノから理解する 高分子の科学」(共著)

柿本 雅明(かきもと まさあき)

1975年山口大学卒業(工学部工業化学科)、1980年東京工業大学大学院博士後期課程修了(総合理工学研究科電子化学専攻)、1980年相模中央化学研究所研究員、1982年東京工業大学助手(工学部有機材料工学科)、1987年東京工業大学助教授(同上)、1997年東京工業大学教授(同上)、1998年東京工業大学大学院教授(理工学研究科有機・高分子物質専攻)、2017年同大学退職。理学博士

著書:「最新ポリイミド材料と応用技術」(監修)、「デンドリティック高分子 多分岐構造が拡げる高機能化の世界」(監修)、「エレクトロニクス実装用高機能性基板材料」(監修)、「ナノマテリアルハンドブック」(共著)、「機能性超分子」(共著)、「ここだけは押さえておきたい 高分子の基礎知識」(共著)、「身近なモノから理解する 高分子の科学」(共著)

鞠谷 雄士(きくたに たけし)

1977年東京工業大学卒業(工学部有機材料工学科)、1982年東京工業大学大学院博士後期課程修了(理工学研究科繊維工学専攻)、1982年東京工業大学助手(工学部有機材料工学科)、1986年4月～1987年6月Visiting Scientist, The University of Akron, USA、1991年東京工業大学助教授(工学部有機材料工学科)、2001年東京工業大学大学院教授(理工学研究科有機・高分子物質専攻)。工学博士

著書:“High-Speed Fiber Spinning”(共著)、「材料科学への招待」(共著)、“High-Performance and Specialty Fibers”(編著)、「成形加工におけるプラスチック材料」(共著)、「繊維の百科事典」(編著)、「やさしい繊維の基礎知識」(共著)、「プラスチック成形品の高次構造解析入門」(共著)、“Handbook of Textile Fibre Structure Vol.Ⅰ&Ⅱ”(編著)、「ここだけは押さえておきたい 高分子の基礎知識」(共著)、「身近なモノから理解する 高分子の科学」(共著)

塩谷 正俊(しおや まさとし)

1982年東京工業大学卒業(工学部有機材料工学科)、1987年東京工業大学大学院博士後期課程修了(理工学研究科有機材料工学専攻)、1987年鶴岡工業高等専門学校助手(電気工学科)、1989年東京工業大学助手(工学部有機材料工学科)、1992年7月～1993年6月Guest scientist, National Instituteof Standards and Technology, U.S.A.、1997年東京工業大学助教授(工学部)、2007年東京工業大学准教授(大学院理工学研究科)。工学博士

著書:「第3版 繊維便覧」(共著)、「繊維の百科事典」(共著)、「材料科学への招待」(共著)、「炭素素原料科学の進歩Ⅲ」(共著)、「ここだけは押さえておきたい 高分子の基礎知識」(共著)、「身近なモノから理解する 高分子の科学」(共著)

今日からモノ知りシリーズ
トコトンやさしい
高分子の本

NDC 578

2017年 3月29日　初版1刷発行
2025年 4月11日　初版3刷発行

©著者　扇澤 敏明
柿本 雅明
鞠谷 雄士
塩谷 正俊
発行者　井水 治博
発行所　日刊工業新聞社
東京都中央区日本橋小網町14-1
(郵便番号103-8548)
電話　書籍編集部　03(5644)7490
販売・管理部　03(5644)7403
FAX　03(5644)7400
振替口座　00190-2-186076
URL　https://pub.nikkan.co.jp/
e-mail　info_shuppan@nikkan.tech
印刷・製本　新日本印刷(株)

●DESIGN STAFF
AD――――――志岐滋行
表紙イラスト――――黒崎　玄
本文イラスト――――小島サエキチ
ブック・デザイン ――奥田陽子
(志岐デザイン事務所)

●
落丁・乱丁本はお取り替えいたします。
2017 Printed in Japan
ISBN　978-4-526-07699-2 C3034